Fundamentos de Neuroanatomia

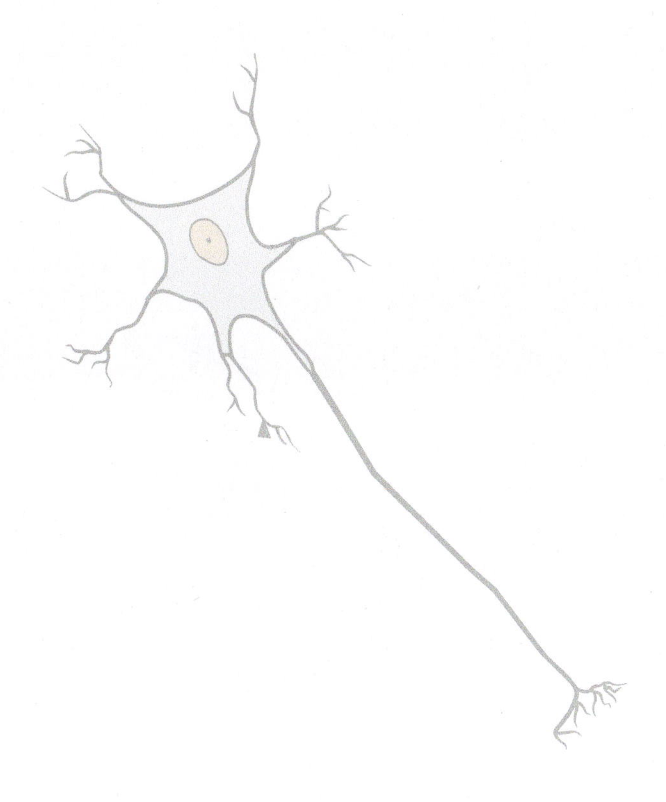

O GEN | Grupo Editorial Nacional – maior plataforma editorial brasileira no segmento científico, técnico e profissional – publica conteúdos nas áreas de ciências da saúde, exatas, humanas, jurídicas e sociais aplicadas, além de prover serviços direcionados à educação continuada e à preparação para concursos.

As editoras que integram o GEN, das mais respeitadas no mercado editorial, construíram catálogos inigualáveis, com obras decisivas para a formação acadêmica e o aperfeiçoamento de várias gerações de profissionais e estudantes, tendo se tornado sinônimo de qualidade e seriedade.

A missão do GEN e dos núcleos de conteúdo que o compõem é prover a melhor informação científica e distribuí-la de maneira flexível e conveniente, a preços justos, gerando benefícios e servindo a autores, docentes, livreiros, funcionários, colaboradores e acionistas.

Nosso comportamento ético incondicional e nossa responsabilidade social e ambiental são reforçados pela natureza educacional de nossa atividade e dão sustentabilidade ao crescimento contínuo e à rentabilidade do grupo.

Fundamentos de Neuroanatomia

Ramon M. Cosenza

Professor Aposentado do Instituto de Ciências Biológicas da
Universidade Federal de Minas Gerais.

Quarta edição

- **Atendimento ao cliente: (11) 5080-0751 | faleconosco@grupogen.com.br**

- Travessa do Ouvidor, 11
Rio de Janeiro – RJ – CEP 20040-040
www.grupogen.com.br

- Capa: Renato de Mello
Editoração eletrônica: Anthares
Projeto gráfico: Editora Guanabara Koogan

- **Ficha catalográfica**

C867f
4.ed.

Cosenza, Ramon M. (Ramon Moreira)
Fundamentos de neuroanatomia / Ramon M. Cosenza. - 4.ed. - [Reimpr.]. - Rio de Janeiro : Guanabara Koogan, 2022.

ISBN 978-85-277-2209-4

1. Neuroanatomia. I. Título.

12-6702. CDD: 611.8
CDU: 611.8

Apresentação

As neurociências têm passado por um avanço extraordinário nos últimos anos. Em sua vertente neurobiológica, o crescente interesse pela estrutura e pelo funcionamento do sistema nervoso, do cérebro em particular, possibilitou progressos e fez, por outro lado, com que muitos conceitos tidos como definitivos fossem revistos. Por essa razão, mesmo os textos neurobiológicos básicos precisam ter suas informações atualizadas – daí, a publicação da quarta edição de nosso trabalho.

Conforme temos afirmado desde a primeira edição, este livro se destina aos estudantes de graduação da área da Saúde, procurando fornecer de modo simples, objetivo e conciso as informações necessárias aos interessados em conhecer como se organiza e funciona o sistema nervoso humano. A abordagem não é puramente anatômica, mas também funcional, incluindo, ainda, dados sobre alguns distúrbios que acometem as estruturas neurais. O texto é direcionado também aos profissionais que desejam rever esse conhecimento de modo prático, em virtude de suas necessidades cotidianas.

Nesta quarta edição, novas figuras foram incluídas e o texto foi totalmente atualizado, a fim de incorporar os avanços ocorridos na área. Os capítulos referentes aos núcleos da base, ao córtex cerebral e ao lobo límbico, em especial, foram extensamente reelaborados de acordo com pesquisas recentes, o que nos ajuda a visualizar o cérebro e seu funcionamento em uma nova abordagem, bem como compreender melhor alguns de seus distúrbios.

Agradecemos, mais uma vez, a todos os que colaboraram para que fosse possível a continuidade dessa obra, em particular à desenhista Cláudia Lambert, que contribui com seu talento desde a primeira edição.

Belo Horizonte, março de 2012.
Ramon M. Cosenza

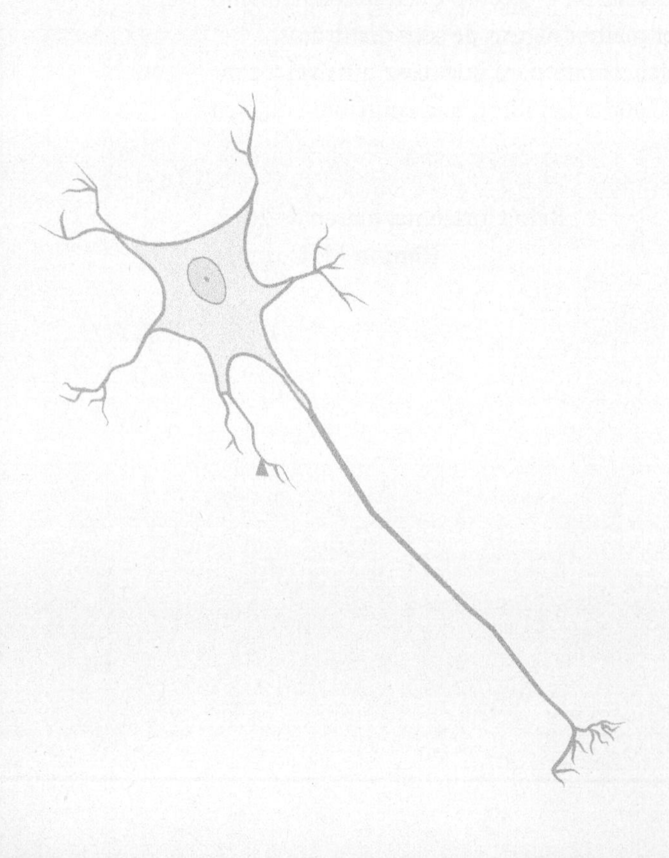

Sumário

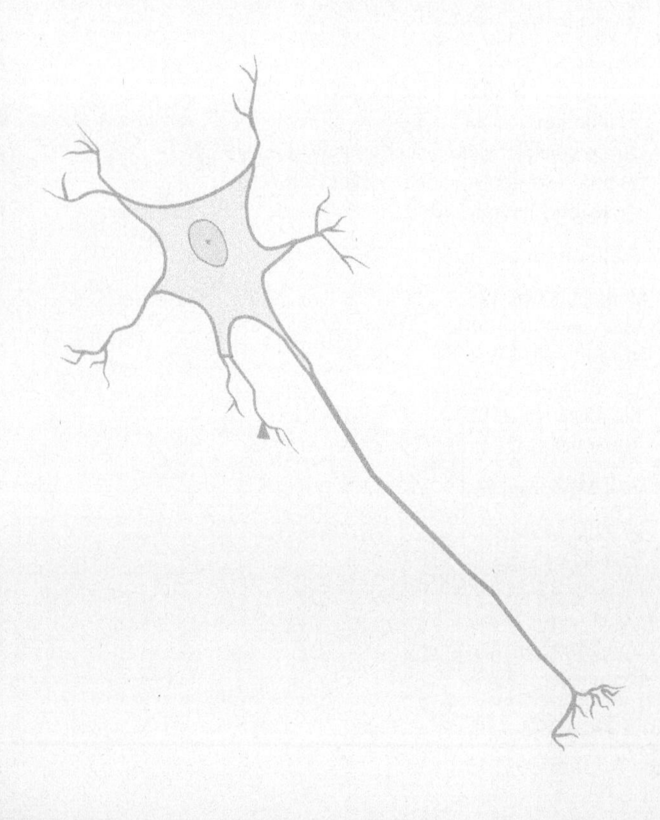

1

Introdução à Estrutura e à Função do Tecido Nervoso

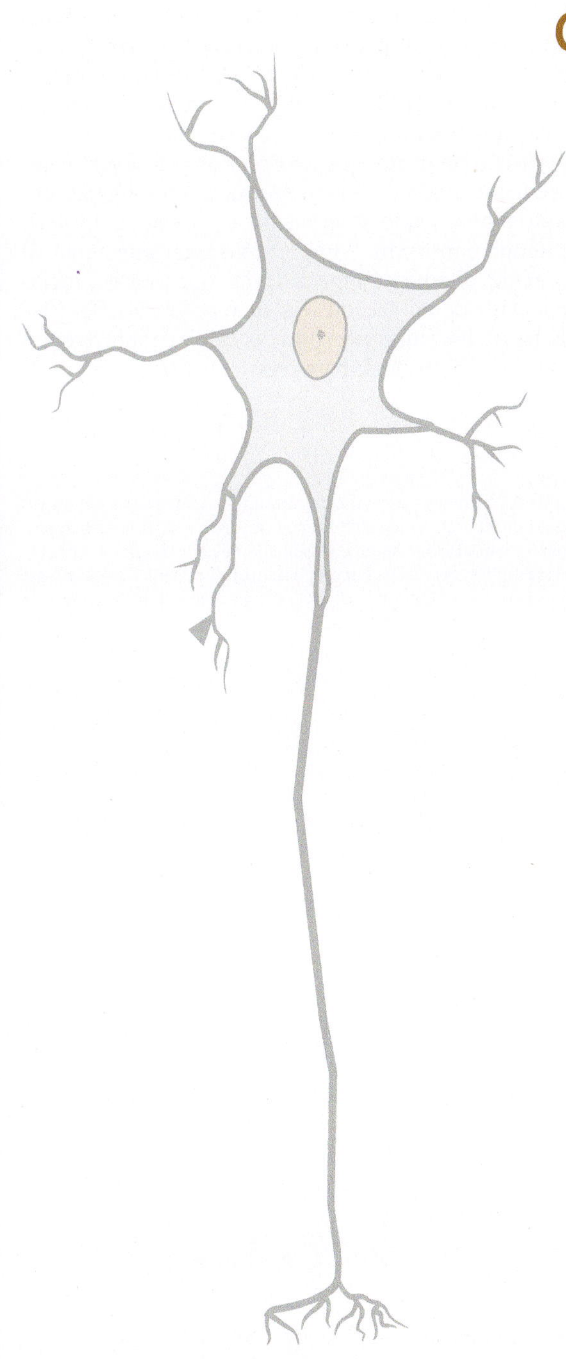

Neurônios

No tecido nervoso, os **neurônios** são as células mais importantes do ponto de vista funcional. Eles têm forma e tamanho variáveis e são constituídos por um corpo celular, ou **pericário** - dentro do qual se encontra o núcleo -, e por prolongamentos celulares, que podem ser de dois tipos: os dendritos e os axônios (Figura 1.1).

De acordo com o número de prolongamentos, os neurônios podem ser classificados em **unipolares**, **bipolares** ou **multipolares**, sendo estes últimos os mais frequentes. Existem ainda neurônios **pseudounipolares**, dentre os quais, podem ser mencionados aqueles encontrados nos gânglios sensoriais das vias sensoriais periféricas. Esses neurônios têm um único prolongamento, que se bifurca em "T", dando origem a um ramo periférico que recebe as informações vindas de um receptor sensorial e as conduz até o gânglio e um ramo central, que conduz as informações do gânglio até o sistema nervoso central (SNC) (Figuras 1.1B e 6.2).

Pericário

O corpo celular dos neurônios é também chamado de **pericário**. Este tem formas bastante variadas: há neurônios **estrelados**, **piriformes**, **fusiformes**, **piramidais** etc. Quanto às dimensões, variam desde cerca de 5 mm, no caso dos neurônios granulares do cerebelo, até, aproximadamente, 100 mm, no caso dos neurônios piramidais gigantes do córtex cerebral.

O pericário contém o núcleo celular, geralmente grande, no qual se localiza o material genético. Nele, podem ser vistos um ou mais nucléolos. No pericário, existe ainda uma porção variável de citoplasma, contendo organelas e inclusões (Figura 1.2).

Dentre as organelas citoplasmáticas, particularmente importante é o **retículo endoplasmático granular**, formado, como nas demais células do organismo, por agregados de cisternas membranosas achatadas e circundadas por ribossomos (Figura 1.2). Como nas outras células, ele é responsável pela síntese de proteínas. O retículo endoplasmático granular é muito abundante nos neurônios e se cora facilmente com o uso de corantes básicos, aparecendo ao microscópio óptico sob a forma de grânulos que recebem o nome de **corpúsculos de Nissl** (Figura 1.3). Muitas técnicas histológicas para a visualização de neurônios são baseadas nessa propriedade, por isso são chamadas de **técnicas de Nissl**. Elas possibilitam a visualização dos corpos neuronais, mas não a dos seus prolongamentos, uma vez que estes ou não têm retículo endoplasmático granular, ou o têm em quantidade insuficiente para ser evidenciado (Figura 1.3). A observação dos corpúsculos de Nissl pode também ser utilizada para a avaliação funcional dos neurônios, já que células lesadas ou exauridas costumam apresentar **cromatólise**, ou seja, diminuição ou desintegração dos corpúsculos de Nissl, juntamente com outros sinais de sofrimento celular.

Outras organelas muito evidentes, tanto no pericário quanto nos prolongamentos neuronais, são os neurofilamentos e microtúbulos (Figura 1.2). Os microtúbulos e neurofilamentos, podem ser marcados pela deposição de sais de prata, tornando-se visíveis ao microscópio óptico sob a forma de **neurofibrilas**.[1] Eles são importantes para a manutenção do formato neuronal (constituindo o esqueleto celular) e participam também do transporte de substâncias ao longo dos prolongamentos, o chamado **transporte axônico**.

É no pericário neuronal que ocorrem os processos metabólicos essenciais à vida da célula. Assim, os prolongamentos celulares que tenham sido seccionados e separados do pericário degeneram e morrem. É importante notar que o neurônio é uma célula altamente especializada, que perdeu, inclusive, a capacidade de mitose, ou seja, de reprodução. Por isso, quando há lesão de células nervosas, as células sobreviventes não conseguem se reproduzir para regenerar o tecido perdido.

[1] Na doença de Alzheimer (a forma mais comum de demência) e em outras doenças neurodegenerativas, ocorre desorganização do sistema de filamentos, que aparece sob a forma de um emaranhado de neurofibrilas em neurônios de várias regiões cerebrais. No corpo neuronal, podem ser observadas comumente, além das organelas já citadas, muitas outras que são comuns a todas as células, como as mitocôndrias, o aparelho de Golgi etc. (Figura 1.2). Outras inclusões também frequentes são, por exemplo, os grânulos contendo melanina ou lipofuscina.

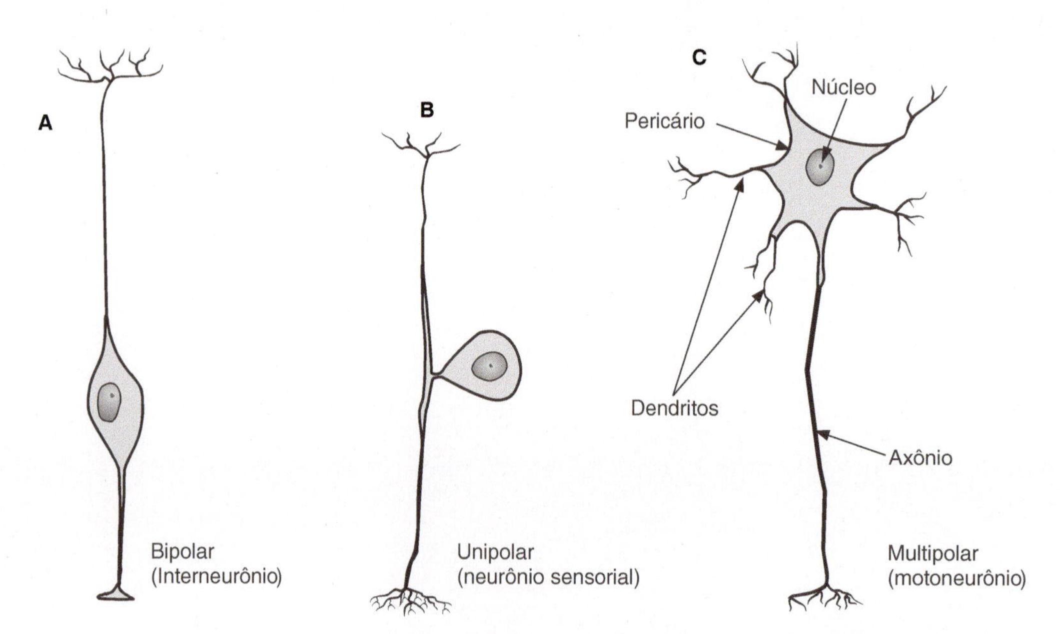

Figura 1.1 Alguns tipos de neurônios. (**A**) Neurônio bipolar. (**B**) Neurônio pseudounipolar. (**C**) Neurônio multipolar.

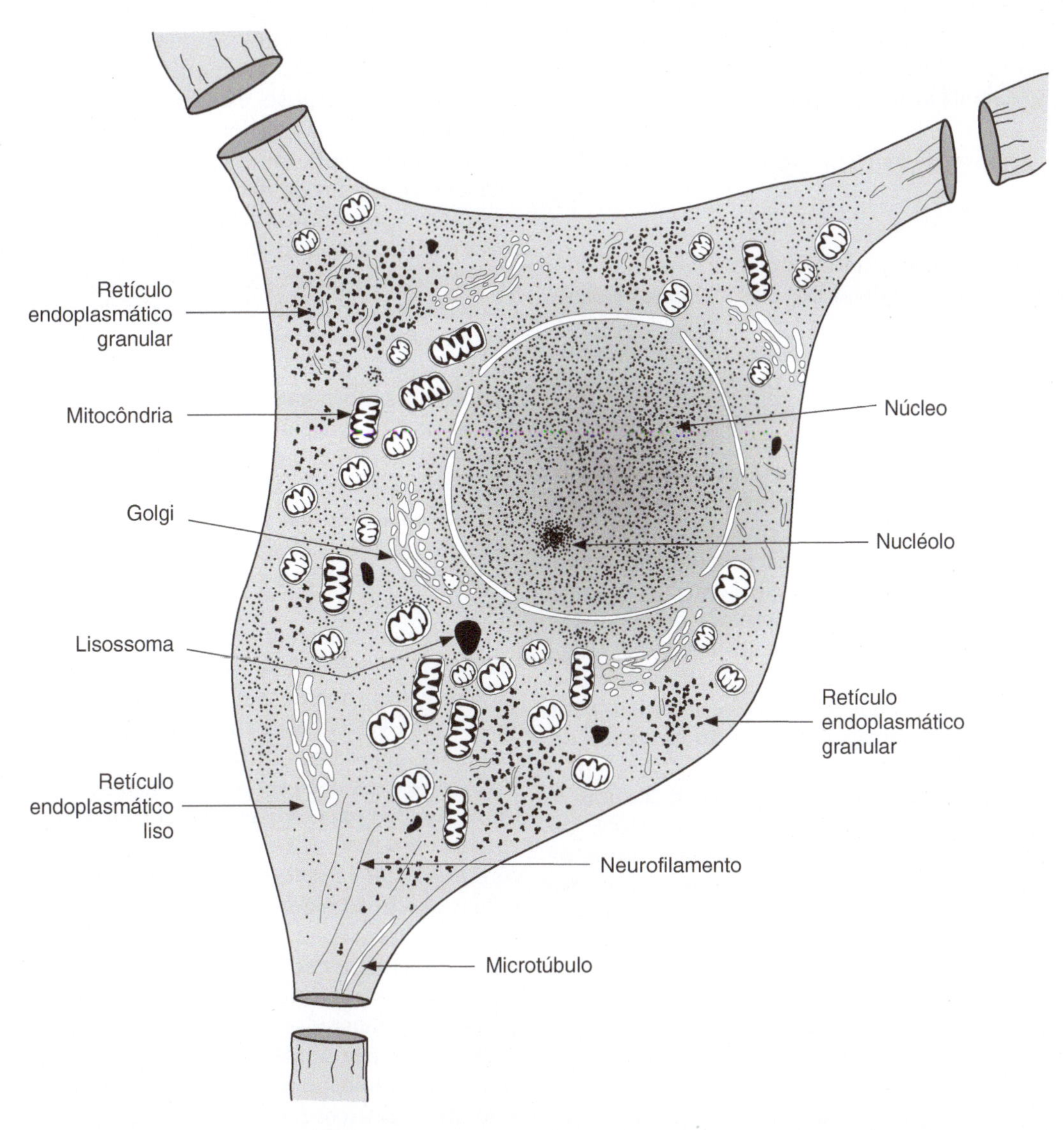

Figura 1.2 Pericário neuronal com o núcleo celular e as principais organelas citoplasmáticas.

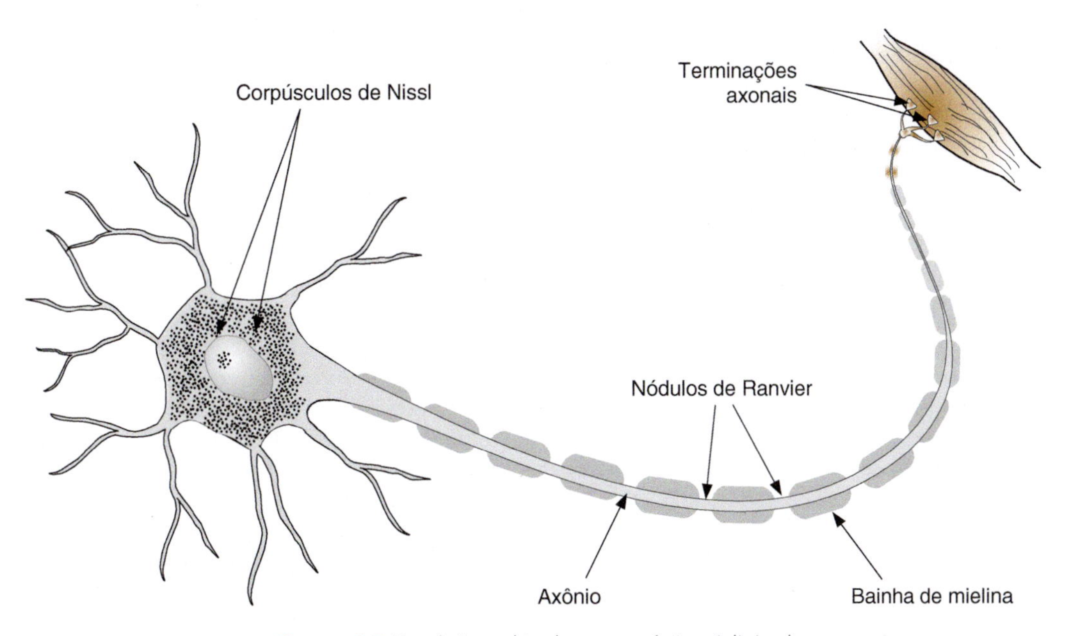

Figura 1.3 Neurônio multipolar com axônio mielinizado.

Contudo, como veremos adiante, existem áreas restritas do sistema nervoso central nas quais a renovação de neurônios ocorre ao longo de toda a vida.

Prolongamentos celulares e impulso nervoso

Os neurônios apresentam, como dito anteriormente, dois tipos de prolongamentos: os dendritos e os axônios. Os **dendritos** são prolongamentos celulares geralmente múltiplos, que tendem a se ramificar como os galhos de uma árvore (o nome dendrito deriva da palavra grega *dendron*, que significa "árvore"). Técnicas histológicas especiais, como a técnica de Golgi, são capazes de evidenciar toda a árvore dendrítica que, às vezes, é característica de um certo tipo de neurônio. Os dendritos expandem consideravelmente a superfície neuronal e a maioria dos prolongamentos de outras células faz contato com eles (Figura 1.4). Alguns dendritos emitem pequenas projeções, chamadas espículas **dendríticas**, que contribuem ainda mais para o aumento da superfície receptora do neurônio (Figura 1.4). A informação captada por um neurônio geralmente é conduzida dos dendritos até o pericário neuronal e daí se propaga até o axônio, que irá estabelecer contato com outras células. É o que se chama de **polarização funcional** da célula nervosa.

Os neurônios têm, de maneira geral, apenas um **axônio** (o nome deriva de uma palavra grega que significa "eixo"). Os axônios são mais finos que os dendritos e conduzem os impulsos nervosos desde o pericário até o ponto em que serão transmitidos a outras células. O axônio tem geralmente um trajeto sem ramificações até a sua porção terminal, na qual numerosas terminações nervosas se originam (Figura 1.3).

Um fenômeno interessante que ocorre nos axônios é o **transporte axônico**. Por um processo a que se dá o nome de **transporte anterógrado**, substâncias são continuamente levadas do pericário até as terminações axônicas. Nesse transporte, estão envolvidos os microtúbulos e os neurofilamentos. Por outro lado, substâncias captadas pelas terminações nervosas podem ser conduzidas em sentido contrário, até o pericário, via **transporte retrógrado**. Estes sistemas de transporte são importantes para os mecanismos metabólicos das células nervosas e são utilizados pelos neurocientistas para estudar as conexões entre os neurônios, por meio das **técnicas de transporte**. Por exemplo: substâncias injetadas no corpo celular são transportadas e podem ser detectadas nos locais em que as terminações axônicas se encontram. Da mesma maneira, utilizando o transporte retrógrado, podem ser injetados marcadores na região das terminações nervosas, para posterior localização nos corpos celulares. Assim, obtêm-se informações sobre como se dispõem os circuitos nervosos dentro do SNC.

A extensão dos axônios é variável. Existem neurônios com axônio de extensão muito curta, participando de circuitos localizados, e existem neurônios com axônio de extensão muito longa, como aqueles cujo pericário se encontra na medula espinhal e cujas terminações inervam a musculatura do pé. Estes neurônios podem ter axônios de um metro ou mais.

Os axônios variam também com relação ao diâmetro. Muitas classificações neuronais são baseadas no diâmetro axônico – dado importante, pois a condução do impulso nervoso é mais rápida nos axônios de maior diâmetro. Os neurônios conduzem informação por meio do **impulso nervoso**, que tem natureza elétrica e depende de trocas iônicas ocorridas por meio da membrana celular (Figura 1.5).

A membrana da célula neuronal é permeável a algumas partículas eletricamente carregadas (os íons), mas impermeável a outras. Além disso, existem mecanismos que transportam seletivamente alguns íons, como o sódio (Na^+) e o potássio (K^+), provocando uma diferença de concentração desses íons nos dois lados da membrana. Essa diferença tem como resultado o aparecimento de um potencial elétrico entre os lados externo e interno da membrana, com excesso de cargas positivas externamente e excesso de cargas negativas internamente, o que é chamado de **potencial de repouso**. Essa polarização é alterada quando a membrana é excitada. Neste caso, ocorre **despolarização** da membrana, com a entrada de íons sódio em grande quantidade, tornando o interior positivo em relação ao lado externo. Essa perturbação é muito rápida e a repolarização se faz em seguida, pela saída de íons potássio, o que traz a normalidade de volta. Essa rápida modificação da polaridade neuronal constitui o **potencial de ação**, que se alastra às porções adjacentes da membrana excitada e é a base do impulso nervoso que irá propagar-se até o final da fibra nervosa.

Como mencionamos, a velocidade de condução do impulso nervoso depende do diâmetro dos axônios. Contudo, mesmo axônios extremamente calibrosos conduzem o impulso nervoso a uma velocidade baixa, o que inviabilizaria o aparecimento da maioria dos vertebrados tais como os conhecemos – não fosse a natureza ter lançado mão de um artifício: a **mielinização**. Boa parte dos axônios encontrados no sistema nervoso dos vertebrados é envolvida por uma **bainha de mielina**, constituída por várias camadas de membrana celular de outras células que se enrolam em torno do axônio (Figura 1.6). No SNC, as células responsáveis pela formação da bainha de mielina são os **oligodendrócitos**; no sistema nervoso periférico (doravante SNP), os **neurolemócitos** ou **células de Schwann** (estes tipos celulares serão estudados adiante).

As fibras mielinizadas conduzem o impulso nervoso várias vezes mais rapidamente que uma fibra amielínica, pois os fenômenos elétricos responsáveis pela propagação do impulso terão lugar, nas fibras mielinizadas, apenas nas regiões da membrana axônica que não estiverem envolvidas pela mielina, os **nódulos de Ranvier** (Figura 1.3). Essa condução em saltos possibilita uma multiplicação da velocidade de condução do impulso nervoso em até cem vezes.

Sinapses

Durante muito tempo os estudiosos do sistema nervoso se dividiram entre os que achavam que o tecido nervoso era formado por uma imensa rede de células em total continuidade e os que defendiam o ponto de vista de que as células nervosas seriam individualizadas, havendo apenas contiguidade com outras células. A primeira era a teoria reticular, que se contrapunha à teoria neuronal que, como se sabe hoje, é a correta, pois as células nervosas entram em contato com outras células e com elas se comunicam por meio de **sinapses** (Figura 1.4).

A sinapse costuma ser constituída por uma terminação axônica dilatada, cuja membrana, chamada pré-sináptica, está justaposta à membrana de outra célula – a membrana pós-sináptica. Ao microscópio eletrônico, pode-se ver que o elemento pré-sináptico contém numerosas **vesículas sinápticas**, além de mitocôndrias e, às vezes, outras organelas (Figura 1.4). A membrana pré-sináptica apresenta um espessamento no ponto em que ocorre a passagem de informações, a **zona ativa**.

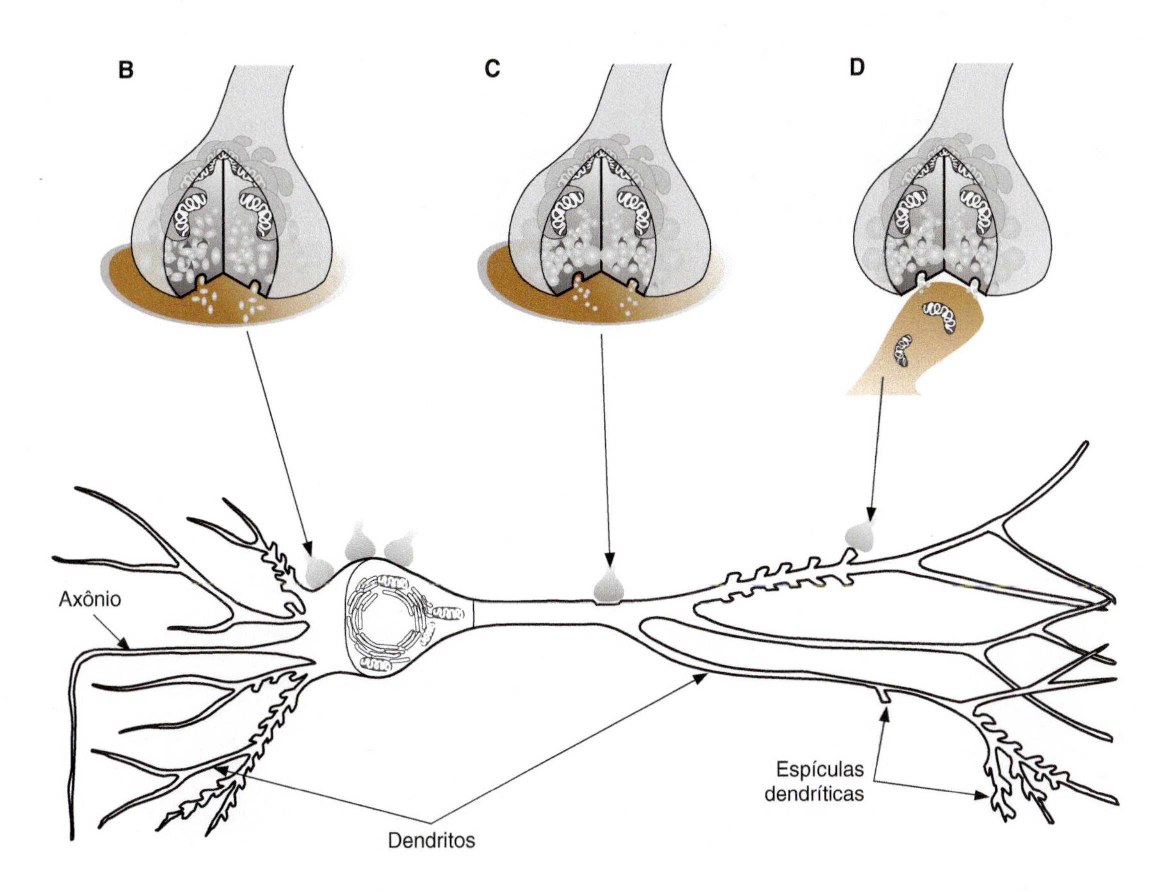

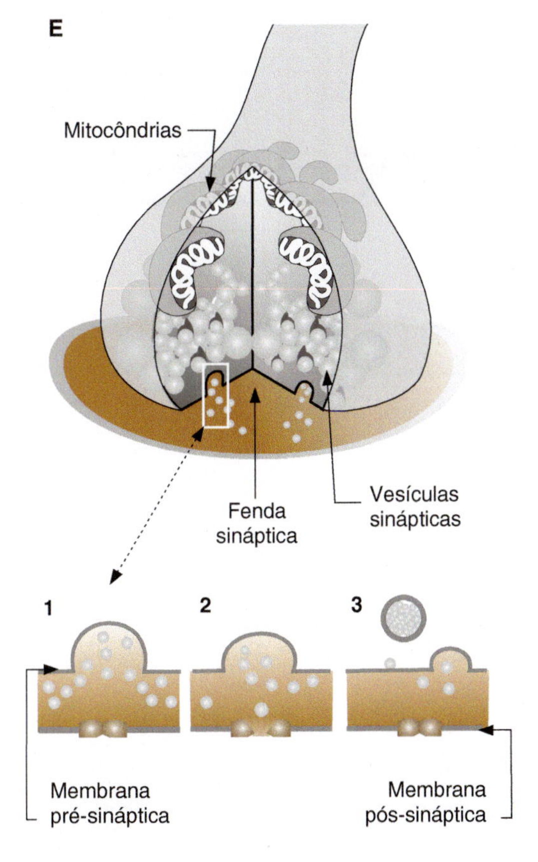

Figura 1.4 Visão esquemática de sinapses no SNC. (**A**) Neurônio com sinapses localizadas no pericário e nos dendritos. (**B**) Sinapse axossomática inibitória. (**C**) Sinapse axodendrítica excitatória. (**D**) Sinapse excitatória em espícula dendrítica. (**E**) Detalhe mostrando a liberação do neurotransmissor no espaço sináptico; (**1**) vesícula sináptica acoplada à membrana pré-sináptica; neurotransmissor atuando na membrana pós-sináptica, ainda não excitada; (**2**) membrana pós-sináptica excitada, com poros iônicos ativados; (**3**) membrana pós-sináptica de volta ao normal, com o neurotransmissor já desativado.

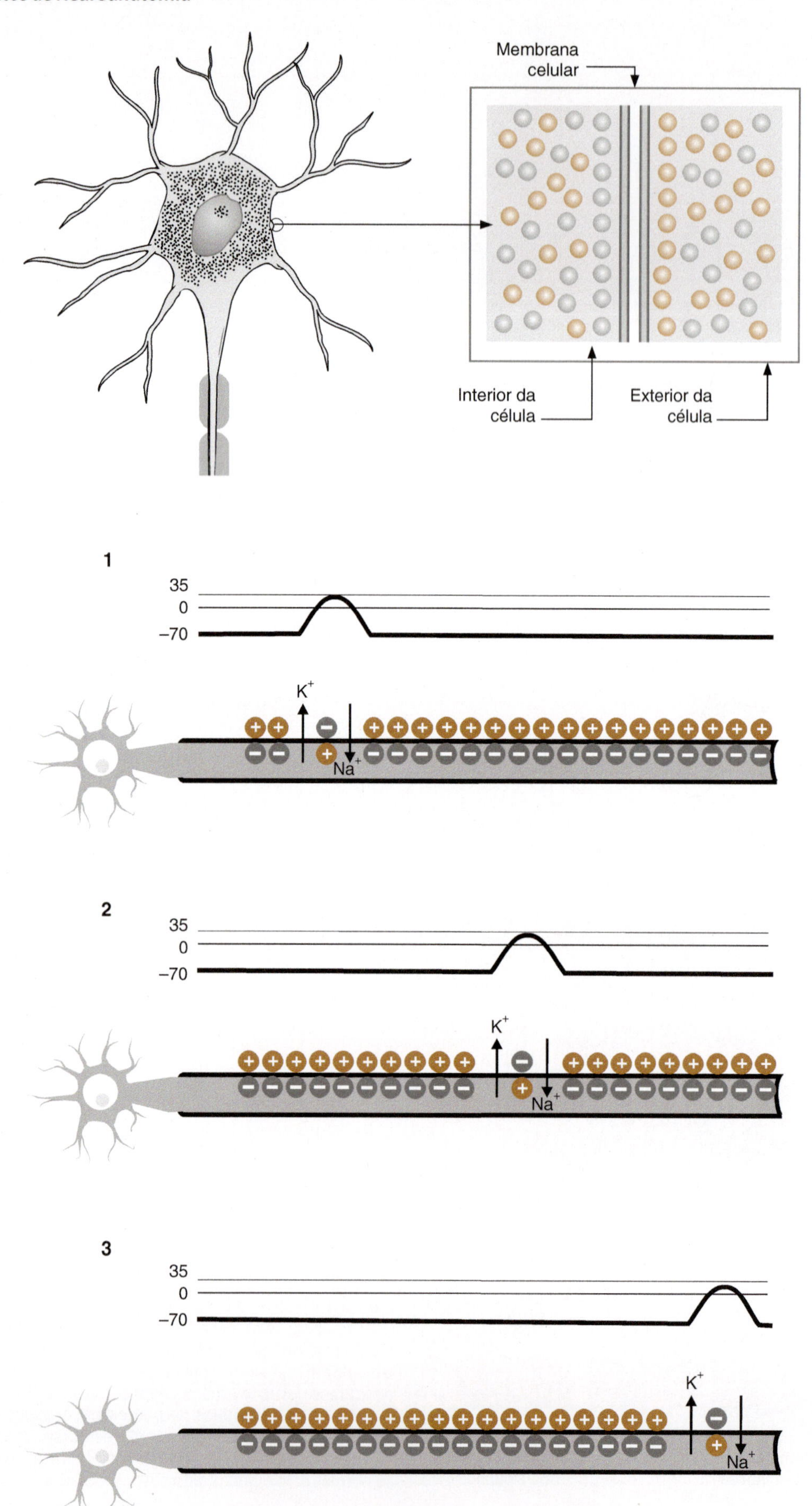

Figura 1.5 Representação da disposição das cargas elétricas ao longo da membrana na célula nervosa em repouso e durante a passagem do impulso nervoso. A figura superior mostra a distribuição desigual de cargas elétricas nas superfícies externa e interna da membrana neuronal em repouso. Em (1), (2), (3), observa-se a propagação do impulso nervoso, com as trocas iônicas correspondentes.

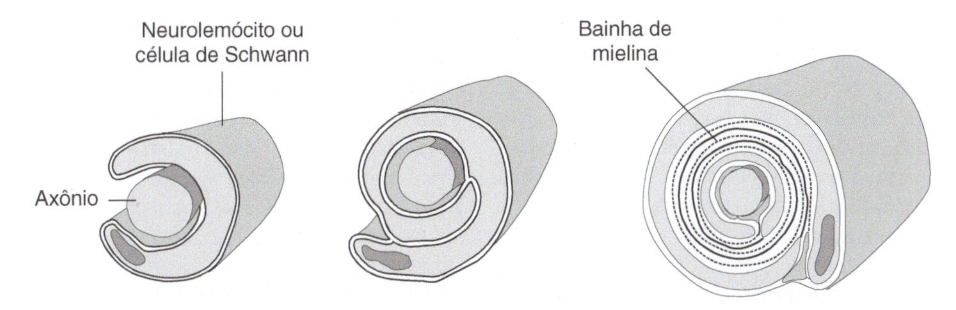

Figura 1.6 Formação da bainha de mielina em fibra nervosa do SNP.

A **fenda sináptica** separa a membrana pré-sináptica da membrana pós-sináptica, que se torna espessa na zona ativa.[2]

Já vimos que o neurônio é uma célula que tem **polarização funcional**, ou seja, ele normalmente recebe informações pelos dendritos ou pelo pericário (também chamado **soma**), enquanto o axônio se encarrega de transmitir os impulsos gerados no neurônio para as outras células com as quais ele entra em contato. A maioria das sinapses se faz entre um axônio e um outro elemento neuronal, formando assim sinapses **axodendríticas**, **axossomáticas** ou **axoaxônicas** (Figura 1.4). Outras porções do neurônio podem excepcionalmente agir como elemento pré-sináptico formando, por exemplo, sinapses **somatossomáticas**, **dendroaxônicas** ou mesmo **dendrodendríticas**.

Sabemos que, nas sinapses, quando um impulso nervoso chega à terminação nervosa, ocorre a liberação de uma substância, o **neurotransmissor**, que irá agir em proteínas receptoras da membrana pós-sináptica, tornando possível a passagem do estímulo nervoso. No SNC, dependendo do neurotransmissor e dos receptores da membrana pós-sináptica, a passagem do impulso pela sinapse pode provocar excitação ou inibição na célula seguinte, isto é: Existem **sinapses excitatórias** e **inibitórias**. Mais ainda: parece possível estabelecer correlatos morfológicos para estes dois tipos de sinapses: as excitatórias são geralmente **assimétricas** (Figura 1.4), já que o espessamento da membrana pós-sináptica é maior que o espessamento da membrana pré-sináptica, e têm vesículas esféricas. Por sua vez, as inibitórias são, em geral, **simétricas** e apresentam, muitas vezes, vesículas achatadas (Figura 1.4).

Pode-se ver, ao microscópio eletrônico, que as **vesículas sinápticas** são geralmente claras, esféricas e medem em torno de 40 nm (1 nanômetro = 10^{-6} mm). As vesículas são um elemento importante nas sinapses químicas, pois nelas se localiza o neurotransmissor, cuja natureza pode ser indicada, muitas vezes, pelo aspecto daquelas. As sinapses que utilizam a acetilcolina como neurotransmissor, por exemplo, têm vesículas claras e esféricas, enquanto as sinapses que utilizam como neurotransmissor o ácido gama-aminobutírico (GABA) apresentam vesículas achatadas ou elípticas. Por outro lado, existem vesículas que apresentam no seu interior um grânulo eletrondenso, por isso, sendo chamadas de vesículas granulares. Um bom exemplo de sinapses com vesículas granulares são aquelas que têm como neurotransmissor as aminas biogênicas (noradrenalina, dopamina, serotonina etc.) (Figuras 8.4 a 8.6). É preciso notar, contudo, que o aspecto da vesícula é apenas uma indicação e não um elemento decisivo para a identificação da natureza química do neurotransmissor sináptico.

Sabe-se que o sistema nervoso é extremamente plástico e modifica-se conforme a aprendizagem, ou seja, com os estímulos que recebe do meio externo ou do interior do próprio organismo ao longo da vida. Essas modificações traduzem-se em alterações na condução da informação nas sinapses ou no aumento ou na diminuição do número dessas estruturas. A passagem do impulso nervoso pode então ser facilitada ou dificultada por alterações induzidas pelas experiências vividas, bem como novas sinapses podem ser formadas ou desativadas pelas mesmas experiências, o que constitui a base neurobiológica do fenômeno da aprendizagem.

Neurotransmissores

Quando o impulso nervoso atinge o elemento pré-sináptico, as vesículas são conduzidas para a zona ativa e aí se fundem à membrana, liberando na fenda sináptica o seu conteúdo, uma substância química, no caso um neurotransmissor. O neurotransmissor vai agir, então, nos **receptores** farmacológicos da membrana pós-sináptica (os receptores são proteínas aí situadas). A interação neurotransmissor/receptor geralmente altera a permeabilidade da membrana pós-sináptica a determinados íons, provocando mudança na polaridade elétrica da membrana, que pode propagar-se a partir do ponto excitado, originando um impulso nervoso. Depois de provocar a alteração na membrana pós-sináptica, o neurotransmissor é rapidamente inativado, por difusão, por recaptação pela terminação pré-sináptica ou destruição enzimática. A sinapse, assim, está pronta para atuar novamente.

Os neurotransmissores, na maioria das vezes, são produzidos no pericário neuronal, transportados ao longo do axônio e armazenados nas vesículas sinápticas. Depois de sua liberação, podem ser reaproveitados por recaptação ou destruídos definitivamente.

Atualmente, são conhecidas dezenas de neurotransmissores, e o número tende a aumentar, à medida que avança o conhecimento científico. Os neurotransmissores clássicos têm moléculas relativamente pequenas, caso da acetilcolina ou das monoaminas (a noradrenalina, a adrenalina, a dopamina, a serotonina e a histamina). Os outros são aminoácidos, como o glutamato, o aspartato, o ácido gama-aminobutírico (GABA) ou a glicina. Porém, o maior número de neurotransmissores está entre os polipeptídios, que têm, como se sabe, grande peso molecular. Dentre estes, podem ser citadas as endorfinas, a substância P, a vasopressina etc. Além disso, sabe-se que

[2] Existem, mesmo no SNC de mamíferos, pontos de contato entre os neurônios em que as membranas celulares estão intimamente justapostas e nas quais um impulso nervoso pode passar de um neurônio a outro sem a utilização de um neurotransmissor: são as **sinapses elétricas**. Esse tipo de contato é, contudo, raro e, provavelmente, sem importância na neurofisiologia dos mamíferos. Por outro lado, existem locais em que os neurotransmissores se difundem pelo espaço extracelular, indo exercer sua função à distância, onde existem receptores apropriados. Esse modo de transmissão, denominado **parassináptico**, existe em alguns locais do SNC dos mamíferos e possibilita que várias populações de neurônios sejam reguladas ao mesmo tempo.

existem neurotransmissores gasosos, como o óxido nítrico e o monóxido de carbono.

Inicialmente, pensava-se que cada neurônio pudesse liberar apenas um neurotransmissor, mas hoje se sabe que a coexistência deles é muito comum, principalmente entre neuropeptídios e neurotransmissores clássicos (que têm baixo peso molecular). Esse fato, naturalmente, amplia a complexidade das ações que podem ser exercidas a nível sináptico, com a liberação de um ou outro neurotransmissor ou de suas ações conjugadas. Quando existe mais de um neurotransmissor presente, um deles pode atuar como **neuromodulador** das ações do outro, provocando modificações lentas no potencial da membrana, ou alterando o metabolismo da célula pós-sináptica.

Neuróglia

No tecido nervoso, além dos neurônios, encontramos outras células que não estão diretamente envolvidas na recepção e na condução dos impulsos nervosos e que, em conjunto, são chamadas de **neuróglia** ou, simplesmente, **células da glia (ou células gliais)**. No SNC, existem quatro tipos de neuróglia: **astróglia**, **oligodendróglia**, **micróglia** e **epêndima**. Nas preparações histológicas de rotina, visualizamos apenas os núcleos das células gliais, com exceção do epêndima, que reveste as cavidades ventriculares do SNC.

Os **astrócitos** são células com numerosos prolongamentos, fato que originou o seu nome. Eles podem ser de dois tipos: **fibrosos** e **protoplasmáticos** (Figura 1.7), presentes, respectivamente, nas substâncias branca e cinzenta do SNC.

Há bastante tempo, sabe-se que os astrócitos constituem um suporte estrutural para os neurônios e participam do processo de cicatrização no SNC, ajudando a produzir o tecido cicatricial. Mais recentemente, descobriu-se que eles contribuem também para a transmissão da informação, influindo na concentração de íons no espaço extracelular e participando da recaptação de neurotransmissores em torno das sinapses. Os astrócitos situados na superfície do SNC enviam prolongamentos até a meninge mais interna, a **pia-máter**, formando com ela a **membrana pioglial**, que envolve todos esses órgãos. Além disso, prolongamentos astrocitários envolvem os capilares sanguíneos, de tal modo que a chegada de nutrientes e a expulsão de resíduos entre as células nervosas e o sangue são intermediadas pelos astrócitos. (Figura 1.8).

Eles participam da regulação do fluxo sanguíneo, aumentado quando os neurônios estão ativos e necessitam de mais oxigênio e glicose. Por outro lado, os astrócitos fazem parte da chamada barreira hematencefálica, que impede a passagem de muitas substâncias do sangue para o sistema nervoso. Essa barreira evita que muitas toxinas danifiquem os neurônios, mas também impede a passagem de vários medicamentos veiculados por via sanguínea.

Os **oligodendrócitos**, por sua vez, são menores que os astrócitos, têm poucos prolongamentos (Figura 1.7) e sua função primordial parece ser a formação da mielina para os axônios do SNC (Figura 1.8). Deve-se notar que no SNP não existem oligodendrócitos, e por isso a mielinização das fibras dos nervos é realizada pelos **neurolemócitos** (ou **células de Schwann**).

Os **microgliócitos** (Figura 1.7) são células pequenas, com poucos prolongamentos e, ao contrário dos demais elementos da neuróglia, não se originam do ectoderma, mas parecem chegar ao SNC no momento da formação dos seus vasos sanguíneos, que têm origem mesodérmica. Os microgliócitos têm função fagocitária, removem detritos e microrganismos no interior do SNC, dentro do qual participam também das respostas imunológicas.

Por fim, as células do epêndima (ou **ependimócitos**) são células alongadas, frequentemente ciliadas, que revestem as cavidades do SNC, colocando-se em contato com o líquido cerebroespinhal. Este líquido, aliás, é produzido em parte pelos ependimócitos comuns e, principalmente, por uma modificação do epêndima existente em alguns locais do sistema ventricular: o plexo corioide (Figura 3.26).

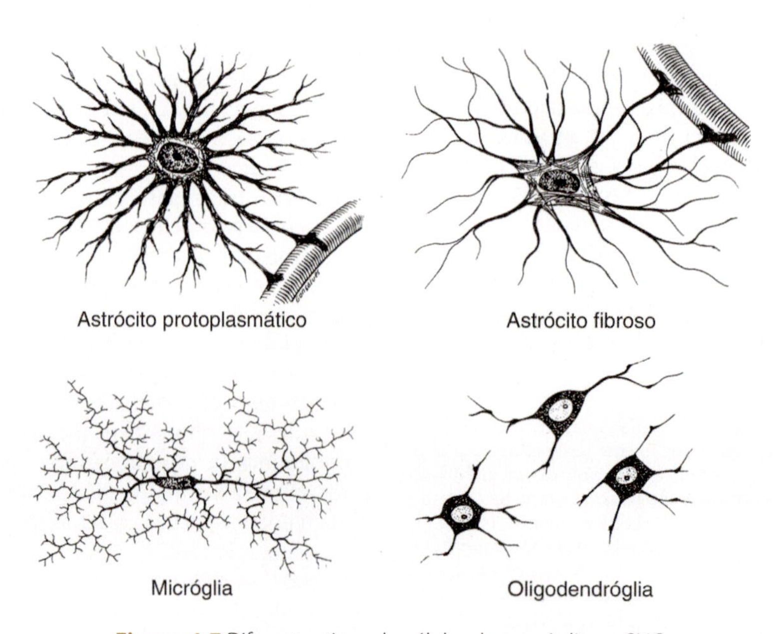

Figura 1.7 Diferentes tipos de células da neuróglia no SNC.

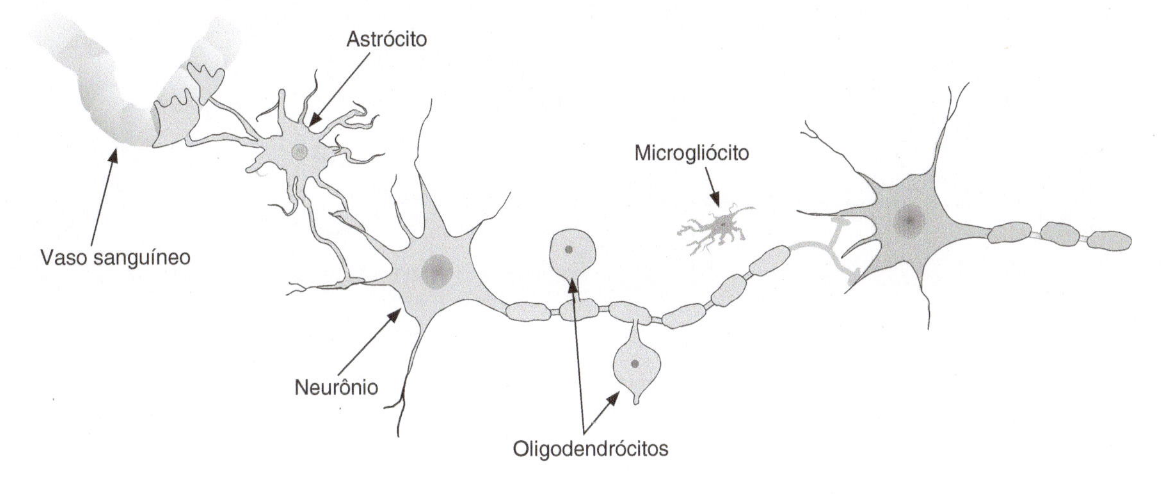

Figura 1.8 Visão esquemática da disposição das células neurogliais no SNC.

Nervos

Os nervos são cordões de coloração esbranquiçada, constituídos, essencialmente, por fibras nervosas (axônios) protegidas por um envoltório de tecido conjuntivo. A maior parte das fibras nervosas presentes nos nervos são mielinizadas, ou seja, têm uma bainha de mielina, que é o resultado da justaposição de várias camadas da membrana celular dos **neurolemócitos**, que se enrolam em torno dos axônios (Figuras 1.6 e 1.9). Mesmo as fibras amielínicas costumam ser "abraçadas" por estas células, que formam a **bainha de neurilema**.

As fibras nervosas, com suas bainhas, são envolvidas por um tecido conjuntivo delicado, formador do **endoneuro**. No interior do nervo, as fibras nervosas se organizam em fascículos, envolvidos por um **perineuro**, e o nervo como um todo tem um envoltório conjuntivo que leva o nome de **epineuro** (Figura 1.9). Estes envoltórios de tecido conjuntivo, além de servirem de proteção aos nervos, são importantes por conterem vasos sanguíneos que irão trazer oxigênio e outros metabólitos essenciais.

Ao longo dos nervos, existem apenas prolongamentos neuronais e não células nervosas, como ocorre nos órgãos do SNC. Por isso, neles existe a possibilidade de regeneração em caso de lesão (Figura 1.10).

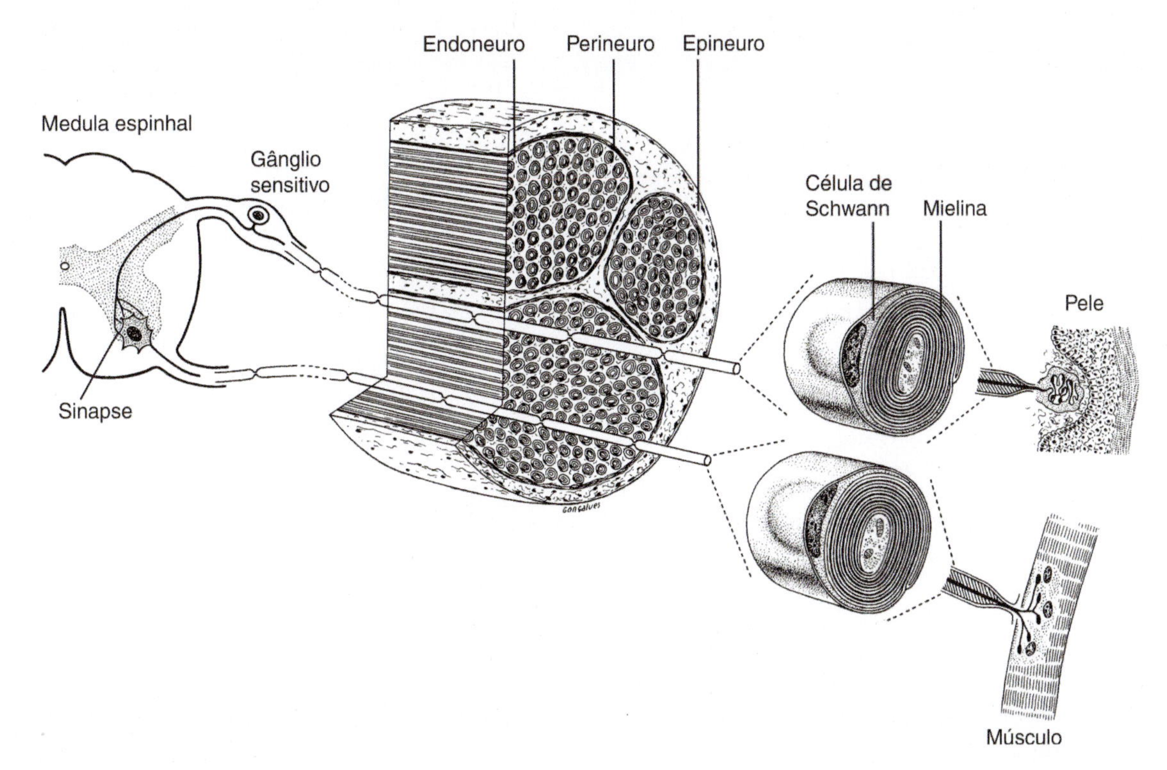

Figura 1.9 Estrutura de um nervo espinhal. (Reproduzido, sob autorização, de Junqueira, L.C.; Carneiro, J. *Histologia básica*. Rio de Janeiro, Guanabara Koogan, 1996.)

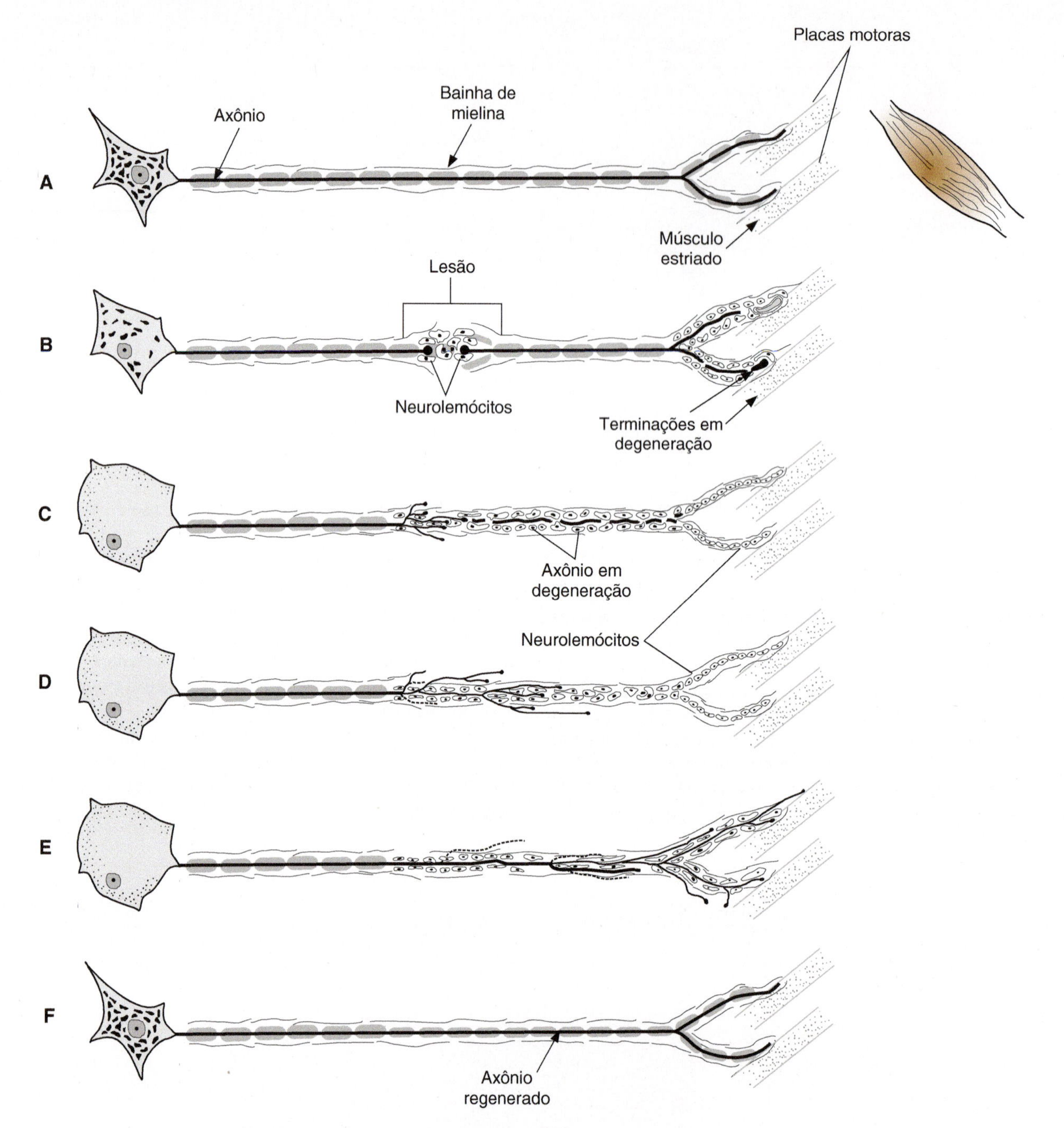

Figura 1.10 Representação dos processos de degeneração e de regeneração de uma fibra nervosa em nervo periférico. (**A**) Neurônio motor intacto. (**B**) Alterações iniciais provocadas por lesão. (**C**) Princípio de regeneração na porção proximal do axônio, com reorganização dos neurolemócitos; cromatólise no corpo celular; degeneração na porção distal do axônio. (**D**) Ramificações axônicas, guiadas pelos neurolemócitos, penetram na porção distal do nervo. (**E**) Processos axônicos formam novas terminações, processos aberrantes degeneram. (**F**) Regeneração completa. (Adaptado de Burt, A.M. *Textbook of neuroanatomy*. Philadelphia, W.B. Saunders, 1993.)

As terminações nervosas

Em sua porção distal, os nervos irão entrar em contato com os órgãos periféricos por meio de terminações nervosas, que podem ser sensoriais ou motoras. As **terminações nervosas sensoriais**, também chamadas de **receptores sensoriais**, serão sensíveis a determinado tipo de estímulo, a partir do qual desencadearão o aparecimento de impulsos nervosos nas fibras aferentes ao SNC. Existem, assim, receptores táteis, térmicos, dolorosos etc. Do ponto de vista morfológico, os receptores poderão apresentar-se como terminações nervosas livres ou serem envolvidos por cápsulas ou formações de natureza conjuntiva (Figura 1.11).

As terminações nervosas motoras vão estabelecer contato entre as fibras nervosas e os efetuadores: músculos ou glândulas. Elas podem ser chamadas de **junções neuromusculares** ou **junções neuroglandulares**. Morfologicamente, estas terminações se assemelham às sinapses entre os neurônios, e ali ocorre a liberação de um neurotransmissor que irá atuar na membrana do efetuador.

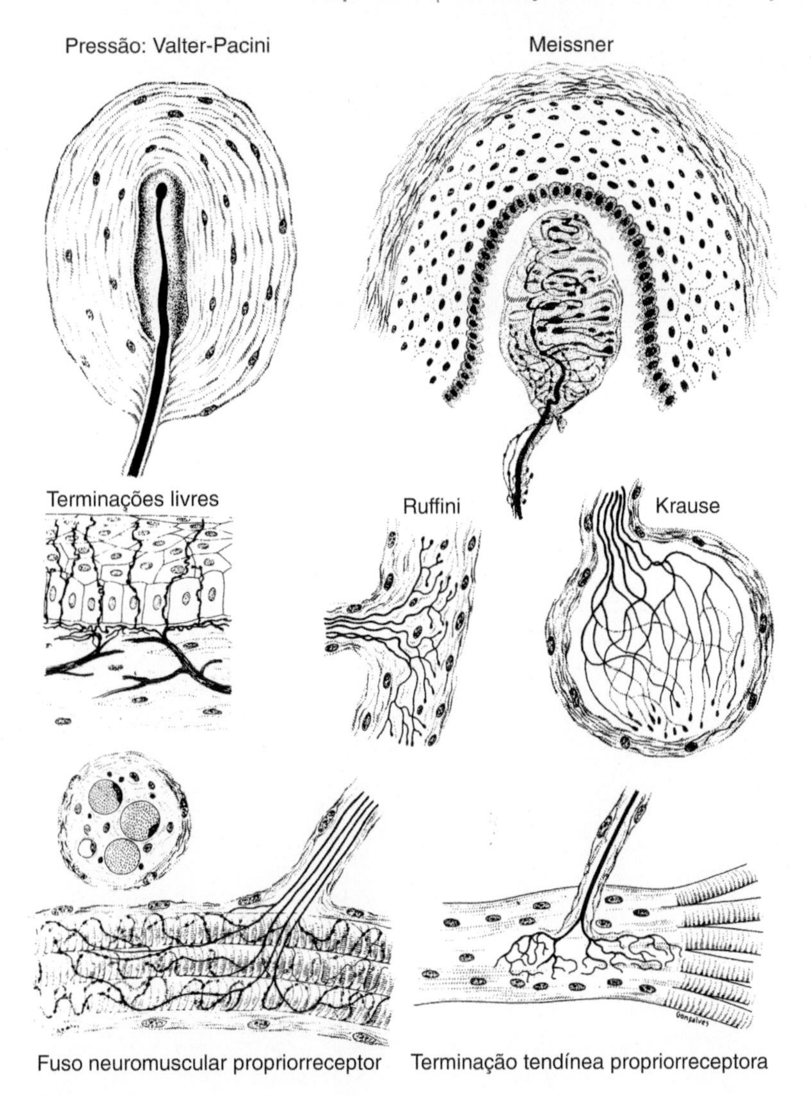

Figura 1.11 Terminações nervosas sensoriais, como vistas ao microscópio óptico. (Reproduzido, sob autorização, de Junqueira, L.C.; Carneiro, J. *Histologia básica*. Rio de Janeiro, Guanabara Koogan, 1996.)

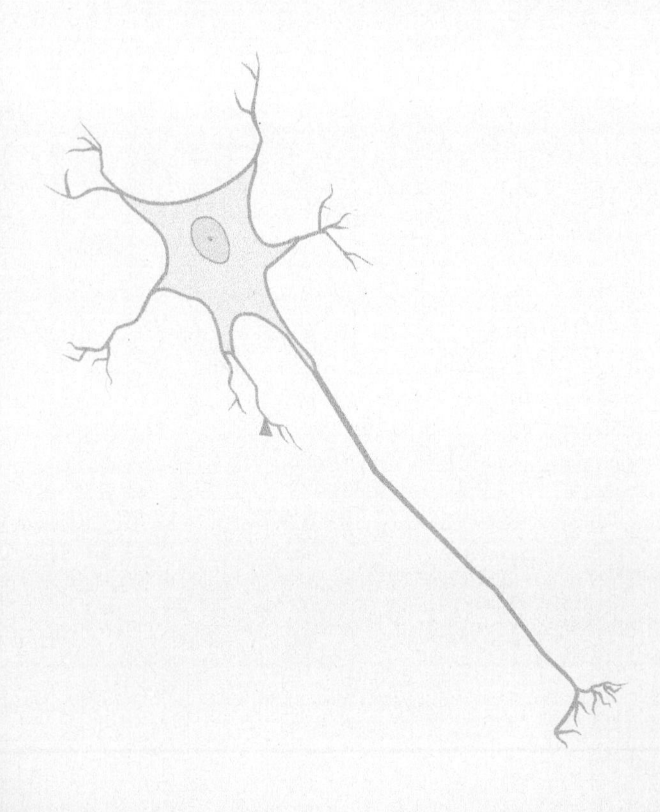

2

Origens e Organização Geral do Sistema Nervoso

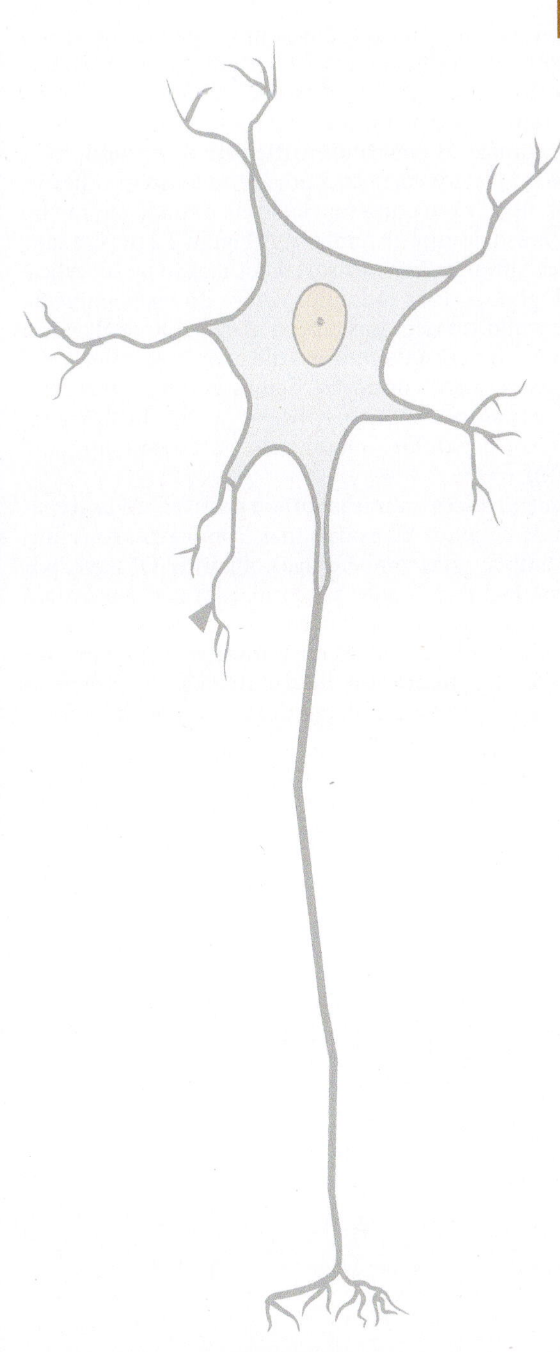

Introdução

O conhecimento de alguns aspectos da filogênese (evolução) e da ontogênese (embriologia) do sistema nervoso contribui, substancialmente, para a compreensão de sua morfologia e de seu funcionamento na vida adulta. Sendo assim, é importante fazer uma rápida abordagem desses aspectos, bem como tornar clara a organização anatômica geral do sistema nervoso, antes de iniciar o estudo da neuroanatomia propriamente dita.

Origem filogenética do sistema nervoso

O tecido nervoso é constituído por células especializadas na recepção, na condução e na transferência de informações. Estas propriedades são fundamentais para que se faça a interação entre o organismo e o meio ambiente e são utilizadas também para o controle do meio interno. A interação eficiente com o meio ambiente é essencial à sobrevivência dos seres vivos e é observada mesmo nos organismos unicelulares. Nos animais pluricelulares, porém, é possível a divisão de trabalho entre as células, e para que aquela interação pudesse ser realizada, neles ocorreu a aparição das **células nervosas**, ou **neurônios**, que são especializadas em **excitabilidade, condutibilidade** e **secreção**. Portanto, células capazes de receber e conduzir estímulos, além de elaborar respostas.

Não se sabe ao certo como e quando surgiram os primeiros neurônios. Contudo, o exame de alguns invertebrados mais simples pode nos dar algumas pistas para solucionar estas questões. Sabemos, por exemplo, que no epitélio de revestimento da esponja do mar existem células diferenciadas, facilmente excitáveis e que podem contrair-se em resposta a estímulos. Ao mesmo tempo, elas são capazes de se comunicar com outras células, seja por mecanismos elétricos, seja pela liberação de substâncias que elas mesmas secretam. Evidentemente, estas células, ainda polivalentes, não podem ser consideradas como neurônios típicos.

Entre os celenterados (como a água-viva), já encontramos o que podemos chamar de neurônios. Nestes animais, podem ser vistas células, situadas na superfície corporal, que se comunicam com outras células excitáveis existentes mais internamente, formando verdadeira rede nervosa (Figura 2.1), pela qual circulam impulsos que eventualmente provocarão contrações em células musculares. Admite-se a existência, nestes circuitos, de células com atividade rítmica, do tipo "marca-passo", que poderiam ser estimuladas ou inibidas mediante estímulos específicos. Embora em relação a estes animais já se possa falar de células nervosas e de uma espécie de "sistema nervoso", é preciso reconhecer que sua organização ainda é muito diferente daquela que encontramos no sistema nervoso dos vertebrados.

Uma organização um pouco mais próxima daquela dos vertebrados pode ser observada em invertebrados como, por exemplo, a minhoca. Nestes anelídeos, o sistema nervoso não é mais representado por uma rede neuronal difusa na superfície do animal. Os neurônios migraram para o interior do corpo e tendem a se acumular em **gânglios**, um fenômeno conhecido como **centralização** (Figura 2.1). Importante esclarecer: o que chamamos aqui de gânglios nervosos são estruturas nas quais se concentram corpos neuronais.

Nesses animais, os neurônios participam de circuitos mais elaborados e podemos encontrar, por exemplo, **arcos reflexos**, que são um tipo de estrutura funcional encontrada mesmo no sistema nervoso da espécie humana. A Figura 2.2 mostra que, na minhoca, um **neurônio sensorial**, localizado na superfície do animal, pode receber estímulos vindos do meio ambiente e conduzir impulsos nervosos até um gânglio, no qual ocorre sinapse com um **neurônio motor**, cujo axônio se dirige a um músculo, provocando contração. Temos aí um **arco reflexo simples**, ou **monossináptico**. Observe a semelhança com outro reflexo, o **patelar**, encontrado na espécie humana (Figura 6.10).

O fenômeno da centralização tornou possível, ainda, o aparecimento de circuitos neuronais mais complexos, com funções mais amplas, mas também mais objetivas. Observe, por exemplo, na Figura 2.2, que as informações que o neurônio sensorial leva ao gânglio podem não só ser repassadas à célula motora, como também podem ser transmitidas a **neurônios de associação** (ou **neurônios internunciais**). Os prolongamentos desses neurônios poderão dirigir-se, por exemplo, a

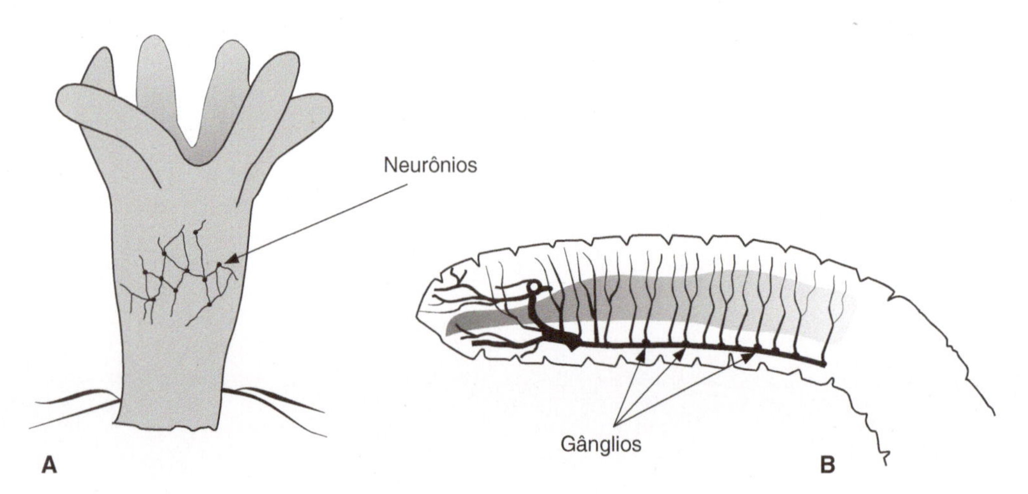

Figura 2.1 (**A**) Nos celenterados, o sistema nervoso é representado por uma rede nervosa que se estende por toda a superfície do corpo do animal. (**B**) Nos anelídeos, o sistema nervoso é representado por uma cadeia ganglionar ventral, da qual saem filetes nervosos que se dirigem para outras partes do corpo do animal.

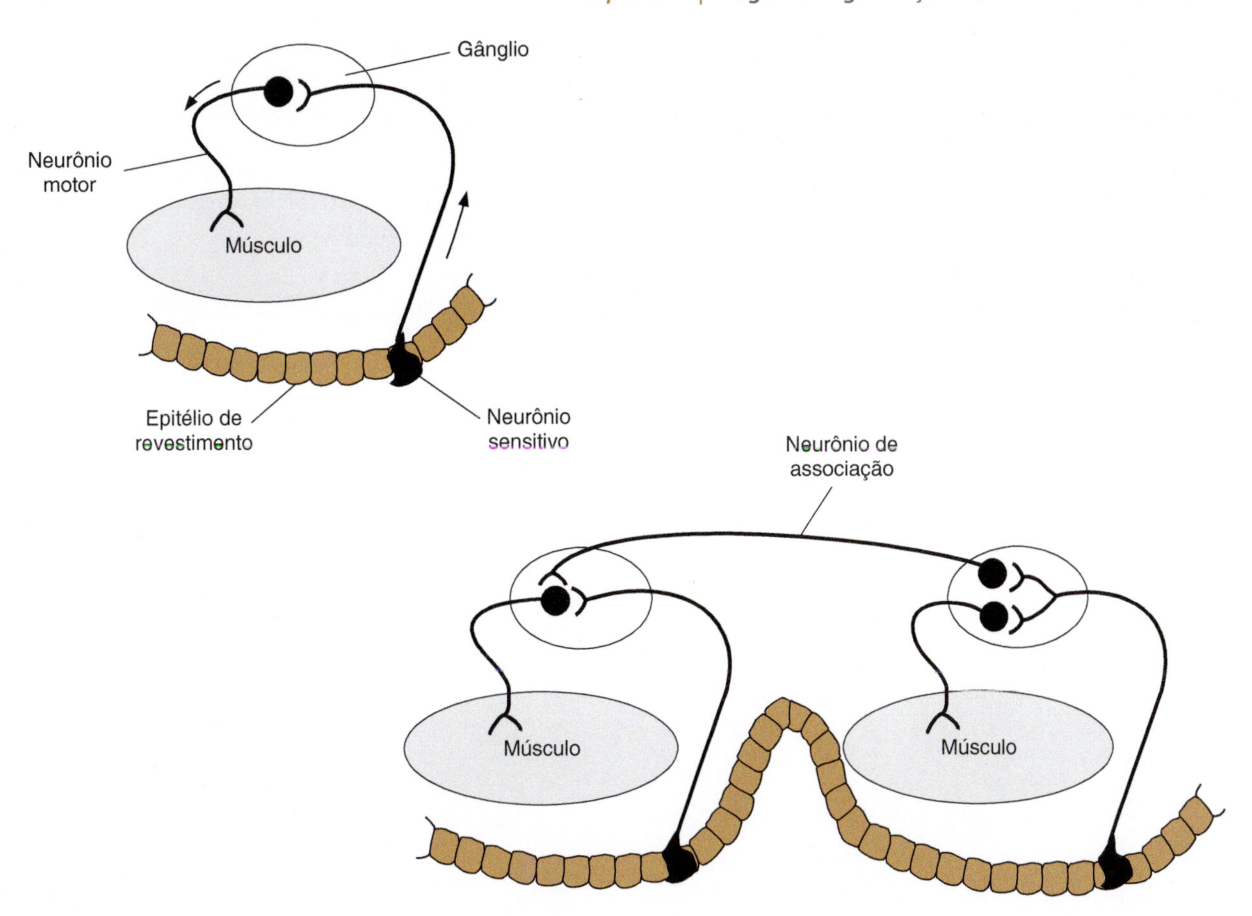

Figura 2.2 (**A**) Visão esquemática de um segmento de anelídeo (minhoca), num arco reflexo simples (monossináptico). (**B**) Dois segmentos adjacentes do mesmo animal, nos quais se vê um reflexo polissináptico.

segmentos adjacentes do corpo do animal, no qual irão provocar respostas musculares pela ativação de neurônios motores ali localizados. Neste caso, existe um arco reflexo mais complexo, **polissináptico**, que faz com que o funcionamento do sistema nervoso ganhe em plasticidade, pois o envolvimento dos neurônios de associação possibilita que as respostas sejam mais localizadas ou mais espalhadas (dependendo da intensidade do estímulo), superando o padrão fixo de respostas do arco reflexo simples.

O sistema nervoso estritamente ganglionar, contudo, só existe nos invertebrados. Durante a evolução, a natureza mudou de estratégia e adotou para os vertebrados um **sistema nervoso central** (SNC) compacto e indiviso, afastado da superfície do animal e protegido por estojos ósseos. Nestes animais, pode-se observar dentro do crânio um **encéfalo**, que tem continuidade com uma **medula espinhal** situada ao longo do dorso do animal e protegida pela coluna vertebral.

Percorrendo a escala dos vertebrados, podemos observar agora uma outra tendência evolutiva, a da **encefalização** (Figura 2.3). Há um aumento gradativo do encéfalo, provocado por um acúmulo de células e circuitos nervosos na porção cefálica do animal. Este, aliás, é um fenômeno que pode ser observado mesmo em invertebrados, pois os gânglios cefálicos tendem a ser maiores e mais importantes do que os demais gânglios do corpo. Ocorre que, nos animais de simetria bilateral, uma das extremidades do corpo se especializa na exploração do ambiente e aí se desenvolvem órgãos sensoriais diferenciados, não encontrados no resto do corpo.

O acúmulo de neurônios no encéfalo leva ao aparecimento de circuitos neuronais cada vez mais complexos, possibilitando o aparecimento de novas funções, não encontradas nas espécies mais simples. Por outro lado, as porções mais recentes do SNC, situadas mais rostralmente, tendem a controlar e a se sobrepor, hierarquicamente, às porções mais antigas, situadas mais caudalmente. Entre os mamíferos, finalmente, pode-se observar como tendência evolutiva o aumento do **córtex cerebral**, uma região muito rica em corpos de neurônios, que formam uma camada que reveste os hemisférios cerebrais. A espécie humana, por exemplo, tem uma quantidade privilegiada de córtex cerebral, o que lhe possibilita desenvolver determinadas funções (p. ex., a linguagem verbal, ou as capacidades de raciocínio e planejamento) que outras espécies não têm.

Organização geral do SNC dos vertebrados

Como foi dito antes, os vertebrados têm um SNC representado por um **encéfalo** e uma **medula espinhal**. O encéfalo, por sua vez, constitui-se de três estruturas: o **cérebro**, o **cerebelo** e o **tronco encefálico** (Figura 2.4). O cérebro é a região maior e a mais rostral. O cerebelo ("pequeno cérebro") é menor e se situa na região posterior do crânio, em posição dorsal com relação ao tronco encefálico. Este último, por sua vez, pode ser dividido em três porções que são, em sentido rostrocaudal: o **mesencéfalo**, a **ponte** e o **bulbo**. A região bulbar é contínua com a medula espinhal, que já está situada, como sabemos, fora da cavidade craniana.

O SNC dos vertebrados é oco, pois se desenvolve, no embrião, a partir de uma estrutura tubular (veja *Origem ontogenética do sistema nervoso*, neste capítulo). Por causa disso, observamos no interior da medula um **canal central** e no encéfalo quatro cavidades que levam o nome de **ventrículos**. Os dois primeiros, conhecidos como **ventrículos laterais**, localizam-se, simetricamente, no interior dos hemisférios cerebrais. O **terceiro ventrículo** está situado na linha mediana, entre os dois hemisférios. Finalmente, o **quarto ventrículo** ocupa uma posição entre o tronco encefálico e o cerebelo (Figuras 3.15 e 3.21).

O SNC comunica-se com os órgãos periféricos por meio do **sistema nervoso periférico** (SNP), cujas estruturas principais são os nervos e os gânglios.

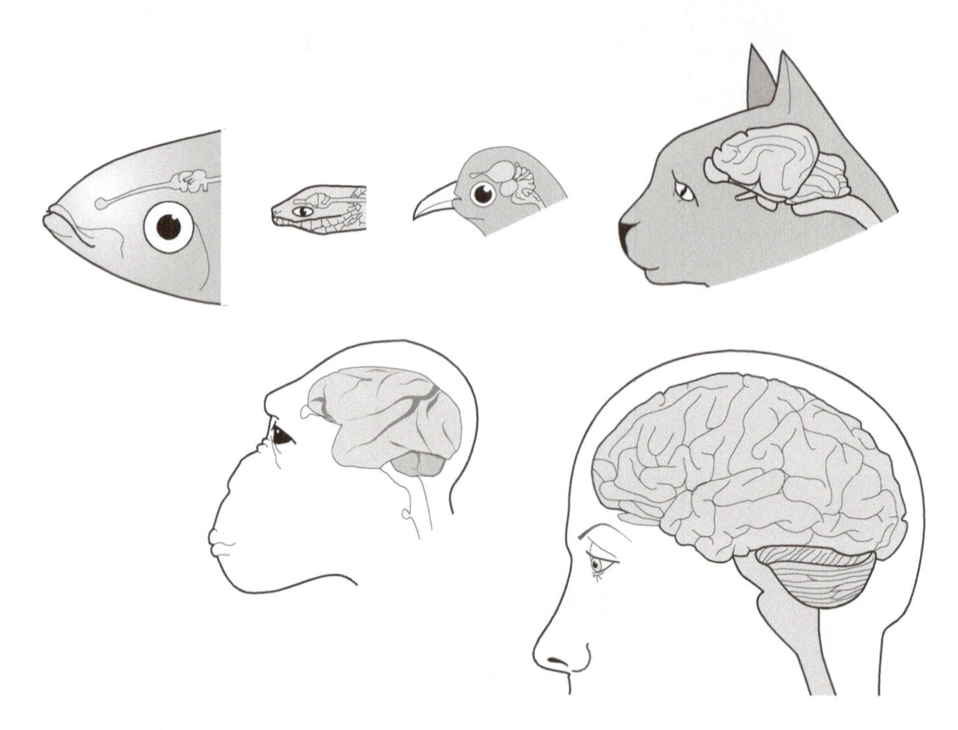

Figura 2.3 Durante a evolução das espécies, ocorreu um aumento progressivo da porção mais rostral do SNC, a chamada encefalização.

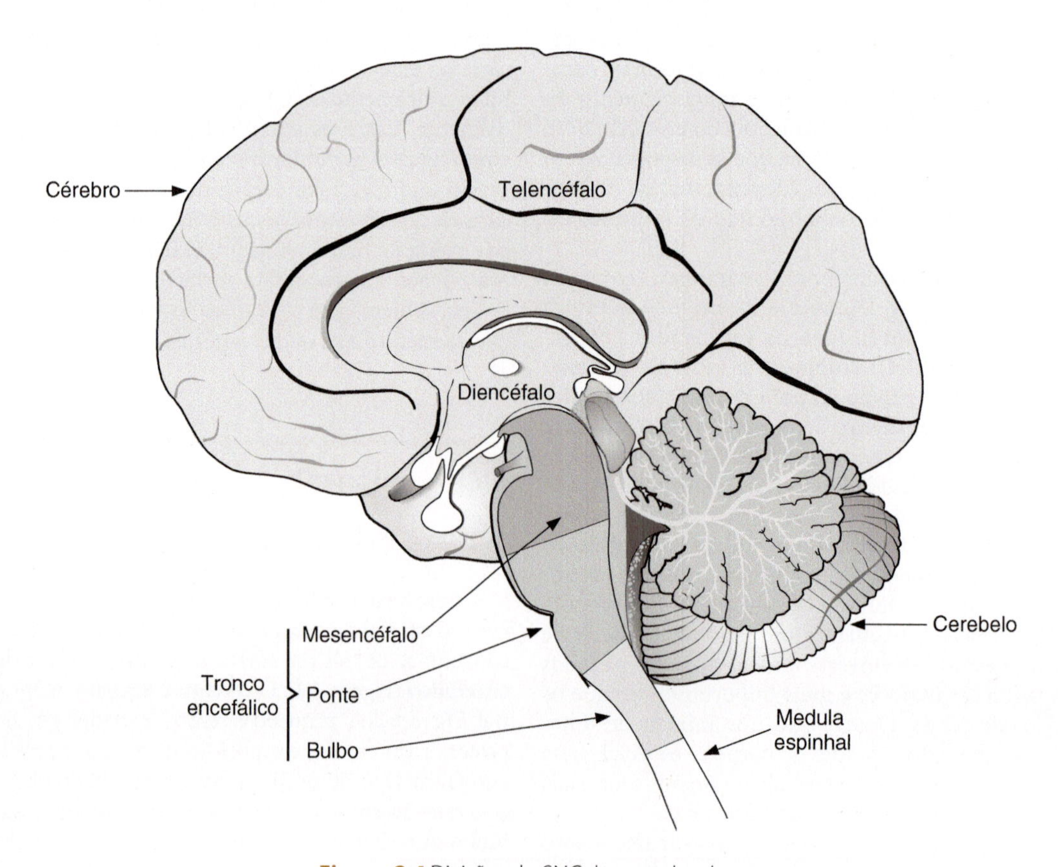

Figura 2.4 Divisões do SNC dos vertebrados.

Os **nervos** são cordões contendo prolongamentos neuronais, que têm origem na medula espinhal ou no encéfalo. No primeiro caso, são chamados de **nervos espinhais;** no segundo, **nervos cranianos.** Os **gânglios** são, neste caso, aglomerados de neurônios situados fora do SNC. Ele podem ser **gânglios sensoriais**, encontrados ao longo de alguns nervos que contêm fibras aferentes ao SNC – caso dos nervos espinhais (cada um deles com um gânglio espinhal) e de alguns nervos cranianos com função sensorial. Podem também ser **gânglios viscerais**, localizados em várias partes do corpo, nos quais se encontram neurônios motores que irão inervar estruturas viscerais (Capítulo 5). Finalmente, no SNP, iremos encontrar, na extremidade dos nervos, as **terminações nervosas**, que podem ser **sensoriais** ou **motoras**. Esta organização anatômica do sistema nervoso dos vertebrados pode ser esquematizada como na chave a seguir:

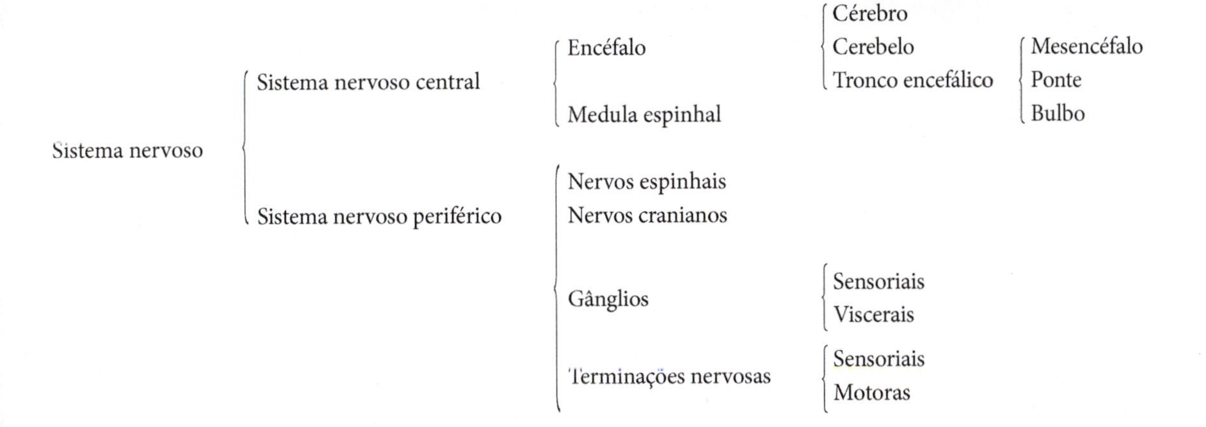

Origem ontogenética do sistema nervoso

O sistema nervoso dos vertebrados tem origem no folheto embrionário mais externo do embrião, ou seja, no **ectoderma**, dado interessante, pois remete à origem evolutiva do sistema nervoso, que, primitivamente, teria surgido na superfície externa dos animais. Na espécie humana, o aparecimento do sistema nervoso acontece na terceira semana de vida, quando parte do ectoderma se transforma no **neuroectoderma**, o que se traduz em um espessamento, a **placa neural** (Figura 2.5). Logo a placa neural se dobra, fazendo aparecer na superfície dorsal do embrião um **sulco neural**, o qual se aprofundará até que as duas pregas do neuroectoderma se fundam, originando o **tubo neural** (Figura 2.5). O tubo neural dará origem a todas as estruturas do SNC.

A placa neural, ao se dobrar formando o tubo neural, acaba por excluir as suas extremidades laterais, que originarão uma estrutura, a **crista neural** (Figura 2.5). Esta se localiza, portanto, de cada lado do tubo neural, dividindo-se, em seguida, em múltiplos segmentos, que originarão as estruturas do SNP, como os neurônios ganglionares. A crista neural origina também outras estruturas, como a medula da glândula suprarrenal.

O tubo neural, ao se fechar na quarta semana de vida intrauterina, apresenta na sua extremidade cefálica três dilatações, ou três vesículas encefálicas primitivas, que têm o nome de **prosencéfalo**, **mesencéfalo** e **romboencéfalo** (Figura 2.6). Estas regiões dilatadas darão origem ao encéfalo no adulto, enquanto o tubo neural indiferenciado se transformará na medula espinhal.

A primeira vesícula, o prosencéfalo, dividir-se-á em duas, denominadas **telencéfalo** e **diencéfalo**. O mesencéfalo perma-

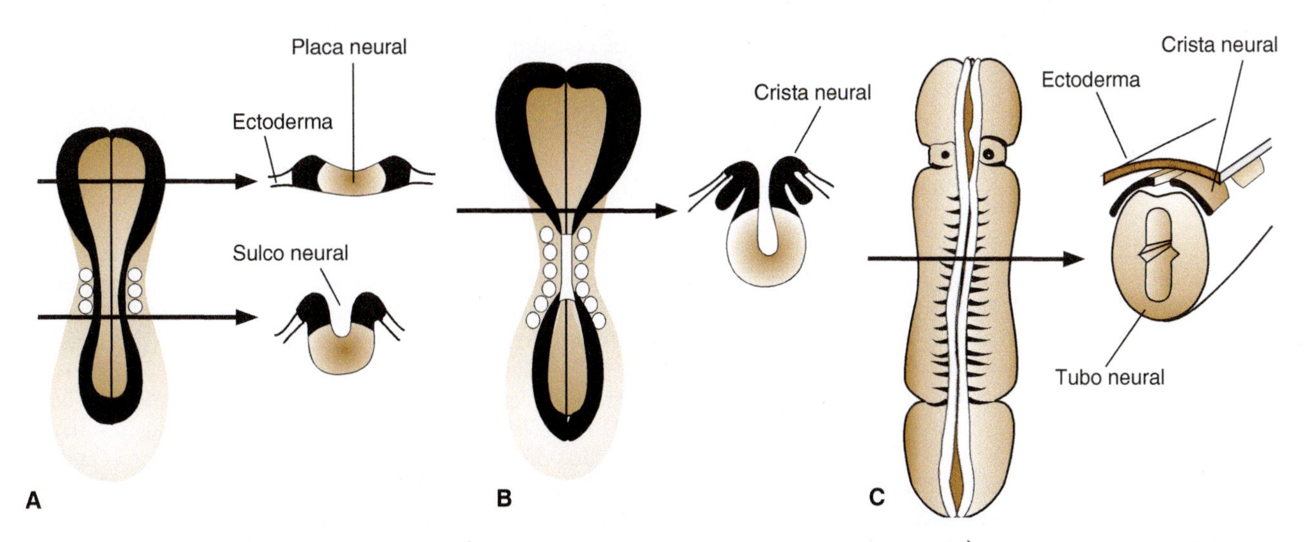

Figura 2.5 (**A**, **B** e **C**) Formação do tubo neural. À esquerda, embrião de vertebrados em visão dorsal. À direita, corte transversal do mesmo. (**A**) Embrião de 20 dias. (**B**) Embrião de 21 dias. (**C**) Embrião de 24 dias. (Esquema baseado em Netter F. *Ciba Clinical Symposia* – Ciba-Geigy Corp.: New Jersey, 1974.)

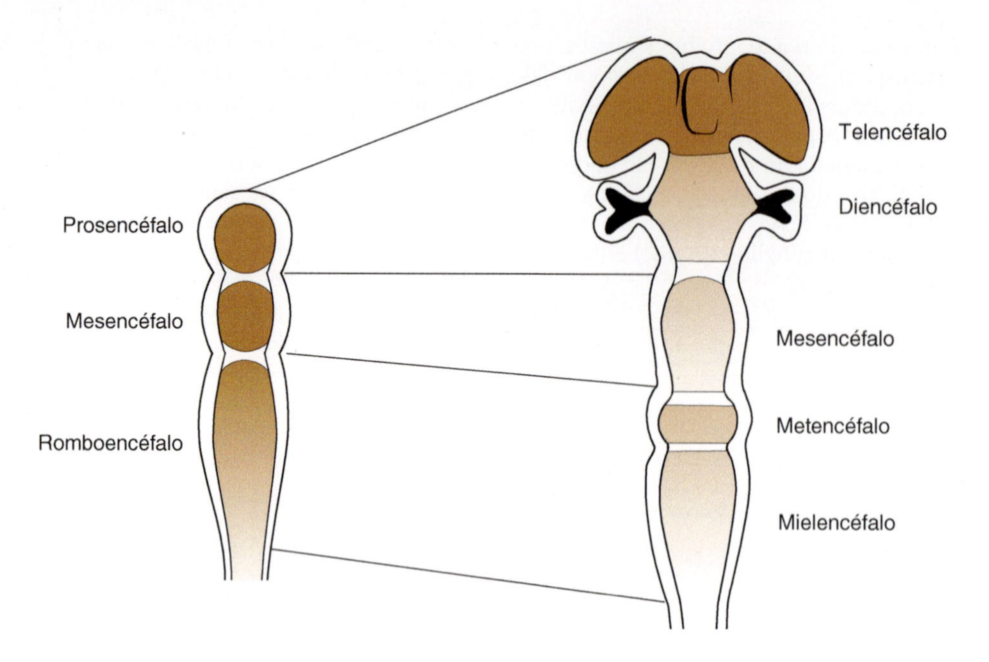

Figura 2.6 As três vesículas encefálicas primitivas dão origem a cinco vesículas secundárias.

nece único, enquanto o romboencéfalo origina também duas vesículas: o **metencéfalo** e o **mielencéfalo** (Figura 2.6).

O telencéfalo e o diencéfalo dão origem ao cérebro, e o primeiro cresce tanto que envolve o diencéfalo, originando assim a maior parte dos hemisférios cerebrais (Figura 2.4). O mesencéfalo origina no adulto a estrutura de mesmo nome, enquanto o metencéfalo dá origem à ponte e ao cerebelo. Por fim, o mielencéfalo se transforma no bulbo.

Frequentemente, no estudo do sistema nervoso maduro, faz-se referência a uma estrutura embrionária em vez de sua derivada correspondente. Por exemplo, pode-se dizer que o "telencéfalo" tem tais funções, em vez de se nomearem as estruturas que esta estrutura origina no cérebro adulto. Assim, é importante o conhecimento das relações entre as estruturas embrionárias e suas derivadas, como resumido no esquema seguinte:

Embrião	**Adulto**
Telencéfalo Diencéfalo	Cérebro
Mesencéfalo	Mesencéfalo
Metencéfalo	Cerebelo Ponte
Mielencéfalo	Bulbo
Tubo neural	Medula espinhal

As cavidades das vesículas encefálicas, como já mencionado, dão origem aos quatro ventrículos cerebrais. Um dos aspectos mais fascinantes do estudo da neurobiologia é verificar como um tubo, formado por uma quantidade relativamente pequena de células, irá transformar-se em um órgão, como no caso da espécie humana, com cerca de cem bilhões de neurônios altamente organizados, sem contar as células da neuróglia, que dão suporte a toda essa complexidade neuronal.

As células-tronco, existentes no tubo neural e nas vesículas encefálicas, sofrem, de início, um processo de proliferação, por meio de divisões celulares sucessivas, por meio do fenômeno conhecido como **neurogênese**. No embrião humano, isto ocorre entre a sexta e a vigésima semana da vida intrauterina. À medida que as novas células são formadas, elas devem iniciar um processo de **migração**, para se posicionarem no local definitivo em que exercerão sua função. Neurônios primitivos localizados em diferentes porções do tubo neural irão formar diferentes estruturas no sistema nervoso do adulto, e muitas dessas células deverão deslocar-se por espaços consideráveis. É realmente extraordinário como um número tão grande de células pode ser direcionado para posicionar-se de maneira tão precisa. Na verdade, elas obedecem a sinais químicos secretados por outras células existentes no embrião. No córtex cerebral, região cujo desenvolvimento foi bem estudado, sabe-se que astrócitos especiais, as **células gliais radiais**, estendem-se da superfície ventricular à superfície externa da vesícula encefálica e servem de suporte aos jovens neurônios em migração (Figura 2.7), que viajam como se subissem por uma corda, até atingir seu ponto de chegada. Note-se que, no córtex cerebral, uma estrutura constituída de diversas camadas, estas camadas serão formadas de dentro para fora e, portanto, as células das camadas mais externas têm que viajar pelas camadas já formadas, até atingir seu destino. É claro que um erro no processo de migração pode fazer com que uma população de neurônios não esteja presente de modo adequado no sistema nervoso do adulto, provocando disfunções. Na espécie humana, a migração ocorre principalmente entre a oitava e a vigésima nona semana do desenvolvimento fetal.

Uma vez encontrada a localização correta, os neurônios sofrem um processo de **diferenciação** e de **maturação**. No primeiro, eles se transformam nos diferentes tipos neuronais que podemos observar em diferentes pontos do sistema nervoso. No córtex cerebral, por exemplo, irão diferenciar-se em **células piramidais**, enquanto no cerebelo aparecerão os neurônios conhecidos como **células de Purkinje**. Isto ocorre pela manifestação de diferentes genes existentes no material genético dessas células. Esses neurônios começam, também, a desenvolver seus prolongamentos (Figura 2.8). Forma-se, assim, a **arborização dendrítica**, cuja grande superfície propiciará um aumento da complexidade das conexões para as células, ao mesmo tempo em que ocorre o crescimento dos axônios, que deverão encontrar as células-alvo a que deverão

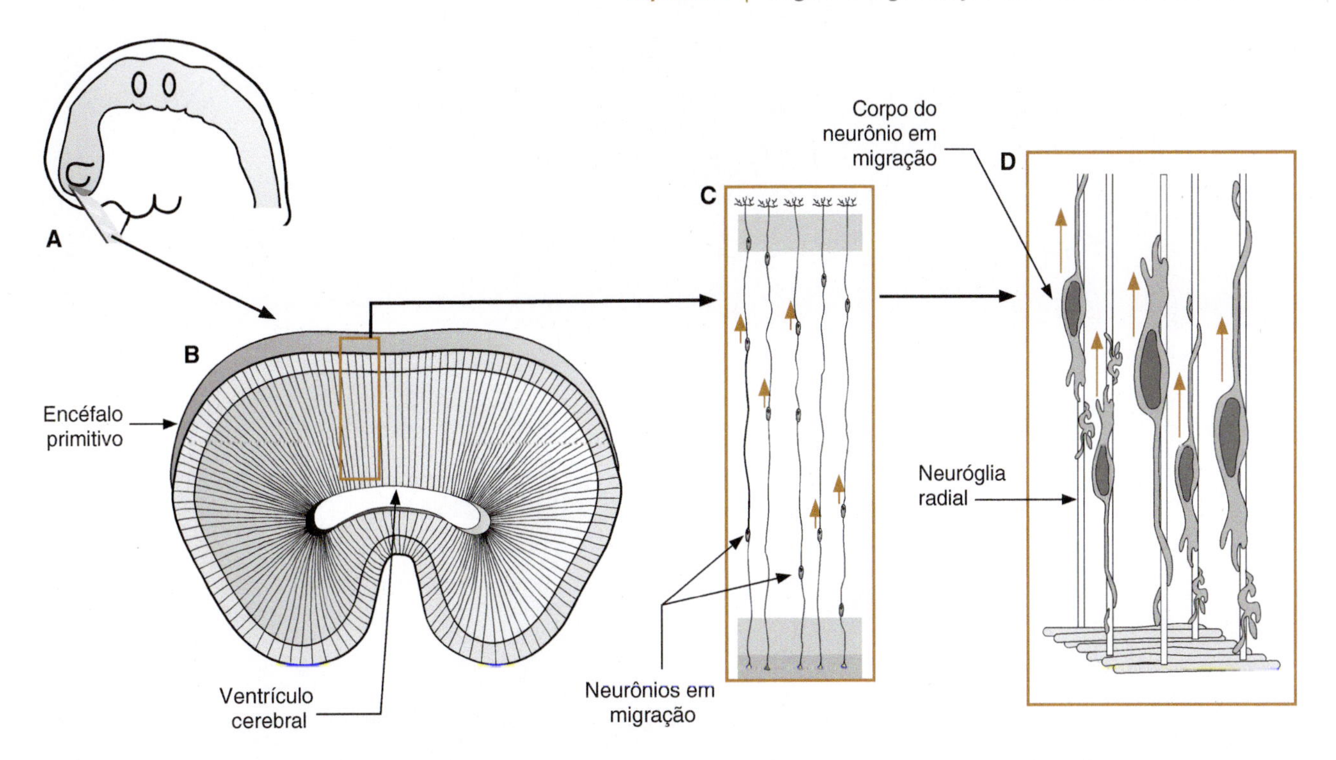

Figura 2.7 Migração dos neurônios corticais. (**A**) Vesículas encefálicas no embrião de algumas semanas. (**B**) Corte frontal na região do telencéfalo. (**C**) Detalhe de (**B**), mostrando neurônios migrando da zona ventricular para a superfície externa da vesícula. (**D**) Detalhe de (**C**), no qual se veem os neurônios em migração, orientados pelas fibras da neuróglia radial.

se conectar. Aqui, mais uma vez, causa espanto como essas fibras (os axônios) são capazes de encontrar o seu destino, viajando por um trajeto de vários centímetros, frequentemente tortuoso e que envolve obstáculos pelo caminho.

Existem evidências de que os axônios são guiados por moléculas secretadas por outras células existentes no seu trajeto. Algumas dessas substâncias são atrativas e "puxam" os axônios em crescimento em sua direção; outras são repelentes e fazem com que eles mudem de direção. O resultado final é que as fibras nervosas conseguem atingir o seu destino com uma precisão espantosa, podendo estabelecer as conexões sinápticas necessárias para o funcionamento correto dos circuitos neuronais. O processo de maturação e do estabelecimento de conexões começa pela vigésima semana da vida intrauterina e estende-se para além do nascimento (Figura 2.9). Hoje sabemos que novas conexões podem se fazer e se desfazer, inclusive durante toda a vida adulta.

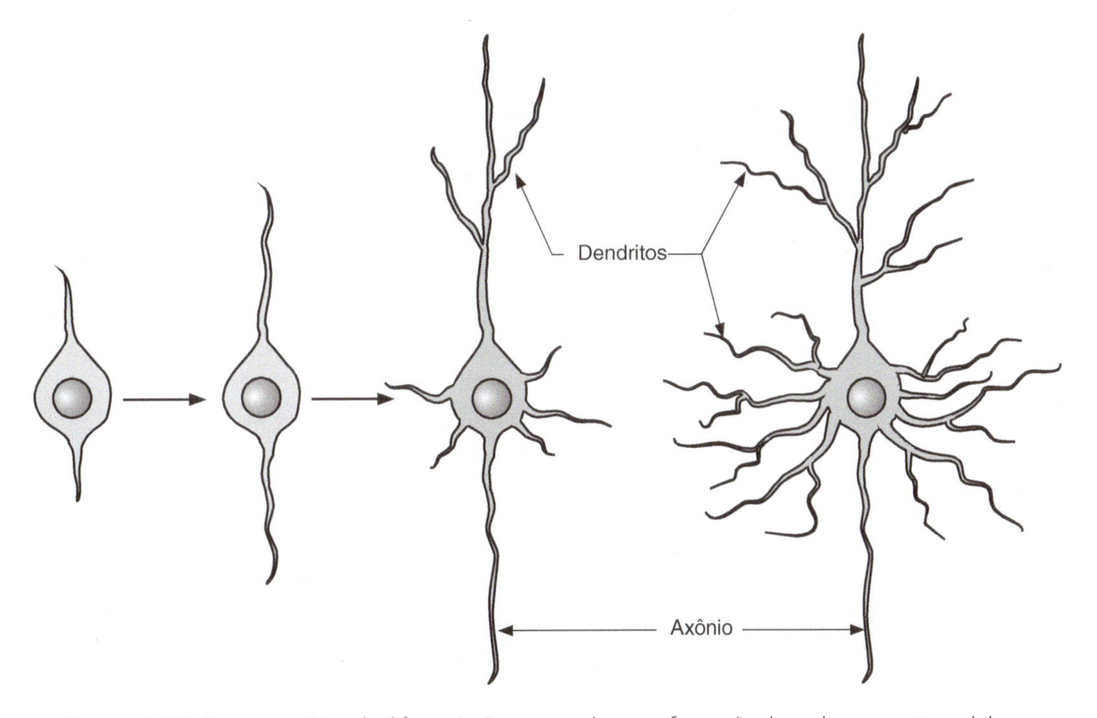

Figura 2.8 Visão esquemática da diferenciação neuronal, com a formação de prolongamentos celulares.

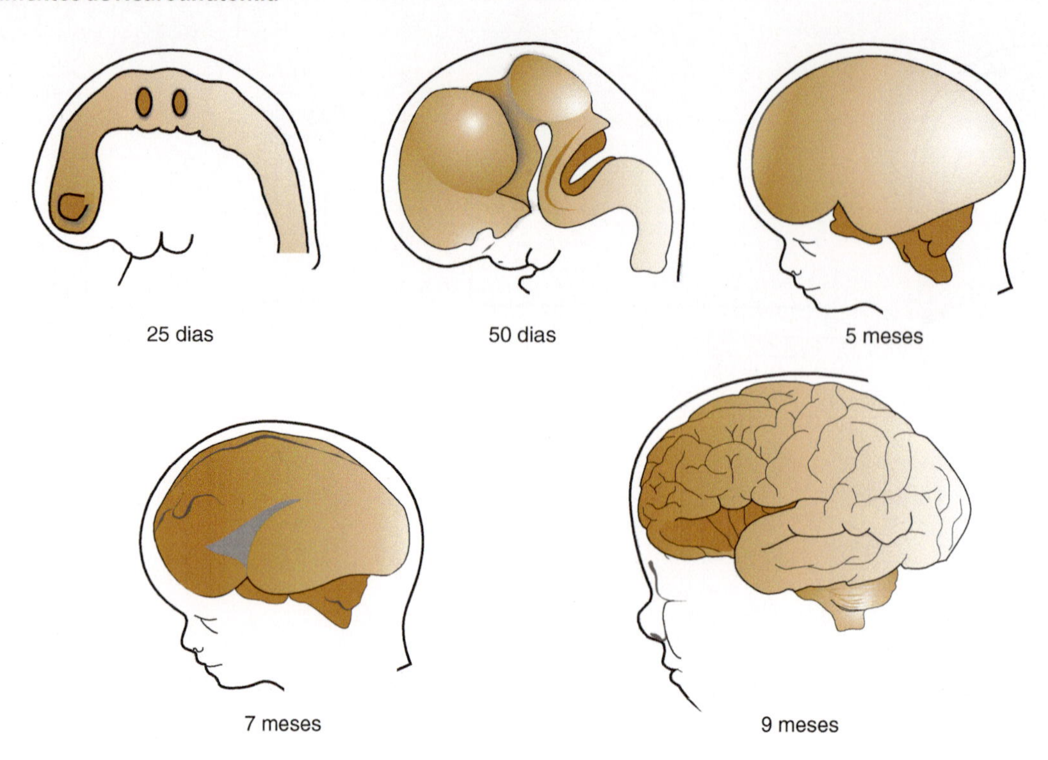

Figura 2.9 Desenvolvimento do encéfalo humano no período intrauterino.

O estabelecimento das conexões sinápticas, a **sinaptogênese**, começa em torno do quinto mês de gestação. Muitas das conexões são determinadas geneticamente, mas boa parte depende das condições ambientais internas ao sistema nervoso e das interações entre o indivíduo e o meio externo.

Um fato interessante no desenvolvimento do sistema nervoso é que são produzidas muito mais células e conexões sinápticas do que o que será necessário para a vida do indivíduo. Por causa disso, um fenômeno normal que acontece por volta do nascimento é a morte neuronal programada (**apoptose**) de um grande número de neurônios. Tudo indica que são eliminados os neurônios que não conseguem estabelecer as conexões adequadas e, portanto, não se tornam funcionais. Da mesma forma, o número de sinapses, que aumenta de modo considerável até o final do primeiro ano, sofre por essa época o que se chama de desbastamento sináptico, uma acentuada queda em seu número, (o que ocorre outra vez no início da adolescência).

Os chamados **fatores neurotróficos**, secretados pelas células-alvo, são importantes para a manutenção dos neurônios que com elas estabelecem conexão. Provavelmente, as sinapses que não tenham um significado funcional são também eliminadas, em um processo que tem sido comparado ao de um escultor que vai eliminando a matéria supérflua até conseguir chegar à forma ideal.

Note-se que a maior parte dos axônios do SNC é mielinizada. A formação da bainha de mielina, ou **mielogênese**, ocorre de maneira ordenada, primeiro em algumas áreas, depois em outras, em um processo que se estende por muitos anos e mesmo décadas após o nascimento.

Durante muito tempo, acreditava-se que as conexões nervosas eram formadas apenas ao longo do desenvolvimento intrauterino e da primeira infância e que a grande plasticidade observada nesta época não era mais encontrada no sistema nervoso maduro. Hoje, sabe-se que isto não é verdade, pois há plasticidade mesmo nos indivíduos idosos, e a interação com o meio ambiente é fundamental para formar e manter um grande número de conexões entre as células nervosas, não só na infância, mas durante toda a vida.

Outra crença arraigada e hoje desmentida é a de que não haveria geração de neurônios após o nascimento. Descobertas mais recentes demonstraram que um pequeno número de células-tronco permanece em algumas poucas áreas do SNC por toda a vida e podem produzir novas células nervosas em um processo permanente. Isto é importante, pois talvez seja possível descobrir como induzir essas células-tronco, mesmo durante a vida adulta, para a produção de neurônios que regenerem estruturas perdidas devido a doenças ou a processos degenerativos.

3

Morfologia Externa do Sistema Nervoso Central

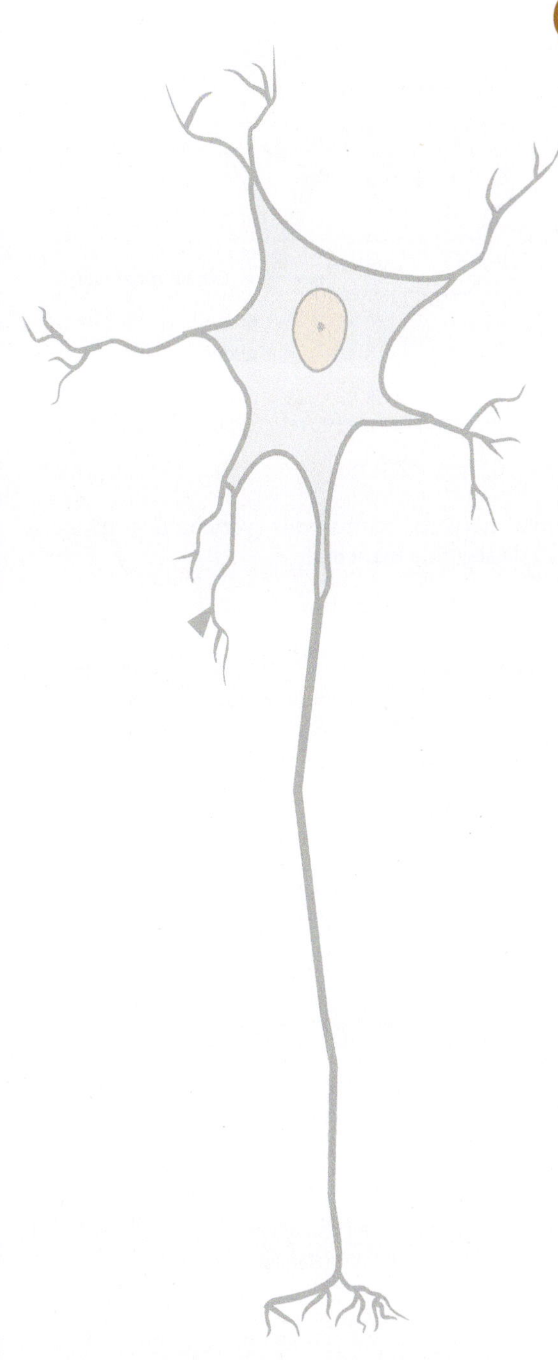

Introdução

O estudo da morfologia externa do SNC é importante, pois fornece informações necessárias para a abordagem e a compreensão de sua estrutura interna e das conexões entre as diferentes regiões que o constituem. Para fazer este estudo, convém, antes de mais nada, conhecer a terminologia anatômica, que possibilita descrever com precisão a posição espacial das diversas estruturas nervosas, bem como das relações que guardam entre si.

Inicialmente, deve-se considerar que as descrições anatômicas levam em conta três planos espaciais (Figura 3.1). Os **planos sagitais** dispõem-se paralelamente ao plano mediano, que é aquele que divide o corpo em duas metades simétricas. Os **planos coronais** são perpendiculares aos planos sagitais e repartem o corpo em uma porção anterior (da frente) e uma porção posterior (de trás). Os **planos horizontais** são perpendiculares aos outros planos e dividem o corpo humano em uma porção superior e uma porção inferior. Muitas estruturas internas só se tornam visíveis quando o SNC é seccionado em um desses planos.

Além disso, o SNC distribui-se ao longo de dois grandes eixos que são designados como **rostrocaudal** e **dorsoventral** (Figura 3.2). Assim, uma estrutura mais próxima da cabeça é chamada de rostral em relação a outra estrutura que esteja mais perto da cauda, que é chamada caudal. Do mesmo modo, uma estrutura que esteja mais próxima das costas é chamada de dorsal em relação a outra estrutura mais perto da barriga ou ventre, a ventral.

Nos animais em geral, o eixo rostrocaudal é reto, mas, na espécie humana, que assumiu uma postura bípede, o eixo flexiona-se e o encéfalo encontra-se em um ângulo de noventa graus em relação à medula espinhal. Por causa disso, as estruturas dorsais, que, na altura do corpo, eram posteriores, na região do cérebro passam a ser superiores. O mesmo ocorre com as estruturas ventrais, que, na região do cérebro, são inferiores e não mais anteriores como no resto do sistema nervoso central (Figura 3.2). O Quadro 3.1 registra um pequeno glossário com os termos de relação mais usados para o estudo do SNC.

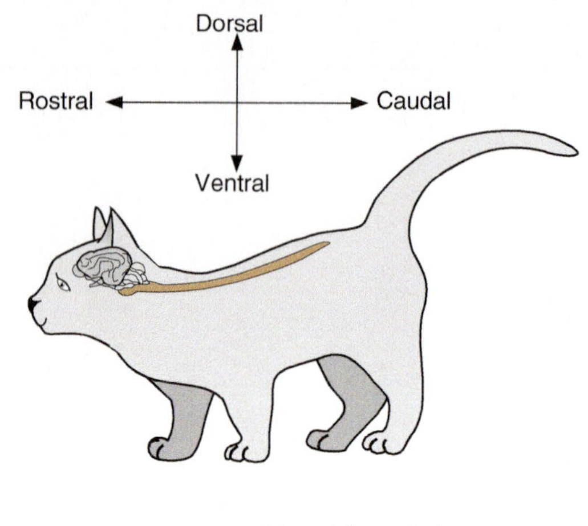

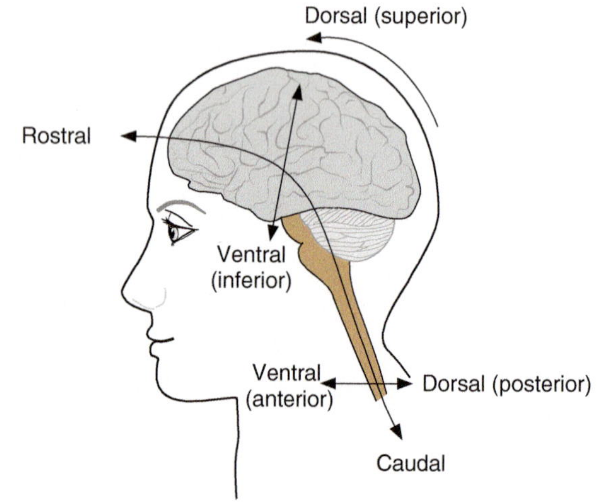

Figura 3.2 Os eixos anatômicos e sua relação com o sistema nervoso central.

O sistema nervoso central dos vertebrados divide-se (Capítulo 2) da seguinte maneira:

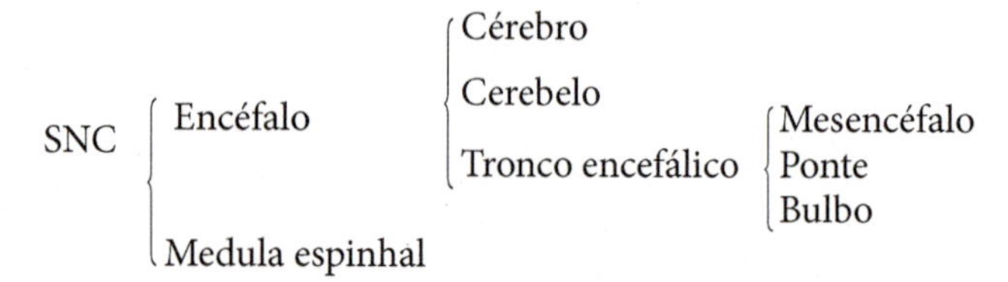

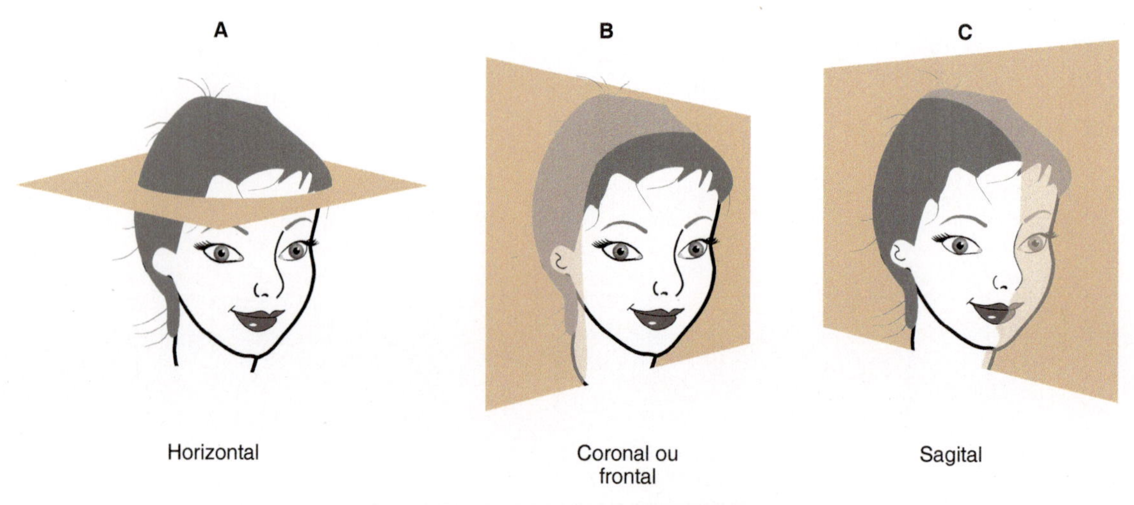

Figura 3.1 Os planos anatômicos espaciais.

Quadro 3.1 Glossário.

Termo	Significado
Caudal	Mais próximo da cauda (ou dos pés). Contrário de rostral.
Contralateral	Que fica do lado oposto do corpo. Contrário de ipsilateral.
Distal	Mais afastado do ponto de origem. Contrário de proximal.
Dorsal	Mais próximo do dorso. Geralmente, é sinônimo de posterior (com a exceção das estruturas do cérebro). Contrário de ventral.
Intermédio	Que fica entre duas estruturas, uma medial, outra lateral.
Ipsilateral	Que fica do mesmo lado do corpo. Contrário de contralateral.
Lateral	Mais afastado do plano mediano. Contrário de medial.
Medial	Mais próximo do plano mediano. Contrário de lateral.
Mediano	Diz-se de órgão ou estrutura localizados no plano mediano, que divide o corpo em metades simétricas.
Proximal	Mais próximo do ponto de origem. Contrário de distal.
Rostral (ou cranial)	Mais próximo da cabeça. Contrário de caudal.
Ventral	Mais próximo da barriga. Geralmente, é sinônimo de anterior (com a exceção das estruturas do cérebro). Contrário de dorsal.

Neste capítulo, faremos o estudo macroscópico dessas estruturas, começando pela medula espinhal e abordando, sucessivamente, as estruturas mais rostrais.

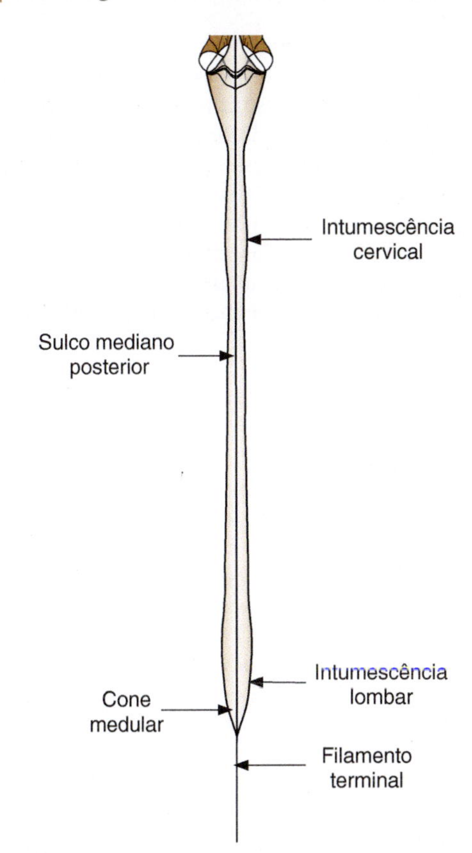

Figura 3.3 Visão esquemática da superfície posterior da medula espinhal, da qual foram retirados os nervos espinhais.

Medula espinhal

A medula espinhal é um cilindro de tecido nervoso contido no canal vertebral e envolvido por membranas conjuntivas, as **meninges** (Figura 3.5). Na espécie humana, tal como em outros mamíferos, o calibre da medula não é uniforme, sendo visíveis duas dilatações, as **intumescências cervical** e **lombar**. Estas dilatações correspondem, respectivamente, às regiões da medula de onde saem os nervos que inervarão os membros superior e inferior. A inervação desses membros requer a presença de maior número de neurônios e, portanto, de maior massa de tecido nervoso, o que aumenta o calibre da medula. Por outro lado, a extremidade caudal da medula espinhal é afilada, formando o **cone medular** (Figura 3.3).

A medula espinhal é percorrida em toda a sua extensão por sulcos longitudinais: na face anterior são visíveis a **fissura mediana anterior**, ladeada pelos **sulcos laterais anteriores**; na face posterior, observamos o **sulco mediano posterior**, ladeado pelos **sulcos laterais posteriores** (Figura 3.4). Na região cervical da medula, entre os sulcos laterais posteriores e o sulco mediano, existem, de cada lado, os **sulcos intermédios posteriores.**

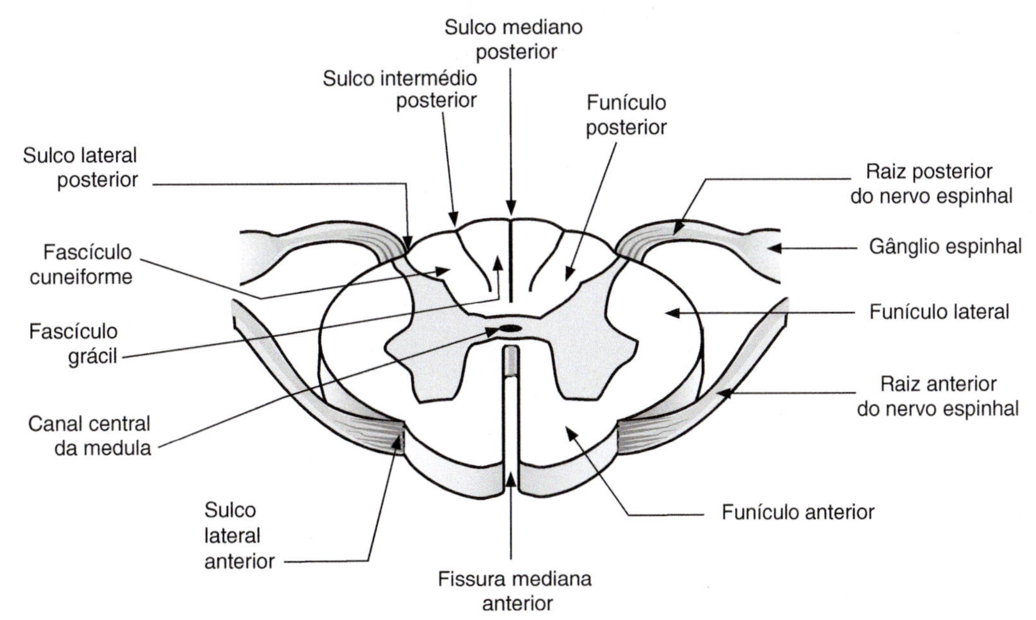

Figura 3.4 Corte transversal da medula espinhal, em visão esquemática.

Os sulcos da superfície da medula são importantes para delimitar três regiões em cada lado dessa estrutura: o **funículo anterior**, situado entre a fissura mediana anterior e o sulco lateral anterior; o **funículo lateral**, entre os sulcos laterais anterior e posterior e o **funículo posterior**, delimitado pelos sulcos mediano posterior e lateral posterior (Figura 3.4). O funículo posterior, na porção cervical da medula, é dividido, por conta do sulco intermédio, em dois fascículos - o **grácil**, mais medial, e o **cuneiforme**, mais lateral.

Nos funículos, estão presentes feixes de fibras nervosas, que conduzem impulsos em direção ascendente ou descendente dentro da medula. Os fascículos grácil e cuneiforme, por exemplo, são feixes sensoriais que levam informações para estruturas nervosas acima da medula.

Os sulcos laterais da superfície da medula são o local em que têm origem os **nervos espinhais**. Estes são formados por duas raízes, a **ventral** ou **anterior** e a **dorsal** ou **posterior**. A **raiz ventral** nasce do sulco lateral anterior, enquanto a **raiz dorsal** nasce do sulco lateral posterior. Nesta última, existe um gânglio (os gânglios nervosos são dilatações formadas por um aglomerado de neurônios), o **gânglio espinhal** ou **gânglio da raiz posterior**. Note-se que as raízes são formadas por uma série de filamentos nascidos separadamente, os **filamentos radiculares**, que depois se unem para formar as raízes dos nervos (Figura 3.5).

A porção da medula que dá origem a um par de nervos espinhais é chamada de **segmento medular**. Existem, portanto, tantos segmentos medulares quantos são os nervos espinhais e cada segmento recebe o nome do nervo correspondente. Por exemplo: o primeiro segmento cervical será chamado C1, o quinto segmento torácico será T5 e assim sucessivamente nas porções lombar, sacral e coccígea da medula (Figura 3.6).

Chama a atenção, quando se observa a medula *in situ*, o fato de que ela é mais curta do que o canal vertebral, terminando no nível das vértebras L1 ou L2. As raízes dos nervos que saem das regiões mais caudais da medula continuam a ocupar o canal vertebral abaixo deste ponto e, em conjunto, formam a chamada **cauda equina** (Figura 3.6), por sua semelhança com o rabo dos cavalos.

A medula é envolvida por membranas de natureza conjuntiva: as **meninges**. A mais externa e também mais espessa é chamada **dura-máter**. Entre ela e as vértebras, existe um espaço ocupado por gordura e veias: o **espaço extradural** ou **epidural** (que costuma ser utilizado para a introdução de anestésicos em algumas cirurgias). A segunda meninge é a **aracnoide**, separada da dura-máter por um espaço virtual, o **espaço sub-**

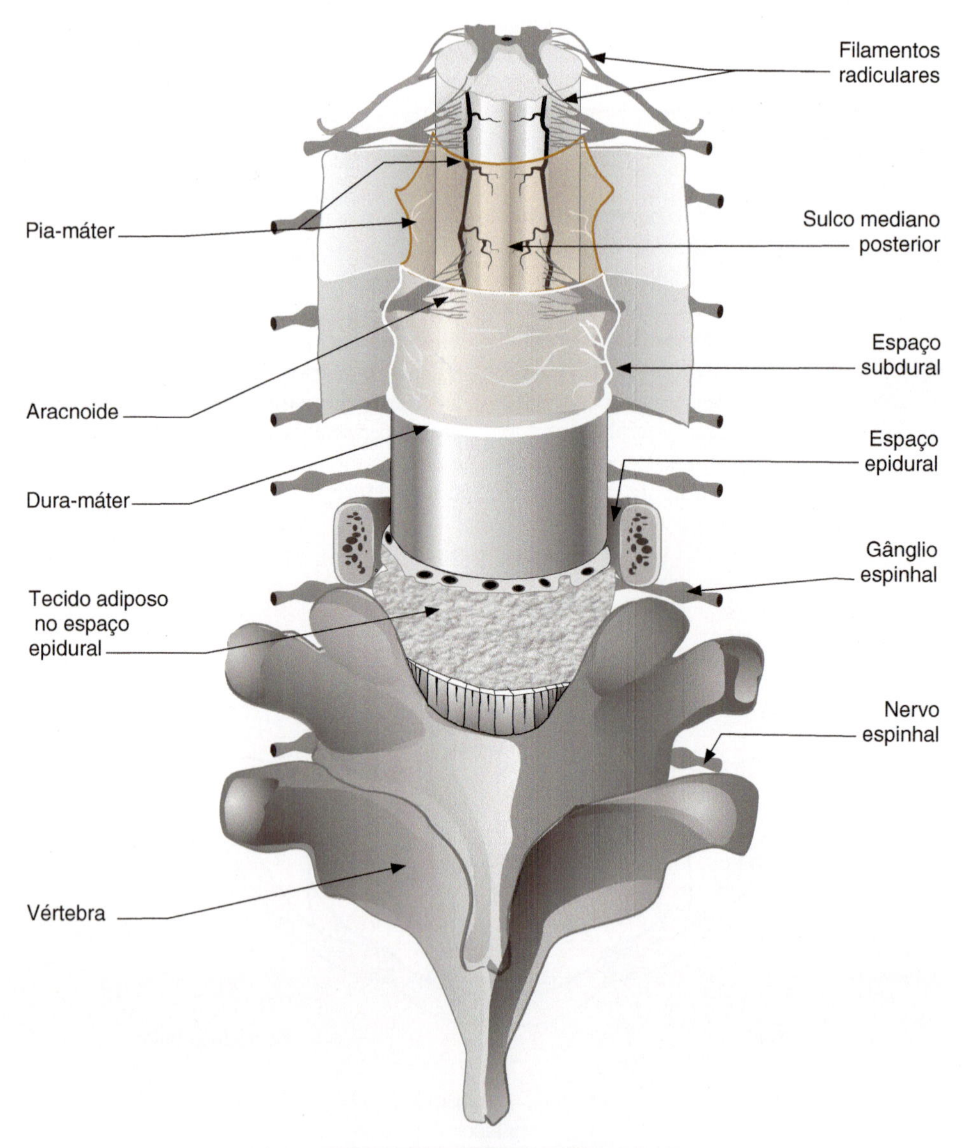

Figura 3.5 Medula espinhal com seus envoltórios.

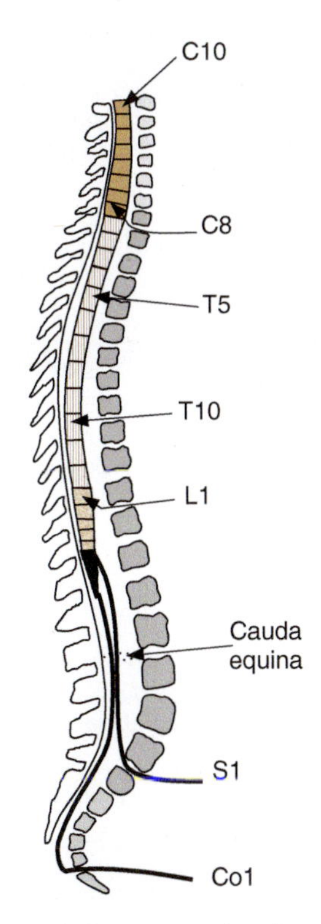

Figura 3.6 Medula espinhal no interior da coluna vertebral, onde se vê a relação entre os segmentos medulares e as vértebras e a formação da cauda equina.

dural. Por outro lado, entre a aracnoide e a pia-máter, existe uma área mais ampla, o **espaço subaracnóideo**, no qual circula o **liquor** (veja *Meninges e liquor*, ainda neste capítulo) (Figura 3.5). A **pia-máter** reveste intimamente a superfície da medula e forma, quando esta termina, o **filamento terminal**, encontrado entre as raízes nervosas da cauda equina (Figura 3.3).

Tronco encefálico

O tronco encefálico (Figuras 3.7 e 3.14), porção do SNC imediatamente rostral à medula espinhal, divide-se em **bulbo**, **ponte** e **mesencéfalo**. Vamos abordar esta região começando por seu contorno anterior, partindo da parte mais caudal em direção à rostral (Figura 3.14).

O **bulbo** é a continuação direta da medula espinhal e com ela se limita por uma linha que tangencia o aparecimento do primeiro nervo cervical (C1). Na superfície anterior do bulbo, observa-se a continuação da fissura mediana anterior e dos sulcos laterais anteriores, já estudados na parte dedicada à medula. Entre a fissura mediana anterior e o sulco lateral anterior localiza-se, de cada lado, uma eminência, a **pirâmide**. As pirâmides são constituídas por fibras motoras, as quais conduzem impulsos nervosos que descem de áreas da superfície cerebral em direção à medula espinhal. Essas fibras cruzam o plano mediano na região caudal do bulbo, obliterando a fissura mediana anterior: é a **decussação das pirâmides**.[1] Por causa desse cruzamento, o hemisfério cerebral esquerdo controla a musculatura do lado direito do corpo e vice-versa. Lateralmente ao sulco lateral anterior existe uma saliência de forma oval, a **oliva**, que corresponde a um agrupamento de neurônios (o **núcleo olivar inferior**) ali existente. O limite superior do bulbo é um sulco horizontal, o **sulco bulbopontino**, que o separa da ponte.

No tronco encefálico, fazem conexão vários pares de nervos, os **nervos cranianos**, cujos pontos de origem descreveremos a seguir. No sulco lateral anterior, entre a pirâmide e a oliva, nasce o **nervo hipoglosso**, décimo segundo par craniano. Lateralmente à oliva, do sulco lateral posterior, continuação do sulco de mesmo nome da medula nascem, em sentido craniocaudal, os **nervos glossofaríngeo, vago** e **acessório**, respectivamente nono, décimo e décimo primeiro pares cranianos. Note-se que o nervo acessório tem outra raiz (**raiz espinhal**), que nasce do funículo lateral da medula cervical e sobe para se unir à **raiz bulbar**, formando o décimo primeiro par.

Na região do sulco bulbopontino originam-se os **nervos abducente**, **facial** e **vestibulococlear** (sexto, sétimo e oitavo pares cranianos). Entre os nervos facial e vestibulococlear, nasce o **nervo intermédio**, parte do sétimo par.

A **ponte** é a porção média do tronco encefálico. Sua superfície anterior é marcada pela presença de estriações transversais, causadas por numerosos feixes de fibras, que convergem de cada lado para formar os **pedúnculos cerebelares médios**, constituídos por fibras nervosas que penetram no cerebelo. Nesta região emerge o **nervo trigêmeo**, quinto par craniano. O trigêmeo nasce sob a forma de duas raízes, uma motora, delgada, e outra sensorial, mais calibrosa.

A ponte apresenta anteriormente uma depressão em sua face anterior, o **sulco basilar**, formado por uma artéria que aí se aloja: a **artéria basilar**. Em posição rostral à ponte, localiza-se o **mesencéfalo**, representado pelos **pedúnculos cerebrais**, duas colunas de fibras que penetram no cérebro e delimitam entre si um espaço, a **fossa interpeduncular**. Nessa fossa, ocorre a emergência do **nervo oculomotor**, terceiro par craniano. Vamos examinar agora o contorno posterior do tronco encefálico, começando novamente pela região mais caudal (Figura 3.7).

A parte caudal do **bulbo** não apresenta novidades em relação à medula cervical, estando presentes os sulcos laterais posteriores, intermédios e mediano posterior, bem como os fascículos grácil e cuneiforme, já estudados. Estes dois fascículos são constituídos de fibras que sobem pela medula e terminam nos núcleos grácil e cuneiforme, representados na superfície do bulbo por duas saliências denominadas, respectivamente, **tubérculos grácil** e **cuneiforme**. Importante lembrar: no interior do SNC chamamos de **núcleos** os aglomerados de neurônios com aspecto e função semelhantes.

Em continuidade aos tubérculos grácil e cuneiforme, há dois feixes de fibras, um de cada lado: os **pedúnculos cerebelares inferiores**. Eles delimitam lateralmente o assoalho do quarto ventrículo e são constituídos por fibras que se dirigem do bulbo ao cerebelo.

Logo acima dos tubérculos, observa-se a abertura de uma cavidade, cuja parede ocupa a maior parte do contorno posterior do tronco encefálico: trata-se do **assoalho do quarto ventrículo**, que se estende por regiões do bulbo e da ponte. O quarto ventrículo é uma cavidade, cujo teto constitui-se essencialmente pelo cerebelo (retirado nas peças para estudo do tronco encefálico).

O assoalho do quarto ventrículo tem a forma de um losango e é percorrido por um sulco longitudinal, o **sulco mediano**, que é ladeado por dois outros sulcos: os **sulcos limitantes**.

[1] Quando as fibras nervosas cruzam obliquamente o plano mediano, dentro do SNC, chamamos a isso uma **decussação** (palavra derivada do numeral romano **X** = *deca*).

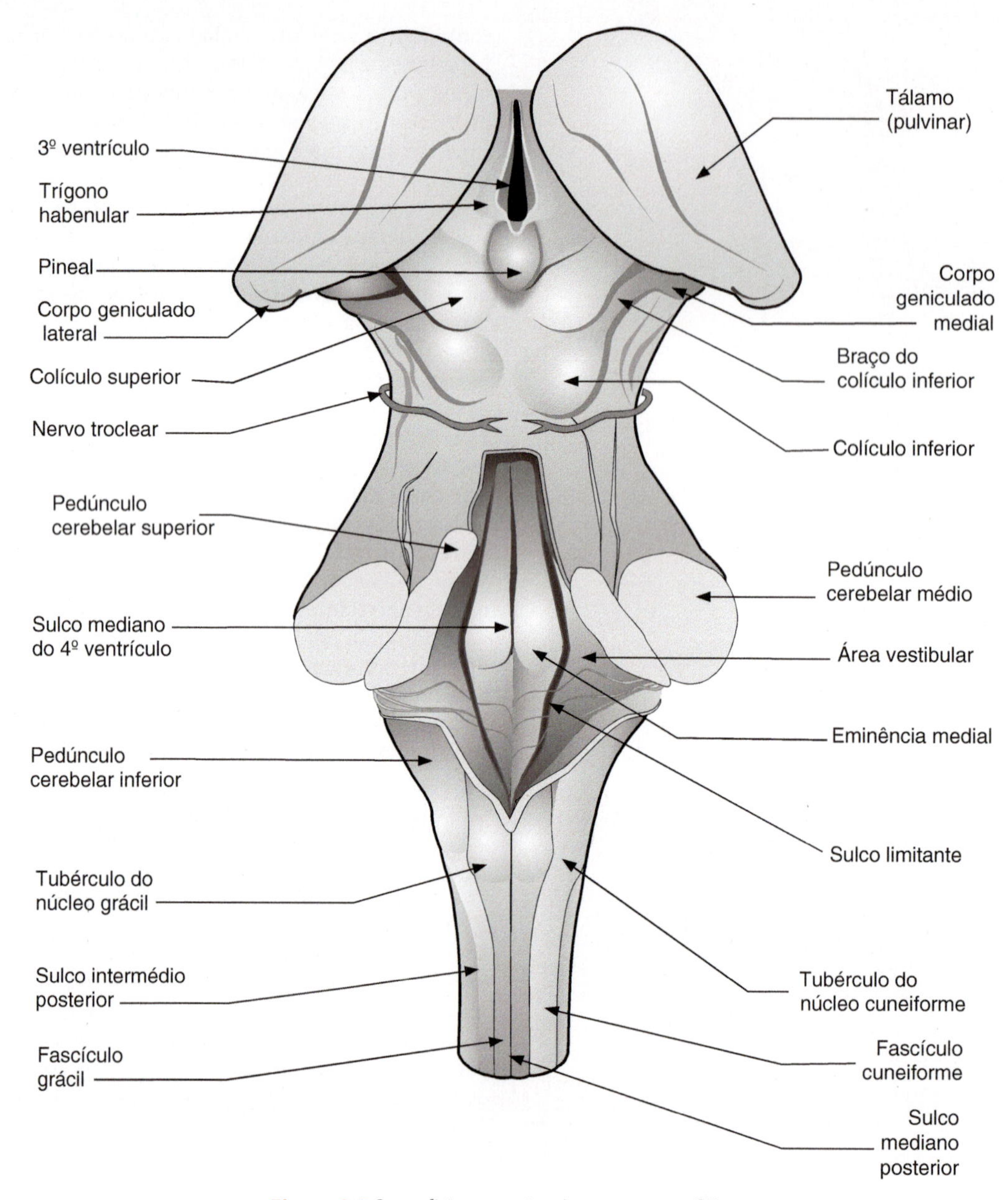

Figura 3.7 Superfície posterior do tronco encefálico.

Entre o sulco limitante e o sulco mediano, está presente a **eminência medial.** Lateralmente aos sulcos limitantes encontramos a **área vestibular**, assim chamada por corresponder à região na qual estão situados os núcleos vestibulares.

O quarto ventrículo comunica-se com: (a) o terceiro ventrículo, pelo **aqueduto cerebral**; (b) o **canal central da medula**; (c) com o **espaço subaracnóideo**, pelas aberturas mediana e laterais do quarto ventrículo. Acima e ao lado do assoalho do quarto ventrículo, veem-se feixes de fibras que ligam o cerebelo com a ponte e com o mesencéfalo, respectivamente chamados de **pedúnculos cerebelares, médios** e **superiores.**

Na região do **mesencéfalo**, existem quatro eminências arredondadas: os **colículos superiores** e os **colículos inferiores**. Logo abaixo dos colículos inferiores, emerge o **nervo troclear**, quarto par craniano.

Cada colículo inferior se une, pelo **braço do colículo inferior,** a uma estrutura do diencéfalo, o **corpo geniculado medial**. Por sua vez, cada colículo superior, por meio do **braço do colículo superior,** mantém ligação com o **corpo geniculado lateral**. O corpo geniculado medial e os colículos inferiores fazem parte das vias da audição. Já os corpos geniculados laterais e os colículos superiores estão envolvidos na função visual.

Os colículos constituem o chamado **teto do mesencéfalo.** A Figura 3.8 mostra a região mesencefálica em corte transversal, com suas subdivisões. Nela localizam-se dois importantes grupamentos neuronais do mesencéfalo: a **substância negra** e o **núcleo rubro,** e ainda a cavidade do mesencéfalo, o **aqueduto cerebral**.

Cerebelo

O cerebelo (Figuras 3.9 a 3.13), cujo nome significa "pequeno cérebro", situa-se posteriormente ao tronco encefálico e em posição inferior à região mais posterior do cérebro (Figura 3.15). O cerebelo está ligado ao tronco cerebral por três pedúnculos cerebelares de cada lado, anteriormente mencionados.

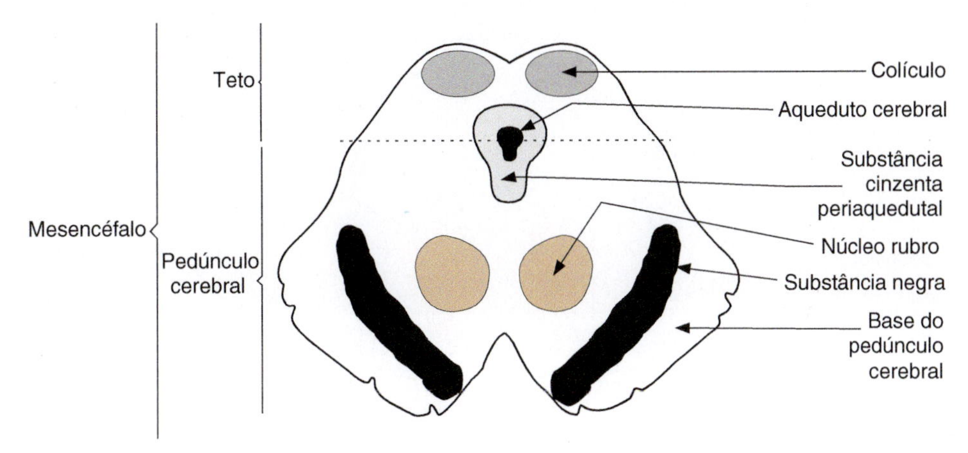

Figura 3.8 Corte transversal do mesencéfalo, em visão esquemática.

O cerebelo tem uma porção mediana, o **vérmis**, ladeado por duas massas laterais, os **hemisférios cerebelares**. A superfície do cerebelo é intensamente pregueada e apresenta-se sob a forma de lâminas transversais de tecido nervoso, as **folhas do cerebelo**, separadas por sulcos. Alguns sulcos mais profundos são denominados **fissuras do cerebelo** e servem para delimitar divisões desse órgão os **lobos** e **lóbulos cerebelares**.

Fazendo-se cortes passando pelo cerebelo (Figuras 3.11 e 3.12), observa-se que nele a substância cinzenta dispõe-se externamente, formando o **córtex cerebelar**, ao passo que a substância branca se dispõe internamente, constituindo o **corpo medular do cerebelo**. No interior do corpo medular existem aglomerados de neurônios, os **núcleos centrais do cerebelo**, denominados **fastigial**, **globoso, emboliforme** e **denteado** (Figura 3.12).

Em um corte sagital mediano (passando, portanto, pelo vérmis), nota-se que o cerebelo assemelha-se a uma árvore (Figura 3.11). Cada ramo dessa árvore corresponde um lóbulo do cerebelo. O ramo mais inferior da árvore é denominado **nódulo** e a ele se liga, de cada lado, uma porção do hemisfério chamada **flóculo** (Figura 3.10). Os flóculos ficam logo abaixo dos pedúnculos cerebelares médios, que são, como já foi dito, feixes de fibras nervosas que ligam a ponte ao cerebelo. O nódulo e os flóculos, em conjunto, constituem um lobo do cerebelo, o **lobo floculonodular**. Este lobo é separado do restante do cerebelo pela **fissura posterolateral**.

Ainda utilizando o corte sagital passando pelo vérmis, se contarmos os ramos da árvore a partir do ramo mais superior, vamos localizar, logo após o terceiro ramo, uma fissura muito evidente, a **fissura prima** (Figuras 3.9 e 3.11). Esta fissura divide o corpo do cerebelo nos **lobos anterior** e **posterior**.

Temos então três lobos no cerebelo: o **anterior**, o **posterior** e o **floculonodular**, separados entre si pelas fissuras prima e posterolateral. Esta divisão, com base anatômica, encontra uma certa correspondência filogenética. Admite-se que o lobo floculonodular corresponde ao primeiro cerebelo a aparecer na escala animal: o **arquicerebelo**. O lobo anterior corresponde a um cerebelo de origem intermediária, o **paleocerebelo**. Já o lobo posterior, que aparece somente nos mamíferos mais evoluídos, corresponde ao **neocerebelo** (dois lóbulos do vérmis do lobo posterior: a pirâmide e a úvula costumam ser incluídos no paleocerebelo).

A Figura 3.13 apresenta um diagrama dessa divisão cerebelar.

Cérebro

O **cérebro**, a porção mais rostral e mais desenvolvida do SNC, é derivada de duas das vesículas embrionárias encefálicas – o **diencéfalo** e o **telencéfalo**. Como a vesícula telencefálica cresce muito, envolve a vesícula diencefálica (Capítulo 2), de tal modo que, no cérebro do adulto, as estruturas derivadas do diencéfalo só são visíveis na face inferior do encéfalo ou em cortes, enquanto as estruturas telencefálicas ocuparão quase a totalidade da superfície cerebral.

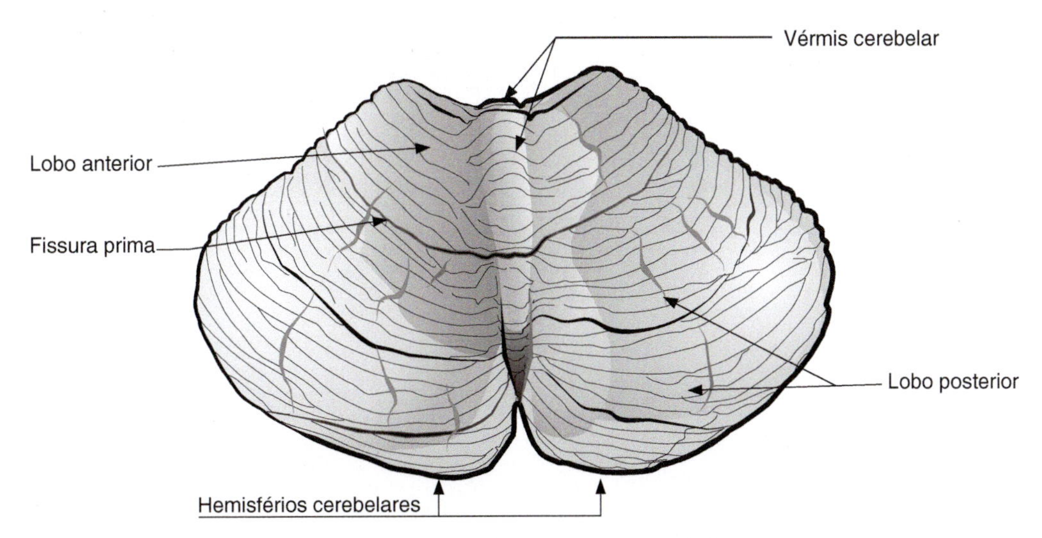

Figura 3.9 Superfície posterior do cerebelo.

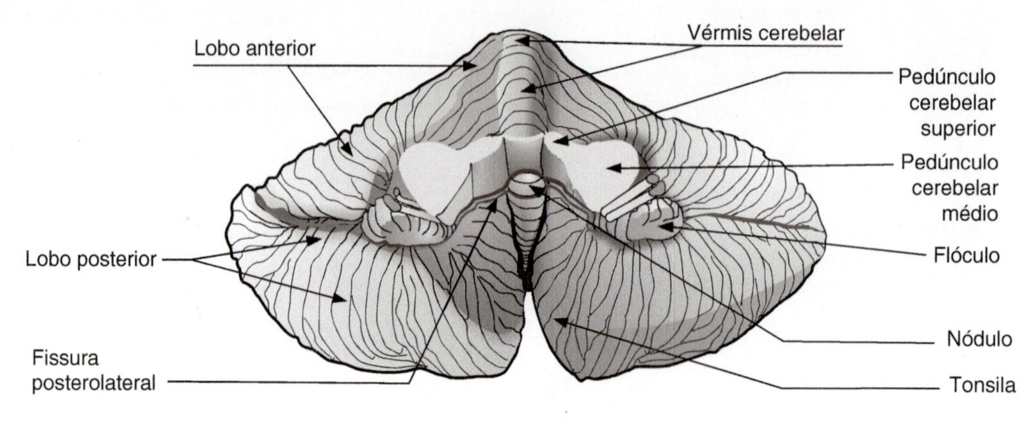

Figura 3.10 Superfície anterior do cerebelo.

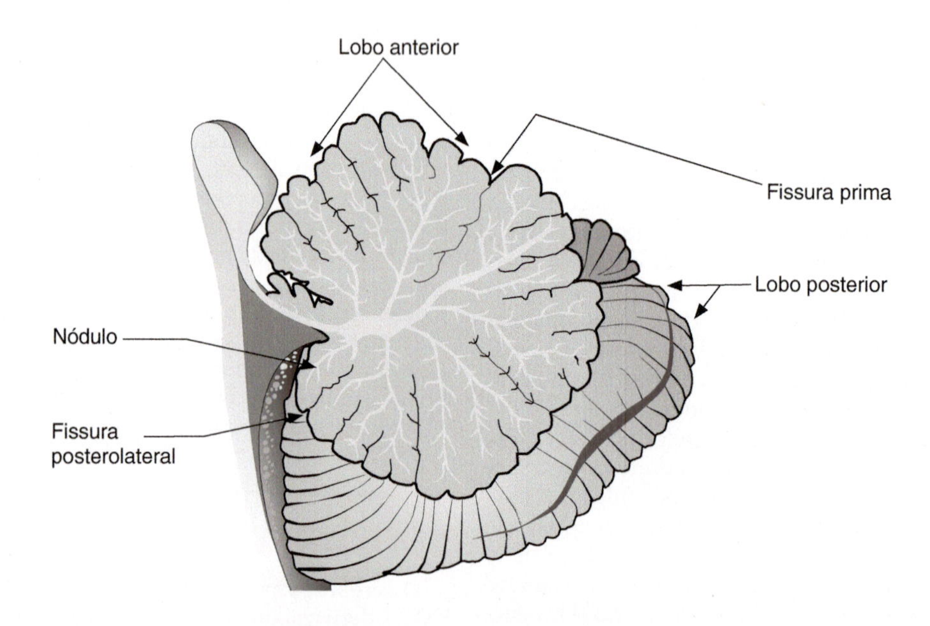

Figura 3.11 Corte sagital mediano do cerebelo.

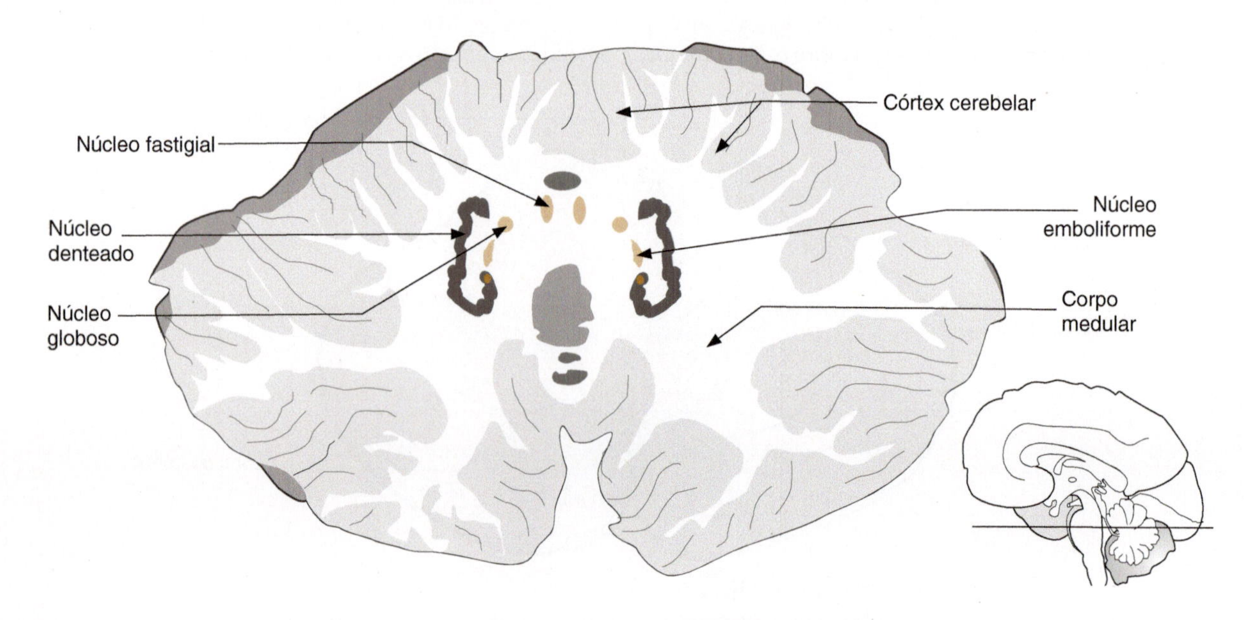

Figura 3.12 Corte horizontal do cerebelo mostrando os núcleos cerebelares.

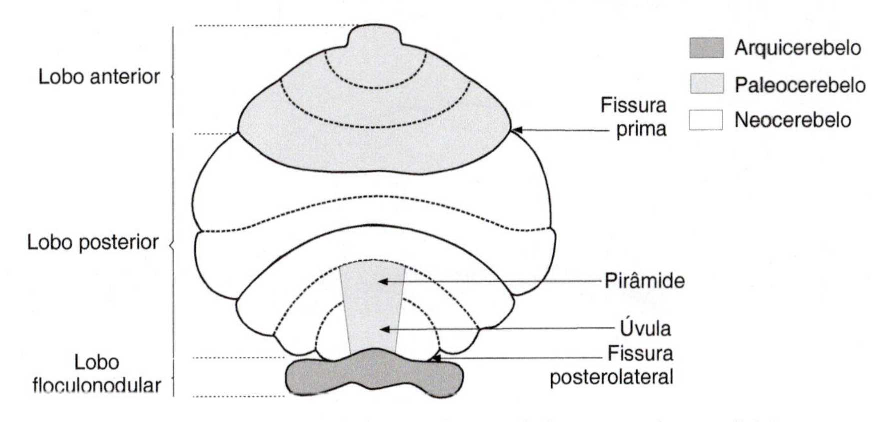

Figura 3.13 Diagrama da superfície cerebelar mostrando suas divisões.

Diencéfalo

O **diencéfalo** (Figuras 3.14 e 3.15) origina quatro regiões cerebrais: o **tálamo**, o **hipotálamo**, o **epitálamo** e o **subtálamo** (quase todas fazendo parte da parede do terceiro ventrículo). Em um corte sagital mediano do encéfalo (Figura 3.15), podemos visualizar o terceiro **ventrículo**, uma cavidade mediana em forma de fenda que se comunica com o quarto ventrículo pelo aqueduto cerebral e com os ventrículos laterais pelos forames interventriculares. Na parede do terceiro ventrículo, observa-se um sulco que vai do forame interventricular ao aqueduto cerebral – o **sulco hipotalâmico**. As estruturas situadas acima deste sulco na parede do ventrículo pertencem ao tálamo; as abaixo dele pertencem ao hipotálamo.

O **tálamo** tem uma forma ovalada e está frequentemente ligado ao tálamo do lado oposto por uma ponte de tecido nervoso – a **aderência intertalâmica**. A porção posterior

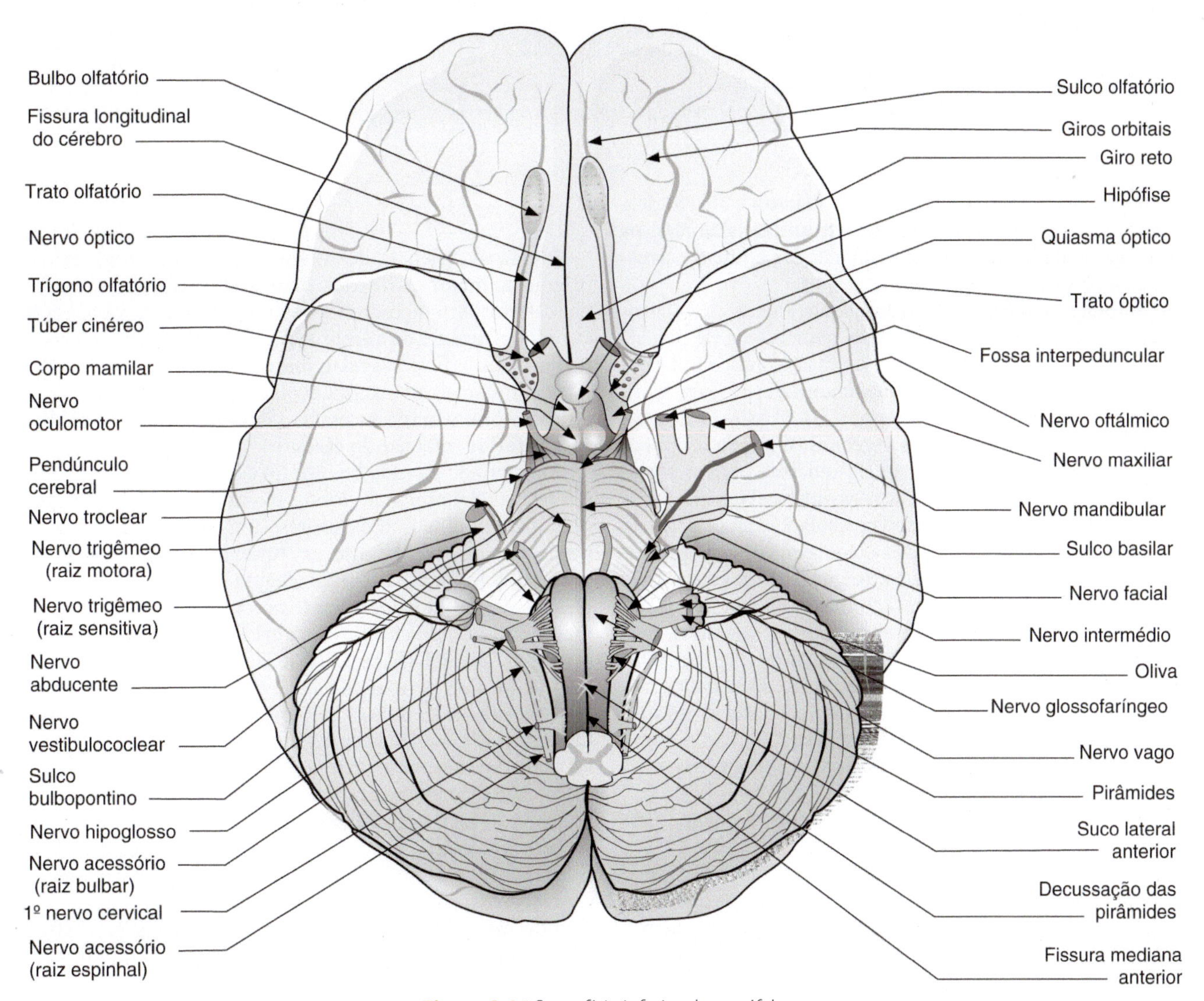

Figura 3.14 Superfície inferior do encéfalo.

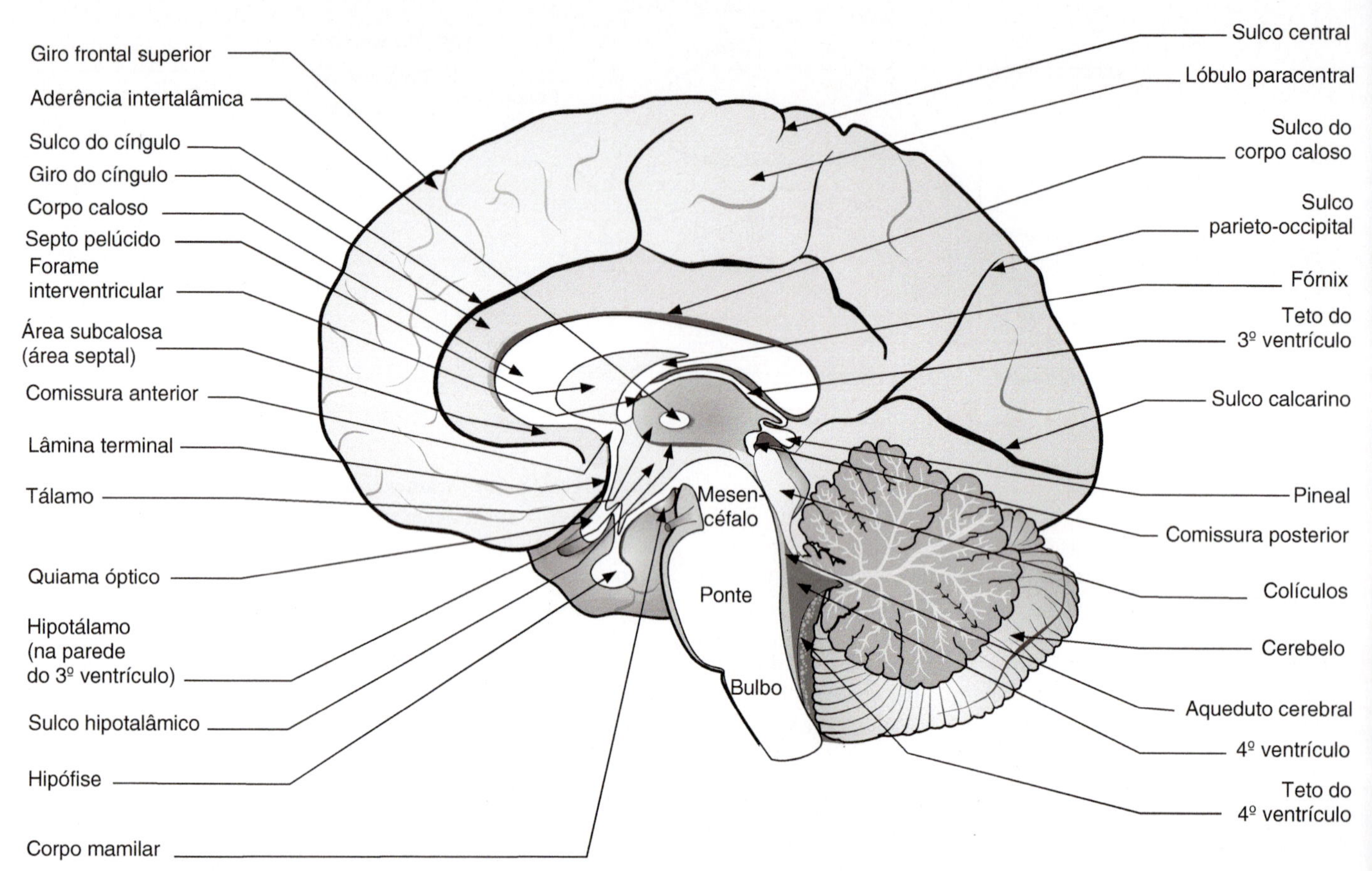

Figura 3.15 Superfície do encéfalo em corte sagital mediano.

do tálamo leva o nome de **pulvinar do tálamo** e abaixo dela podem ser visualizadas outras duas estruturas talâmicas: **os corpos geniculados lateral** e **medial,** citados no item correspondente ao tronco encefálico.

O **hipotálamo** situa-se abaixo do tálamo (Figura 3.15) e, além de ocupar parte da parede do terceiro ventrículo, a ele pertencem estruturas visíveis na face inferior do cérebro – o **quiasma óptico**, o **túber cinéreo** e os **corpos mamilares** (Figura 3.14). Os corpos mamilares são duas eminências arredondadas situadas em frente aos pedúnculos cerebrais. Os nervos ópticos (segundo par craniano) emergem do quiasma óptico; posteriormente a este, veem-se os dois **tratos ópticos**. Note-se que os tratos ópticos terminam no corpo geniculado lateral. A região situada entre os corpos mamilares e o quiasma óptico denomina-se **túber cinéreo**. Desta região, origina-se uma espécie de funil, o **infundíbulo da hipófise**, contínuo com esta glândula.

O **epitálamo** situa-se posteriormente ao tálamo e nele encontramos o **corpo pineal** e as **habênulas** (Figuras 3.7 e 3.15). Finalmente, o **subtálamo,** uma região diencefálica não visível na parede do terceiro ventrículo, encontra-se entre o mesencéfalo e o hipotálamo e pode ser visto em cortes como na Figura 3.21, sob a forma dos **núcleos subtalâmicos**, uma das estruturas que o compõem.

O terceiro ventrículo é limitado, anteriormente, pela **lâmina terminal**, uma estrutura telencefálica (Figura 3.15), e superiormente, pela **tela corióidea**, da qual se origina o **plexo corioide** (estrutura difícil de se visualizar em peças anatômicas comuns). Os plexos corioides são estruturas vasculares, existentes em todos os ventrículos cerebrais. Eles são importantes porque participam da formação do líquido presente nos ventrículos, o **liquor**.

Telencéfalo

A vesícula telencefálica (Figuras 3.14 a 3.19) do embrião origina a maior parte dos hemisférios cerebrais. Os dois hemisférios, um de cada lado, são separados entre si pela **fissura longitudinal do cérebro**. Na espécie humana, o cérebro tem uma superfície irregular, marcada pela presença de sulcos que delimitam giros ou circunvoluções cerebrais. Cada hemisfério cerebral tem três faces: (a) a **dorsolateral**; (b) a **medial** e (c) a **inferior** (ou **base do cérebro**).

A superfície de cada hemisfério cerebral pode ser dividida em regiões denominadas **lobos**, tomando-se como pontos de referência os sulcos aí existentes. Em geral, cada lobo leva o nome do osso suprajacente, existindo assim os **lobos frontal**, **parietal**, **temporal** e **occipital** (Figura 3.16).

Para delimitar esses lobos, é necessário identificar inicialmente um grande sulco horizontal na superfície do cérebro – o **sulco lateral** (Figura 3.18). Um outro sulco, vertical e ocupando mais ou menos o centro do hemisfério, é o **sulco central**. Com estes dois sulcos, torna-se possível delimitar três lobos: acima do sulco lateral, teremos os lobos frontal e parietal, situados, respectivamente, anterior e posteriormente ao sulco central; o lobo temporal situa-se abaixo do sulco lateral, enquanto o lobo occipital, por sua vez, delimita-se pelo **sulco parieto-occipital** (mais visível na face medial do hemisfério) (Figura 3.19) e por uma pequena depressão na borda inferior do cérebro, a **incisura pré-occipital.** Uma linha imaginária, ligando esses dois acidentes da superfície, constitui o **limite anterior do lobo occipital**. Um quinto lobo cerebral, denominado **ínsula**, situa-se internamente, tornando-se visível quando se abrem as bordas do sulco lateral (Figura 3.17).

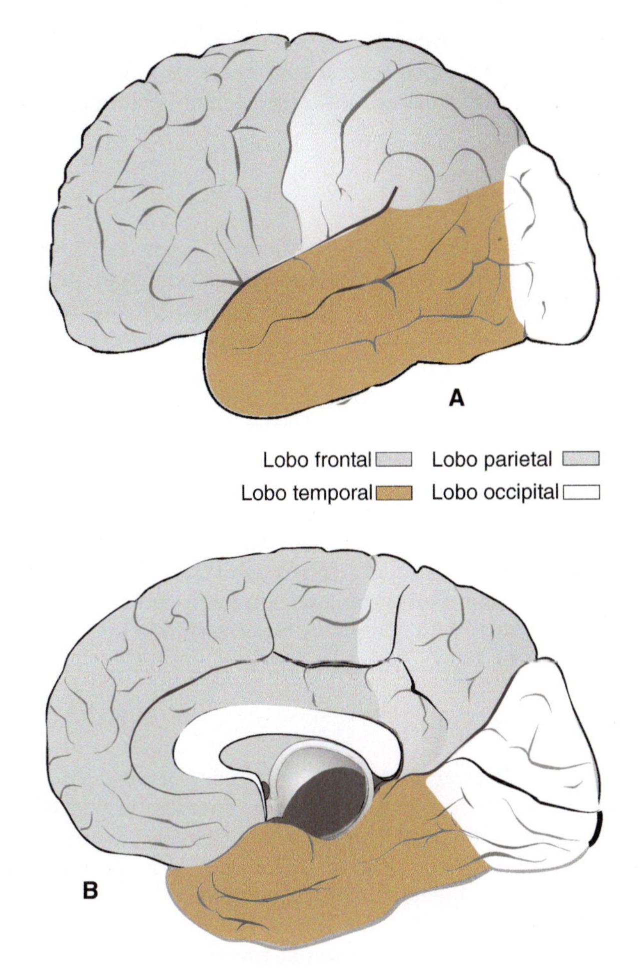

Figura 3.16 Lobos corticais do cérebro. (**A**) Visão da face dorsolateral. (**B**) Visão das faces medial e inferior.

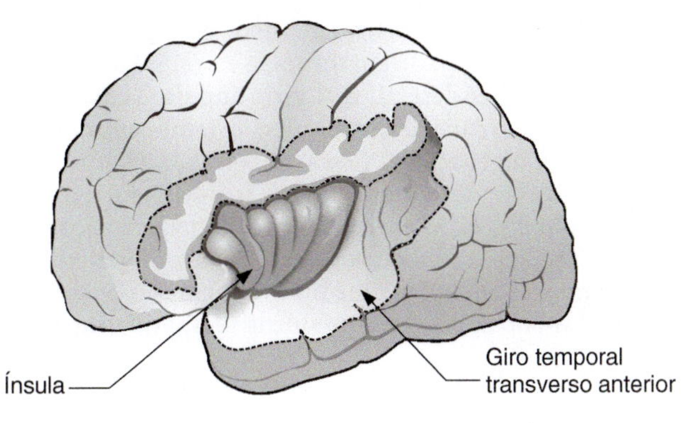

Figura 3.17 Face dorsolateral do cérebro em que foi exposta a ínsula.

Face dorsolateral

No lobo frontal, existe um sulco paralelo ao sulco central, o **sulco pré-central**. Esses dois sulcos delimitam o **giro pré-central**, a principal área motora do córtex cerebral (Figura 3.18).

O lobo frontal apresenta ainda três giros de posição horizontal: os **giros frontais superior**, **médio** e **inferior**. Esses giros são delimitados por dois sulcos: os sulcos frontais superior e inferior. O giro frontal inferior é subdividido em três partes por ramos do sulco lateral; este nasce na base do cérebro e se divide em três ramos na face dorsolateral: os **ramos anterior** e **ascendente** penetram no lobo frontal e o **ramo posterior**, continuação do sulco lateral, dirige-se para trás e para cima, rumo ao lobo parietal. A porção do giro frontal inferior, localizada abaixo do ramo anterior, chama-se **parte orbital,** a porção situada entre os ramos anterior e ascendente é a **parte triangular** e a porção posterior ao ramo ascendente é a **parte opercular** do giro frontal inferior. As partes opercular e triangular do hemisfério esquerdo são áreas que regulam a expressão da linguagem – a palavra falada ou escrita – sendo também conhecidas como **área de Broca**.

No lobo parietal, observa-se, posteriormente ao sulco central e paralelamente a ele, a presença do **sulco pós-central**. Entre os sulcos pós-central e o sulco central localiza-se o **giro pós-central**, a área somestésica do córtex, ou seja, a região responsável pela sensibilidade de todo o corpo. Lembre-se: a sensibilidade do lado esquerdo do corpo é conduzida para o hemisfério direito, enquanto o hemisfério esquerdo recebe as informações vindas do lado direito. Perpendicularmente ao sulco pós-central, outro sulco está presente, o **sulco intraparietal**. Ele divide o lobo parietal em um **lóbulo parietal superior** e um **lóbulo parietal inferior**.

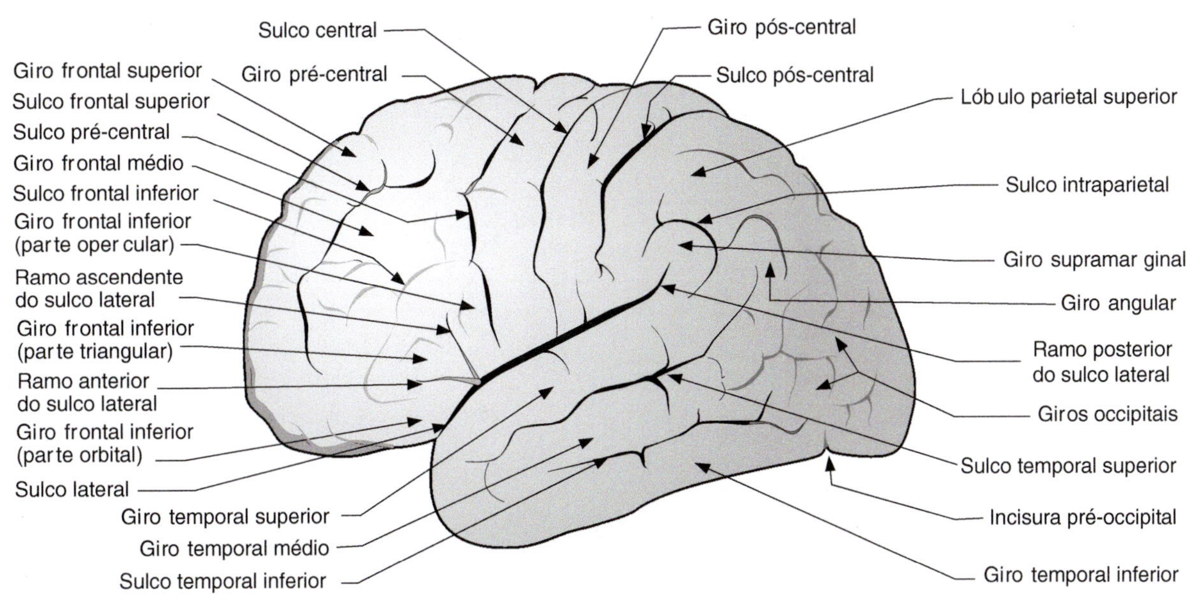

Figura 3.18 Superfície dorsolateral do cérebro.

No lóbulo parietal inferior existem dois giros – o **giro supramarginal**, curvado em torno da extremidade do ramo posterior do sulco lateral, e o **giro angular**, curvado em torno da extremidade de outro sulco, o **temporal superior**, oriundo do lobo temporal. Esses dois giros são áreas importantes do córtex cerebral e, no córtex do lado esquerdo, estão envolvidos na interpretação da linguagem verbal.

No lobo temporal podemos ver três giros horizontais, os **giros temporais superior**, **médio** e **inferior**. Esses giros são delimitados por dois sulcos: os **sulcos temporais superior** e **inferior**.

Afastando-se as bordas do sulco lateral, observamos o já mencionado quinto lobo cerebral, a **ínsula**. No assoalho do sulco lateral (formado pelo giro temporal superior), existem pequenos giros de posição transversa: os **giros temporais transversos**. O mais evidente, o **temporal transverso anterior**, é o centro cortical da audição.

Face medial

Na face medial do hemisfério (Figura 3.19), é muito evidente o **corpo caloso**. Ele é constituído de fibras nervosas que passam de um hemisfério cerebral a outro, isto é, o corpo caloso é uma **comissura** (quando, dentro do SNC, fibras cruzam perpendicularmente o plano mediano, chamamos a isso uma **comissura**).

Outra comissura visível abaixo da parte anterior do corpo caloso é **comissura anterior**. Um pouco acima desta temos um feixe de fibras, o **fórnix,** que acompanha o contorno do tálamo. Entre o fórnix e o corpo caloso, existe uma membrana, o **septo pelúcido**, que é a parede medial do ventrículo lateral. Quando o septo pelúcido está rompido, pode-se ver o interior deste ventrículo.

Acima do corpo caloso existe um giro, o **giro do cíngulo**, uma área envolvida em processos importantes do comportamento e que faz parte do chamado **lobo límbico** (Capítulo 14). Mais posteriormente, delimitando o lobo occipital, localiza-se o **sulco parieto-occipital**, já citado anteriormente. No interior deste lobo, observa-se o **sulco calcarino**, em cujas bordas localiza-se a área do córtex cerebral responsável pela visão. Os giros pré-central e pós-central continuam na face medial do hemisfério e delimitam aí um outro lóbulo, o **lóbulo paracentral**.

Face inferior

Na borda medial do **lobo temporal** (Figura 3.19), pode ser visto o **giro para-hipocampal**. A extremidade anterior deste giro é dobrada sobre si mesma, formando um gancho, o **úncus**. O úncus é a região cortical que recebe as fibras nervosas que trazem a sensibilidade olfativa.

A face inferior do hemisfério tem, em sua borda lateral, o **giro temporal inferior**, já referido, e em seguida os **giros occipitotemporal lateral** (ou **giro fusiforme**) e **occipitotemporal medial**.

Na face inferior do **lobo frontal** (Figura 3.14), é visível, medialmente, o **giro reto**. Lateralmente a este, o **sulco olfatório** e, em seguida, os **sulcos** e **giros orbitais**. No sulco olfatório repousa o **trato olfatório**, que tem na sua porção anterior o **bulbo olfatório**, do qual nasce o **nervo olfatório**, primeiro par craniano.

Estrutura interna

Pode-se observar a estrutura interna dos hemisférios cerebrais por meio de cortes horizontais, frontais ou parassagitais. Em uma fatia de cérebro, nota-se a presença de uma fina camada de substância cinzenta situada externamente, o **córtex cerebral**. Internamente ao córtex, existe substância branca, o **centro branco medular**, no interior do qual estão presentes aglomerados de substância cinzenta, constituindo os chamados **núcleos da base** – **núcleos caudado, lentiforme** e **amigdaloide** (ou **amígdala cerebral**). Além dessas estruturas, são visíveis ainda os **ventrículos laterais**, cavidades derivadas do lúmen da **vesícula telencefálica primitiva** (Figuras 3.20 a 3.22).

Dentre os núcleos da base, o **núcleo caudado** está situado lateralmente ao ventrículo lateral e, em cortes, é, às vezes, seccionado duplamente, na região da cabeça e da cauda (Figuras

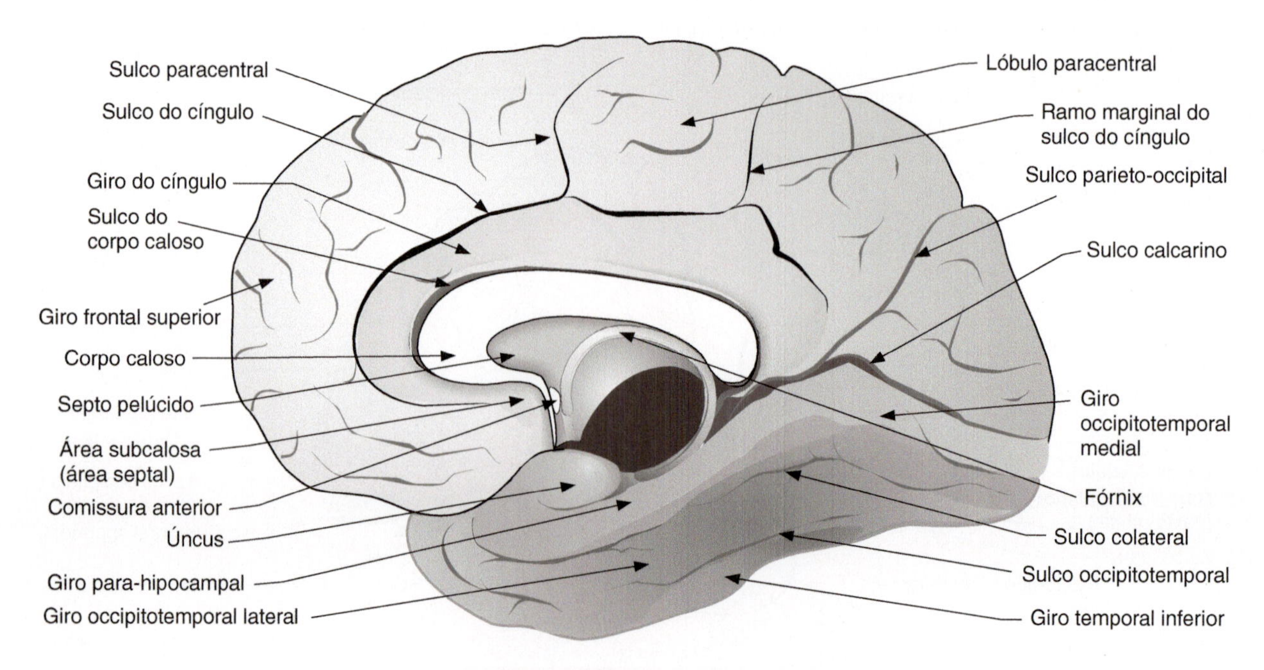

Figura 3.19 Superfícies medial e inferior do cérebro.

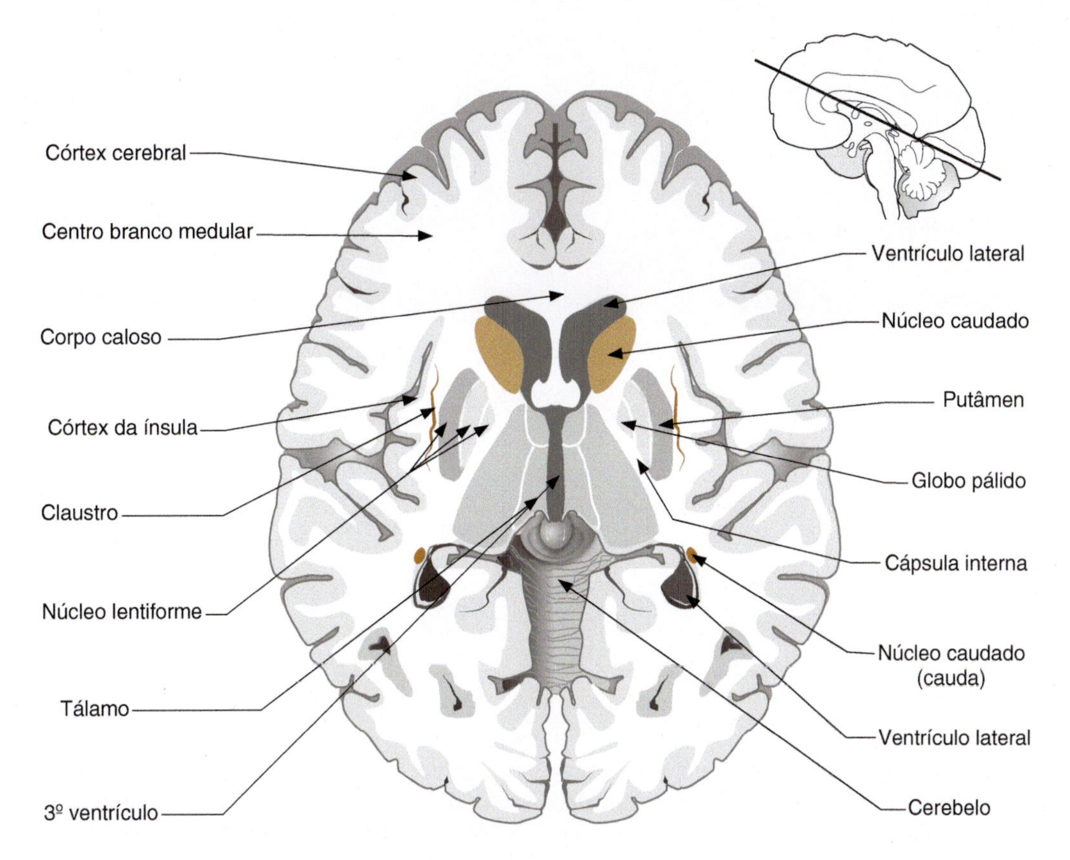

Figura 3.20 Visão esquemática das estruturas internas do cérebro em corte horizontal. A figura menor mostra a localização do corte.

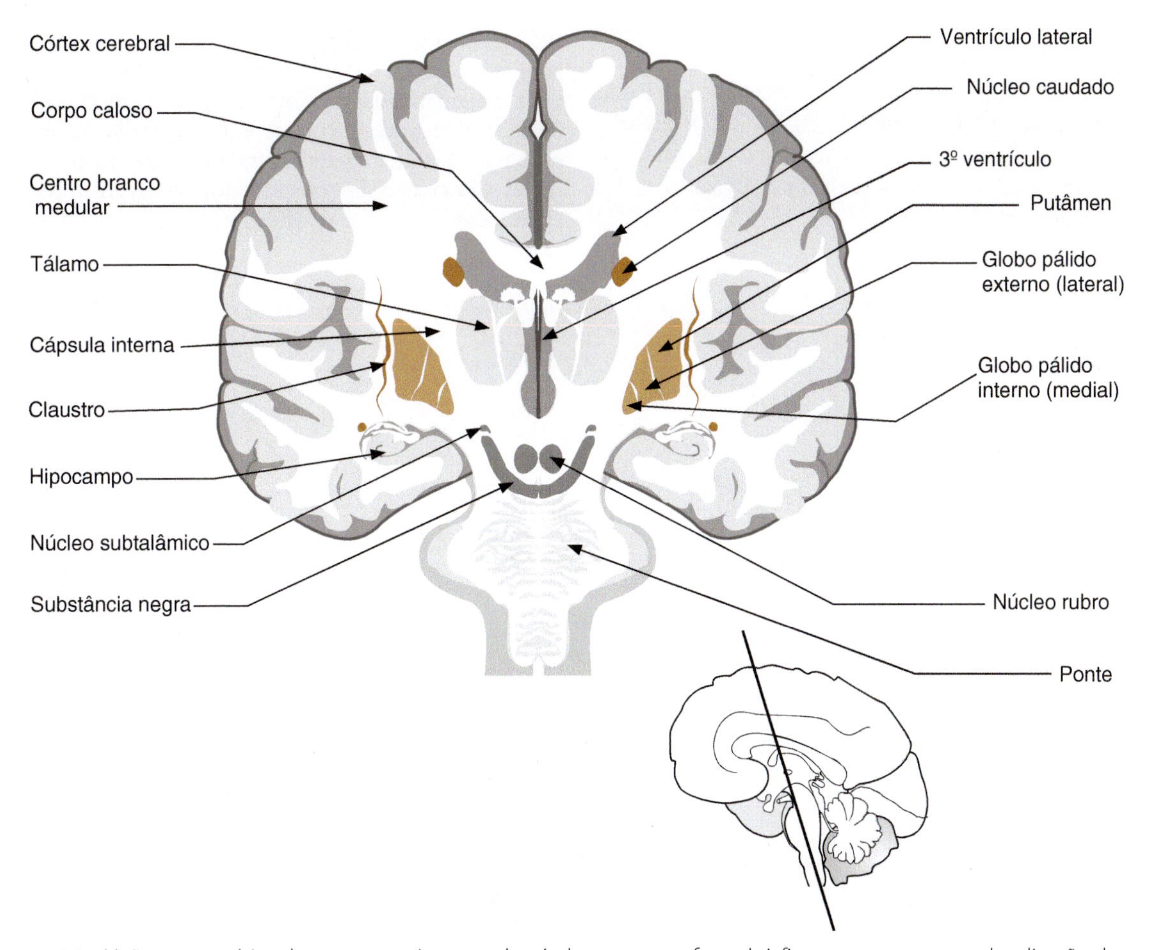

Figura 3.21 Visão esquemática das estruturas internas do cérebro em corte frontal. A figura menor mostra a localização do corte.

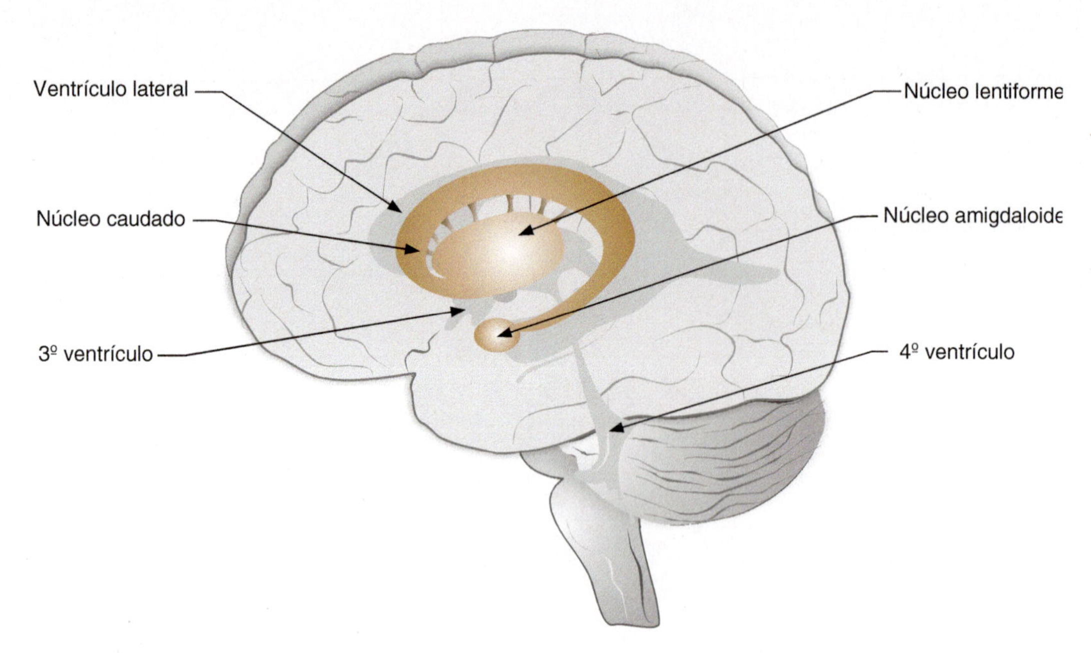

Figura 3.22 Visão esquemática dos núcleos da base e suas relações com o sistema ventricular. Existe ainda outro núcleo, o *claustro*, mais um dos núcleos da base, que é constituído por fina lâmina de substância cinzenta situada lateralmente ao núcleo lentiforme (Figuras 3.20 e 3.21).

3.20 e 3.21). Mantendo relações com a cabeça do núcleo caudado, mas situado mais lateralmente, está presente o **núcleo lentiforme**. O núcleo caudado e o núcleo lentiforme, em conjunto, formam o chamado **corpo estriado**. O núcleo lentiforme é dividido em duas partes – o **putâmen**, mais lateral, e o **globo pálido**, mais medial. O globo pálido tem coloração mais clara e, por sua vez, se divide em **globo pálido externo** (ou **lateral**) e **globo pálido interno** (ou **medial**).

Um núcleo bastante importante é o **amigdaloide** (mais conhecido como **amígdala cerebral**) (Figura 3.22). Ele está situado no lobo temporal, junto à parte final da cauda do núcleo caudado, e é uma das áreas cerebrais controladoras dos processos emocionais.

Em cortes feitos no cérebro, visualiza-se uma massa de substância cinzenta situada na parede do terceiro ventrículo. Trata-se do **tálamo**, que, como já sabemos, é uma estrutura diencefálica.

No centro branco medular, chama atenção a **cápsula interna**, um feixe de fibras situado entre o núcleo caudado e o núcleo lentiforme e entre este e o tálamo (Figuras 3.20 e 3.21). Pela cápsula interna, passa a maior parte das fibras que chegam ou saem do córtex cerebral. Como pela cápsula interna viaja a maioria dos impulsos sensoriais e motores, uma lesão nessa região pode provocar extensa perda da sensibilidade e/ou paralisia da metade contralateral do corpo.

Os **ventrículos laterais** têm forma irregular (Figura 3.23), apresentando um **corno anterior**, no interior do lobo frontal,

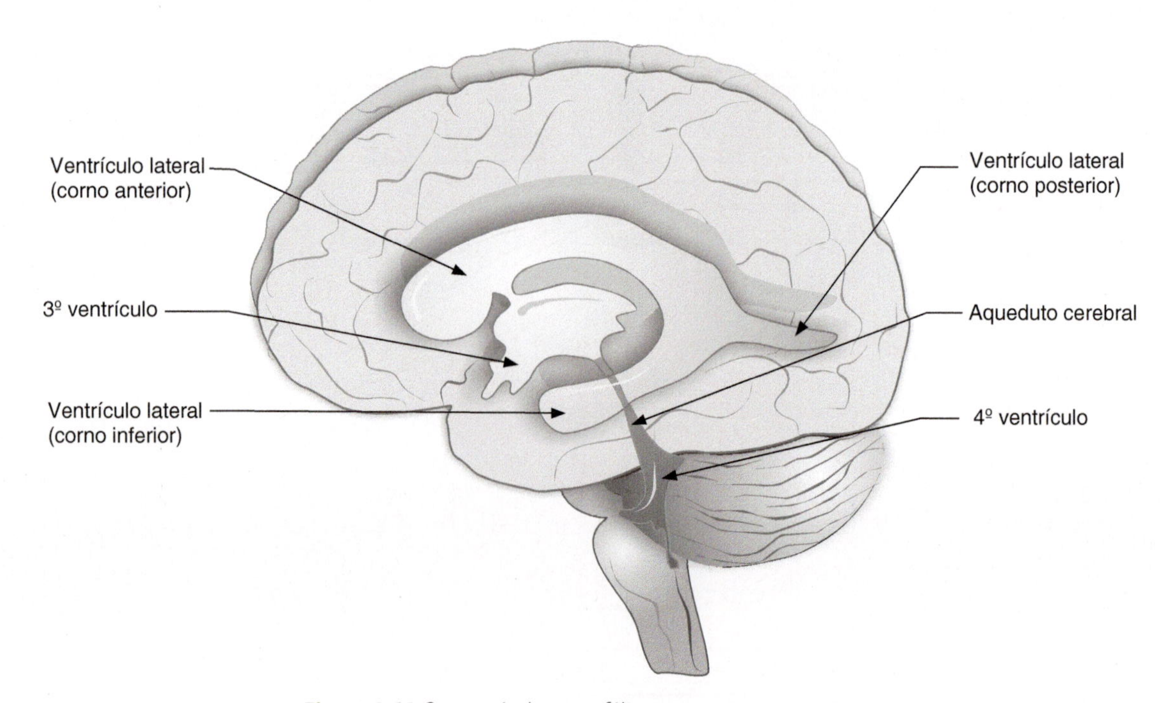

Figura 3.23 Os ventrículos encefálicos em visão esquemática.

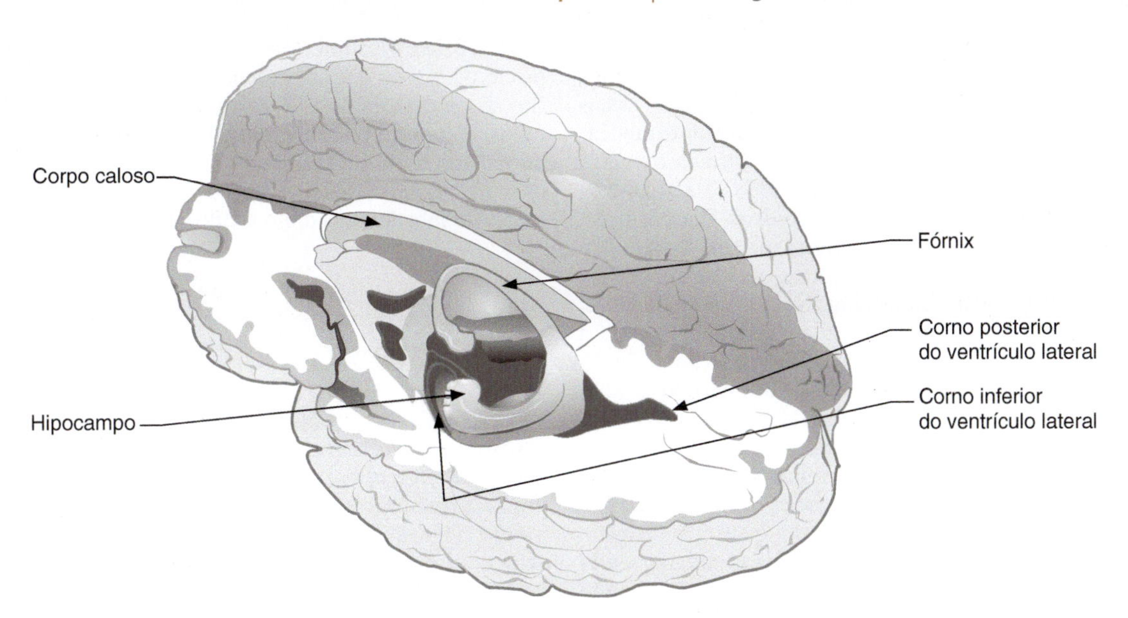

Figura 3.24 Aspecto de preparação anatômica em que o hemisfério cerebral esquerdo foi dissecado de maneira a evidenciar o hipocampo.

um **corno posterior**, no interior do lobo occipital, e um **corno inferior**, no interior do lobo temporal. Dentro dos ventrículos laterais encontram-se plexos corioides, já vistos anteriormente.

No corno inferior do ventrículo lateral, existe uma eminência de nome **hipocampo**, região importante no processamento da memória (Figura 3.24). O hipocampo, formado essencialmente de substância cinzenta, é uma região cortical invaginada para o interior do ventrículo (Figura 3.21). Ele dá origem a um feixe de fibras, o fórnix, estudado.

Meninges e liquor

A meninge mais externa e mais espessa, por isso chamada de **paquimeninge**, é a **dura-máter**. Está justaposta internamente aos ossos do crânio, não existindo aí o espaço extradural. A dura-máter craniana dá origem a duas pregas importantes, a **foice do cérebro**, situada entre os dois hemisférios cerebrais, e a **tenda do cerebelo**, situada entre o cérebro e o cerebelo (Figura 3.25). Admite-se que as pregas da dura-máter são formadas pela separação de dois folhetos constituintes desta meninge – um externo, outro interno. Nos pontos de formação das pregas, existem cavidades tubulares revestidas por endotélio, os **seios da dura-máter**,[2] dentro dos quais circula sangue venoso (Figura 3.25).

[2] No ponto em que se forma a foice do cérebro localiza-se o **seio sagital superior**. No ponto de inserção da tenda do cerebelo está o **seio transverso** e no encontro da tenda do cerebelo com a foice do cérebro está o **seio reto**. Na base do crânio encontram-se outros seios, como o **seio cavernoso**, atravessado pela artéria carótida interna quando esta penetra no crânio. Esses seios conduzem o sangue venoso vindo do encéfalo, levando-o até a veia jugular.

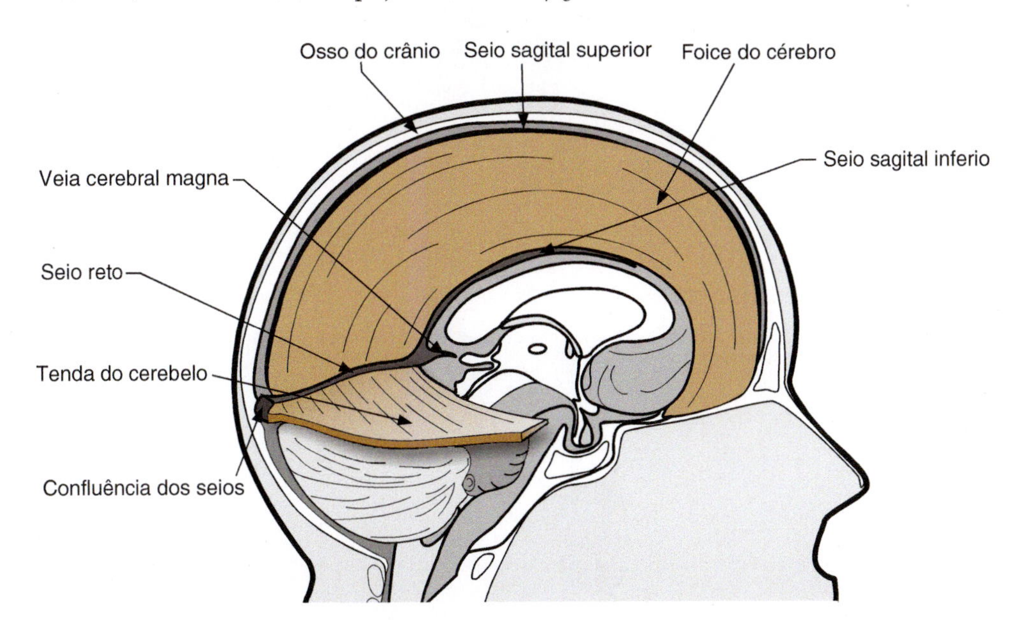

Figura 3.25 Visão sagital da cabeça, mostrando as principais pregas da dura-máter e alguns dos seus seios venosos. Na preparação, foi removido o hemisfério cerebral direito. (Adaptado de Burt AM. *Textbook of Neuroanatomy*. Philadelphia, W.B. Saunders, 1993.)

Abaixo da dura-máter e dela separada pelo espaço subdural está a **aracnoide**, que por sua vez se separa da meninge mais interna, a **pia-máter**, pelo espaço subaracnóideo. Estas meninges são delgadas, por isso conhecidas como **leptomeninges**. O espaço subaracnóideo é amplo e nele circula o liquor. Em algumas regiões, o espaço subaracnóideo se alarga, formando cavidades, as **cisternas subaracnóideas**. Por exemplo, entre o cerebelo e o bulbo existe a **cisterna magna**, e abaixo do ponto em que termina a medula espinhal e onde se encontra a cauda equina existe a **cisterna lombar**. Nestas duas cavidades, podem ser feitas punções para retirada do liquor ou para a injeção de substâncias como anestésicos ou medicamentos.

O **liquor** ou **líquido cerebroespinhal** é um líquido de aparência cristalina, encontrado no interior dos ventrículos cerebrais e no espaço subaracnóideo. Produz-se o liquor a partir do sangue, na região dos plexos corioides e na parede dos ventrículos. Após circular no interior deles, o liquor ganha o espaço subaracnóideo pelas aberturas do quarto ventrículo. Finalmente, o líquido cerebroespinhal retorna ao sangue, sendo reabsorvido na região das granulações aracnóideas, que são projeções da aracnoide para o interior dos seios da dura-máter (Figura 3.26). Qualquer defeito na reabsorção ou um bloqueio na circulação do liquor pode ocasionar o seu acúmulo no interior das cavidades do SNC, provocando as chamadas **hidrocefalias**. O líquido cerebroespinhal exerce um papel de proteção do sistema nervoso, formando um coxim líquido que envolve os órgãos do SNC. Além disso, é um meio pelo qual se fazem trocas de substâncias com o tecido nervoso.

Circulação sanguínea no SNC

O SNC é irrigado basicamente por dois sistemas arteriais: o **carotídeo** e o **vertebral**. As artérias **carótidas internas** sobem pelo pescoço e, após penetrarem no crânio, dão origem a dois ramos principais – as artérias **cerebral anterior** e **cerebral média** (Figura 3.27). A primeira acompanha o sulco situado acima do corpo caloso e origina ramos na face medial do cérebro, enquanto a segunda acompanha o sulco lateral e origina vários ramos na face dorsolateral do cérebro (Figura 3.28).

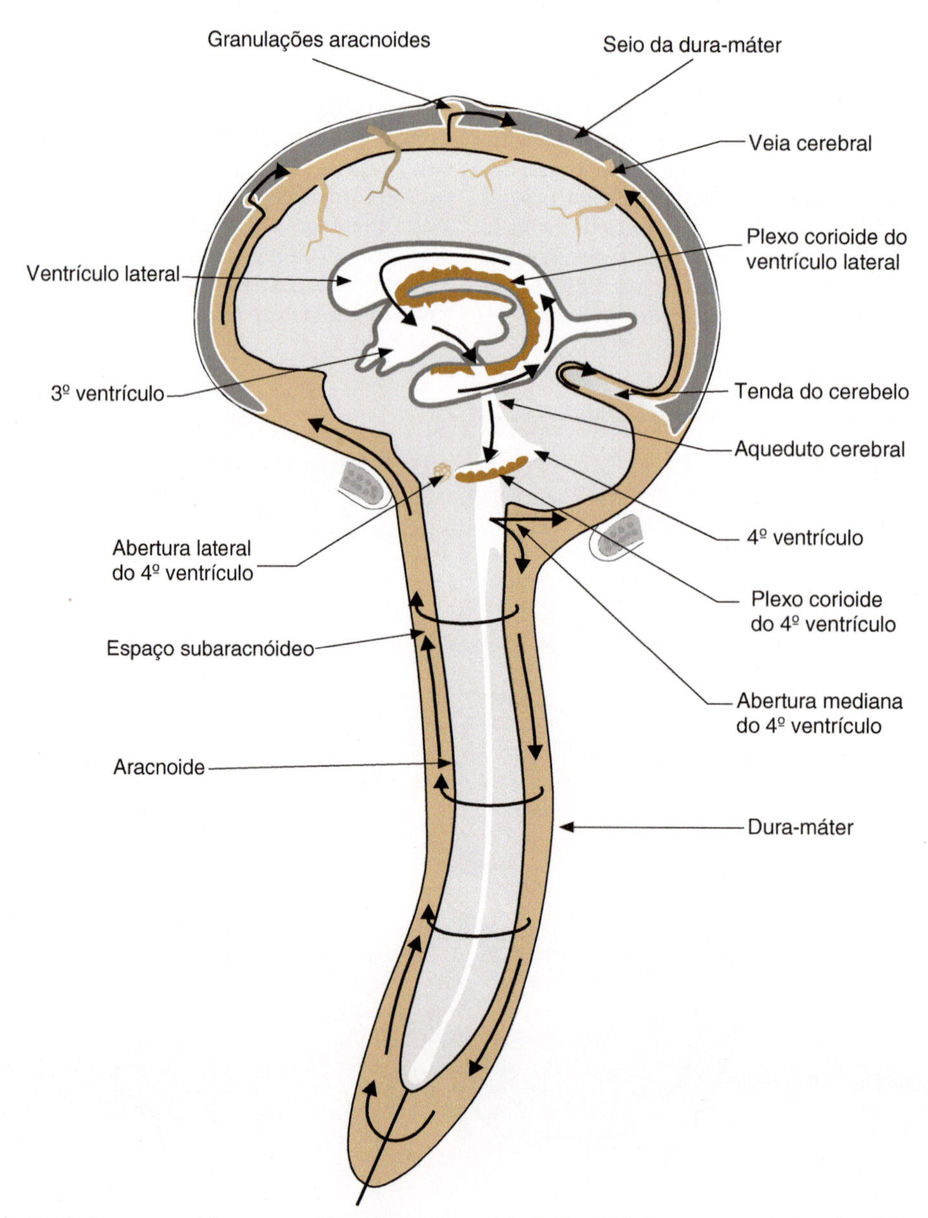

Figura 3.26 A circulação do liquor em visão esquemática. (Baseado em Machado ABM. *Neuroanatomia Funcional*. Rio de Janeiro, Atheneu, 1998.)

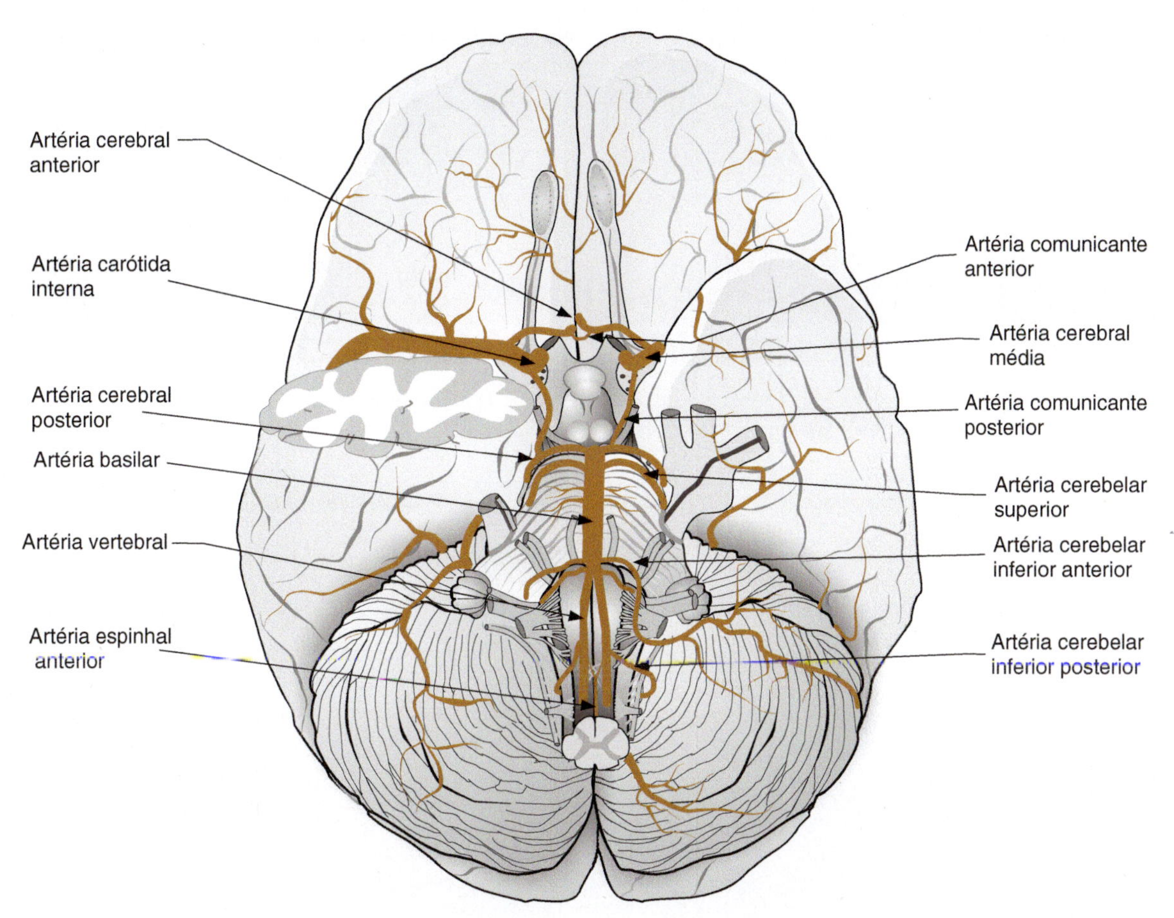

Figura 3.27 Principais artérias da base do encéfalo.

As artérias **vertebrais** (Figura 3.27), que penetram no crânio pelo forame magno, dão ramos que irão irrigar a medula e o cerebelo e se fundem na face ventral da ponte, formando a **artéria basilar**. Esta última dá origem a ramos que vão para o tronco encefálico e o cerebelo e se divide em duas artérias **cerebrais posteriores**, que irrigarão a superfície inferior do cérebro (Figura 3.28). Como as artérias irrigam territórios que executam funções diferentes, a obstrução do fluxo sanguíneo em cada uma delas irá produzir alterações diferentes no funcionamento do SNC. Os sintomas decorrentes da obstrução podem, portanto, dar uma indicação diagnóstica da artéria que foi afetada. A Figura 3.29 mostra a distribuição da irrigação arterial nas estruturas profundas do cérebro.

Existem ligações, na base do cérebro, entre as artérias que o irrigam – o **círculo arterial da base do cérebro** –, que se formam assim: as duas artérias cerebrais anteriores estão ligadas pela artéria comunicante anterior; já as artérias cerebrais posteriores conectam-se, de cada lado, às artérias carótidas internas pelas artérias comunicantes posteriores, completando o circuito. Esse círculo arterial adquire importância no caso de necessidade de desvio do sangue de uma artéria para outra, em função de uma patologia obstrutiva que se instale lentamente (Figura 3.27).

O sangue que circula nos órgãos do SNC chega, finalmente, a um conjunto de veias cerebrais que deságuam nos seios da dura-máter, que o levam até as veias jugulares, das quais ele passa às veias cavas e, finalmente, retorna ao coração.

A circulação cerebral é muito importante, pois as células nervosas exigem um suprimento contínuo de oxigênio e glicose para o seu metabolismo. A perda da circulação cerebral por poucos segundos é suficiente para causar perda da consciência, e a sua extensão por alguns minutos pode ocasionar danos irreversíveis e até mesmo a morte. Note-se que alguns neurônios são mais sensíveis à perda do oxigênio e da glicose supridos pela circulação sanguínea, sendo lesados quando outros ainda conseguem sobreviver. As células do córtex cerebral, por exemplo, enquadram-se neste caso, podendo morrer enquanto sobrevivem neurônios mais resistentes, como os do tronco encefálico. Por causa disso, encontramos pacientes "descerebrados", que têm apenas uma vida vegetativa, mantida pelas células nervosas sobreviventes, mas já não conseguem interagir ativamente com o meio externo.

Outro fato digno de nota é que os capilares sanguíneos cerebrais não são fenestrados: suas células endoteliais são ligadas por junções de impermeabilização (as chamadas *tight junctions*). Em decorrência disso, ocorre dificuldade na passagem de substâncias do sangue para o tecido nervoso ou para o líquido cerebroespinhal. Essas barreiras, conhecidas como **barreiras hematencefálica** e **hematoliquórica**, são permeáveis a pequenas moléculas solúveis em lipídios, mas impedem a passagem de moléculas maiores, exercendo uma função de proteção, ao impedir a entrada de substâncias tóxicas no SNC.

Com o advento das modernas técnicas de neuroimagem, a circulação cerebral tem sido utilizada para o estudo da fisiologia e das disfunções do SNC. Sabe-se que as regiões mais ativas, em certo momento, consomem mais energia e, portanto, mais oxigênio e glicose, o que provoca um aumento do fluxo sanguíneo para essas regiões. Essa elevação pode ser detectada por meio de técnicas especiais, como a **tomografia por emissão de pósitrons** (conhecida pelo nome em inglês, *PET-Scan*) ou pela **ressonância magnética funcional**. Dessa maneira, detecta-se, *in vivo*, quais áreas do SNC estão mais funcionantes no momento em que o indivíduo executa determinada função, o que tem trazido um grande avanço no conhecimento da fisiologia e das patologias do sistema nervoso.

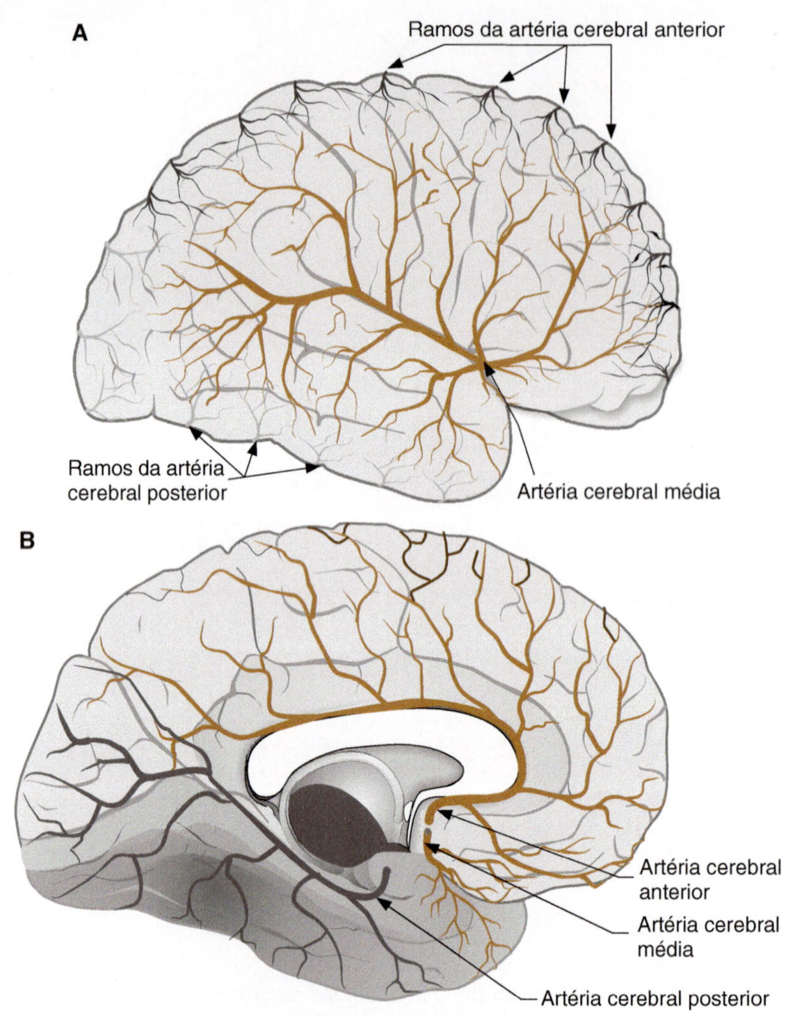

Figura 3.28 Irrigação do cérebro. (**A**) Visão dorsolateral. (**B**) Visão medial e inferior.

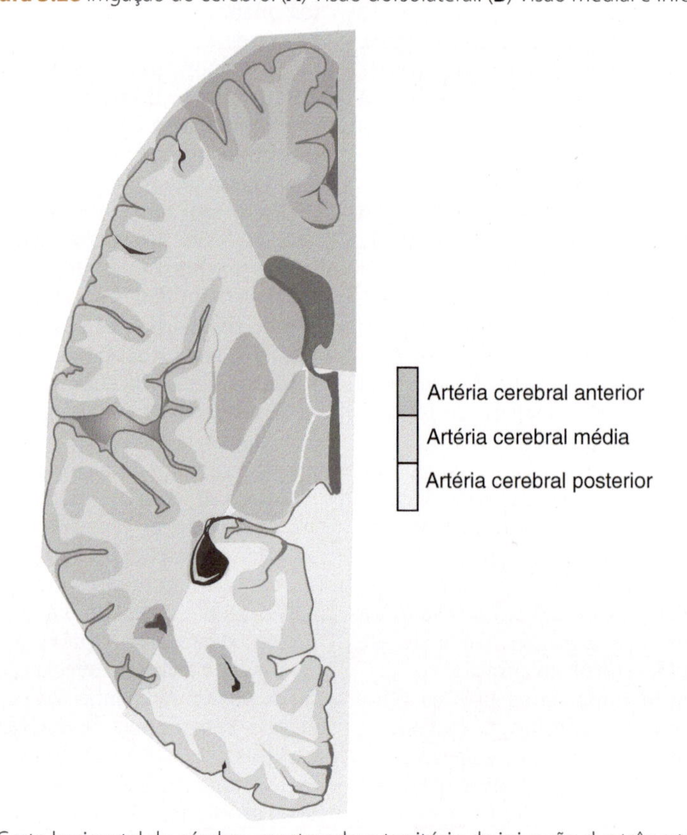

Figura 3.29 Corte horizontal do cérebro, mostrando o território de irrigação das três artérias cerebrais.

4

Nervos

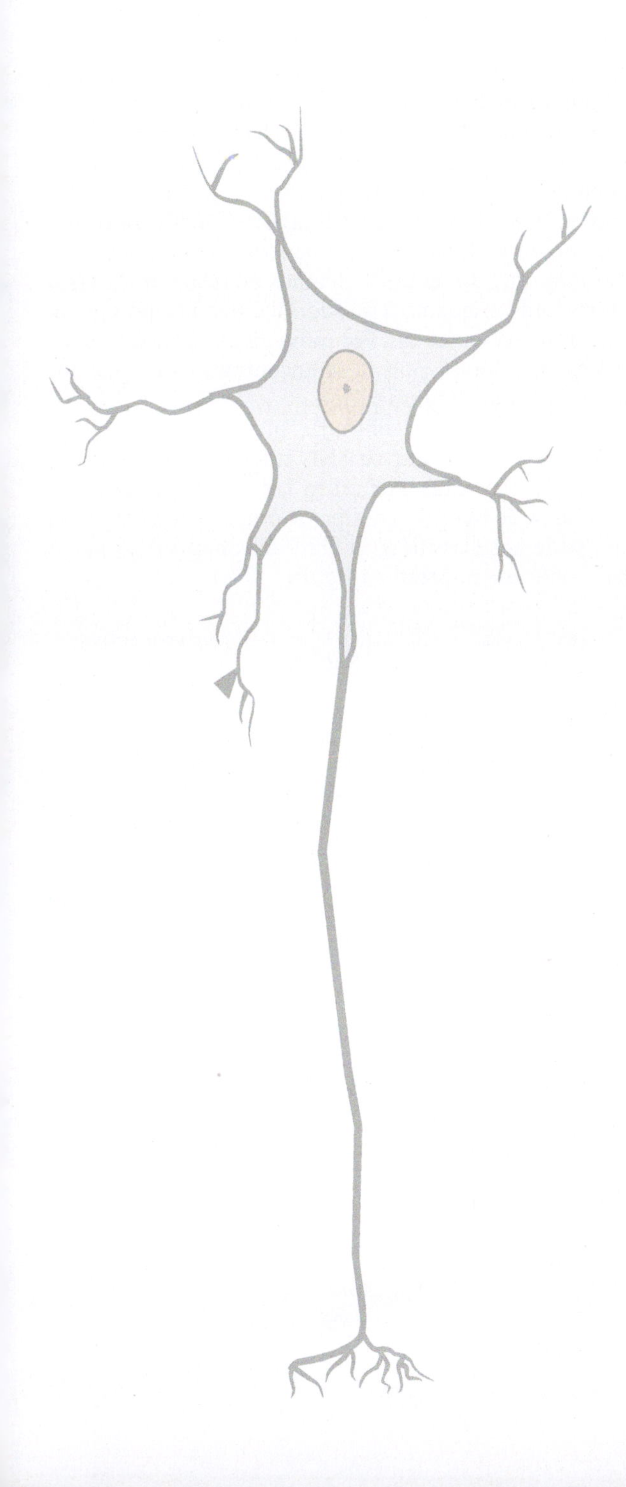

Generalidades

Ao exame macroscópico, os nervos apresentam-se como cordões de coloração esbranquiçada que fazem a conexão entre as estruturas periféricas e o sistema nervoso central (SNC). Os nervos que se ligam à medula espinhal são **nervos espinhais**; os ligados ao encéfalo, são os **nervos cranianos**. Microscopicamente, os nervos constituem-se de prolongamentos de neurônios, em geral revestidos pelas bainhas de mielina e neurolemócitos (Capítulo 1) e também por tecido conjuntivo, que confere resistência ao nervo. São, portanto, formados essencialmente por fibras nervosas de diferentes espessuras, mielinizadas ou não, condutoras de impulsos nervosos, algumas em sentido aferente ao SNC, outras em sentido eferente.

Como não contêm corpos de neurônios em seu trajeto, uma lesão nos nervos danifica apenas prolongamentos celulares, que podem ser, eventualmente, regenerados a partir de sua porção proximal, ainda ligada ao pericário da célula nervosa, presente no SNC. Desse modo, diferentemente do que ocorre no SNC, a secção de um nervo periférico pode acarretar apenas danos passageiros: há degeneração dos prolongamentos celulares do coto distal que foram separados dos neurônios. Contudo, se os dois cotos estiverem em contato, a célula nervosa tem a capacidade de reconstruir seu prolongamento, podendo encontrar a estrutura anteriormente inervada e recuperando assim sua função (Figura 1.10).

Nervos espinhais

Os nervos espinhais têm origem na medula espinhal sob a forma de duas raízes, respectivamente **raiz ventral** (ou anterior) e **raiz dorsal** (ou posterior) (Figura 4.1). Ambas se unem formando o nervo espinhal, que deixa o canal vertebral pelos forames intervertebrais.

Cada raiz é formada pela junção de numerosos filamentos radiculares nascidos dos sulcos laterais anteriores e posteriores. Na raiz dorsal, observa-se uma dilatação, o **gânglio espinhal**, no qual se encontram os corpos dos neurônios sensoriais.

Os nervos espinhais são encontrados em todos os níveis da medula, mas seu número varia nas diferentes regiões. Assim, existem oito pares de nervos cervicais, doze pares de nervos torácicos, cinco pares de nervos lombares, cinco pares de nervos sacrais e um par de nervo coccígeo, atingindo um total de trinta e um pares de nervos espinhais, denominados de acordo com a origem e a posição. Por exemplo, há um nervo C5 (quinto par cervical), T9 (nono torácico), L3 (terceiro lombar) etc. Os nervos espinhais deixam o canal vertebral, passando logo abaixo da vértebra correspondente, com exceção da região cervical, onde existem oito nervos e apenas sete vértebras. Nessa região, os nervos saem acima da vértebra correspondente e o nervo C8 passa abaixo da vértebra C7.

Após deixar o canal vertebral, o nervo espinhal divide-se em ramos, que se distribuem para os diversos territórios a serem inervados. Aliás, os nervos espinhais, às vezes, se anastomosam, ou seja, se unem com nervos vizinhos. Isto significa que as fibras que pertencem a um nervo passam a viajar em um nervo adjacente ou que vários nervos misturam suas fibras, o que dá lugar aos chamados **plexos nervosos**. É o que ocorre, por exemplo, na inervação dos membros superior e inferior (**plexos braquial** e **lombossacral**) (Figura 4.2). Dessa maneira, os nervos espinhais periféricos podem ser **unissegmentares** – se têm fibras nervosas originadas em apenas um segmento medular (como os intercostais, na região torácica) –, ou **plurissegmentares**, se formados a partir de plexos nervosos (caso da maioria dos nervos espinhais periféricos).

Com relação à função, todos os nervos espinhais são mistos, isto é, têm tanto fibras aferentes (sensoriais) quanto eferentes (motoras) ao SNC. Embora estas fibras estejam dispostas lado a lado no nervo espinhal, existe uma separação funcional ao nível das raízes: a raiz ventral é eferente, ou seja, por ela saem as fibras motoras, enquanto a raiz dorsal é aferente, pois por aí penetram as fibras sensoriais. Por causa disso, só encontramos gânglios na raiz dorsal, pois lá se encontram os corpos dos neurônios sensoriais (Figura 4.3).

As fibras sensoriais encontradas no nervo têm origem em receptores e conduzem ao SNC diferentes modalidades de informação sensorial. Por outro lado, também as fibras motoras inervarão mais de um tipo de órgão efetuador. Dessa maneira, podemos classificar as fibras encontradas no nervo espinhal, conforme mostrado a seguir:

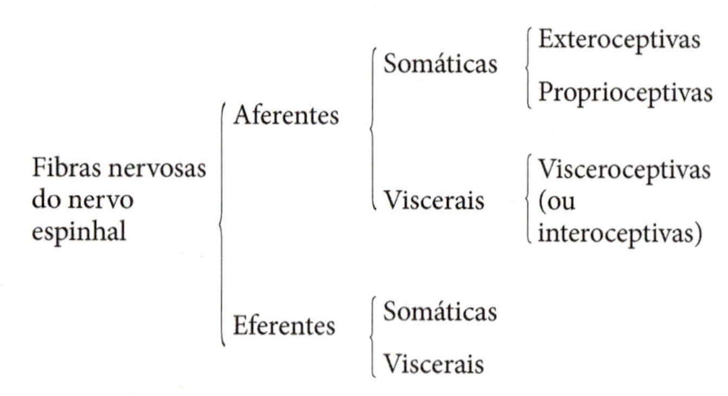

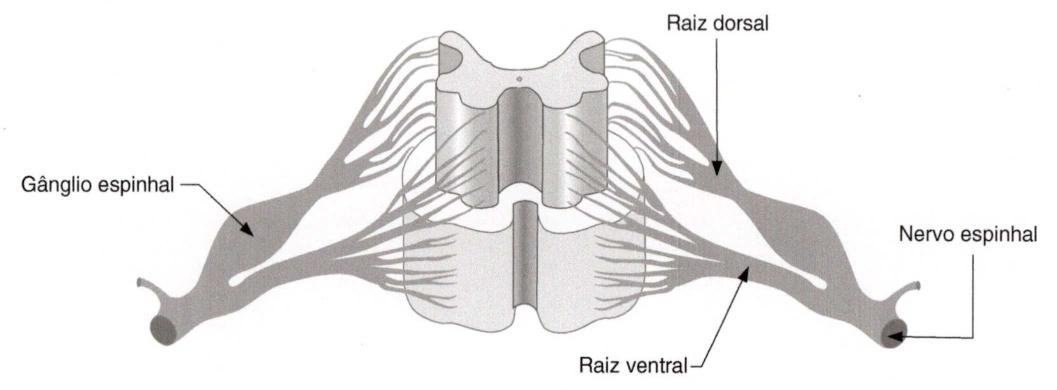

Figura 4.1 Formação dos nervos espinhais, sob a forma de duas raízes.

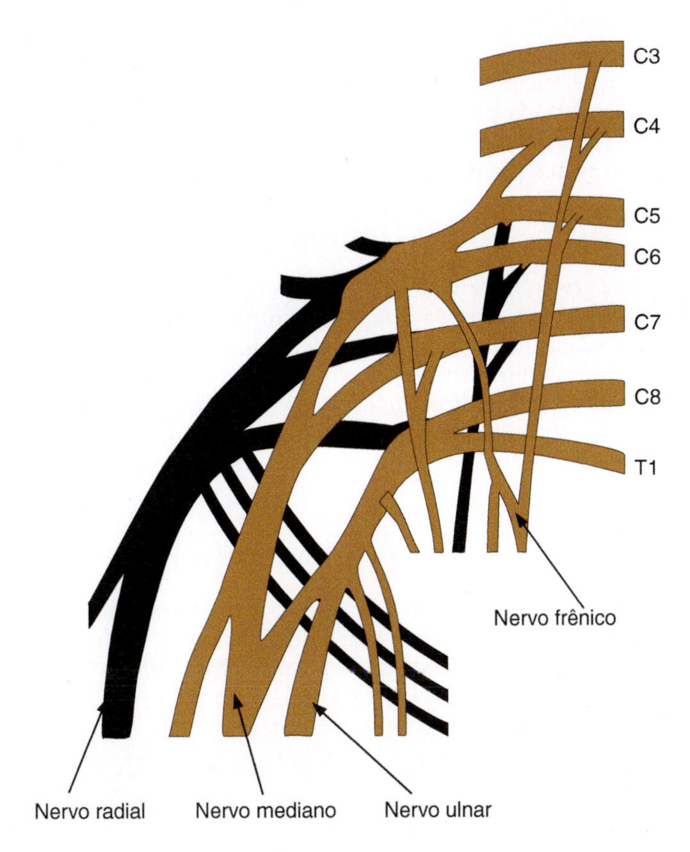

Figura 4.2 Visão esquemática da formação do plexo braquial (e parte do plexo cervical).

Dentre as fibras aferentes, as **exteroceptivas** são aquelas que conduzem sensações com origem no mundo externo, por exemplo o tato, a pressão, as sensibilidades térmica e dolorosa (no caso da dor, as fibras que conduzem essa sensação são as **nociceptivas** e podem ser tanto somáticas quanto viscerais). Já as fibras **proprioceptivas** têm origem em receptores sensoriais nas articulações, nos músculos e nos tendões, levando ao SNC informações sobre a disposição do corpo no espaço. Chamam-se proprioceptivas, pois conduzem sensações originadas no próprio corpo e que são geradas por ele. É pela propriocepção que somos capazes de "sentir" o nosso corpo e descrever a posição e o movimento de suas partes.

Por fim, as fibras **visceroceptivas** (ou **interoceptivas**) levam informações com origem nas vísceras, por exemplo a sensação de plenitude gástrica ou a dor visceral. Com relação às fibras eferentes, as somáticas inervarão a musculatura esquelética e as viscerais inervarão a musculatura lisa, glândulas e o músculo cardíaco.

Uma vez que todos os nervos espinhais são mistos quanto à função, todos têm um **território de inervação motora**, representado pelo conjunto de músculos inervados por um nervo espinhal. Por outro lado, cada raiz dorsal é responsável pela inervação de um território sensorial, representado, na superfície do corpo, pelos **dermátomos** (Figura 4.4), faixas de pele que recebem a inervação de cada nervo espinhal. Os dermátomos são importantes para diagnosticar a localização de uma lesão nas raízes dos nervos espinhais.

Nervos cranianos

Doze pares de nervos têm origem no encéfalo. Por isso, são chamados de nervos cranianos. Os dois primeiros fazem conexão com o cérebro e os demais com o tronco encefálico (Figura 3.14). Costuma-se numerá-los de acordo com sua origem, em sentido craniocaudal (Quadro 4.1).

Os nervos cranianos diferem dos nervos espinhais não só quanto à diversidade nos pontos de origem, mas também quanto à estrutura e à função. Assim, alguns nervos cranianos, como o olfatório e o óptico, têm estrutura semelhante aos feixes de fibras encontradas no interior do SNC (esses nervos, nos mamíferos, não são capazes de se regenerar após uma lesão). Além disso, embora alguns nervos cra-

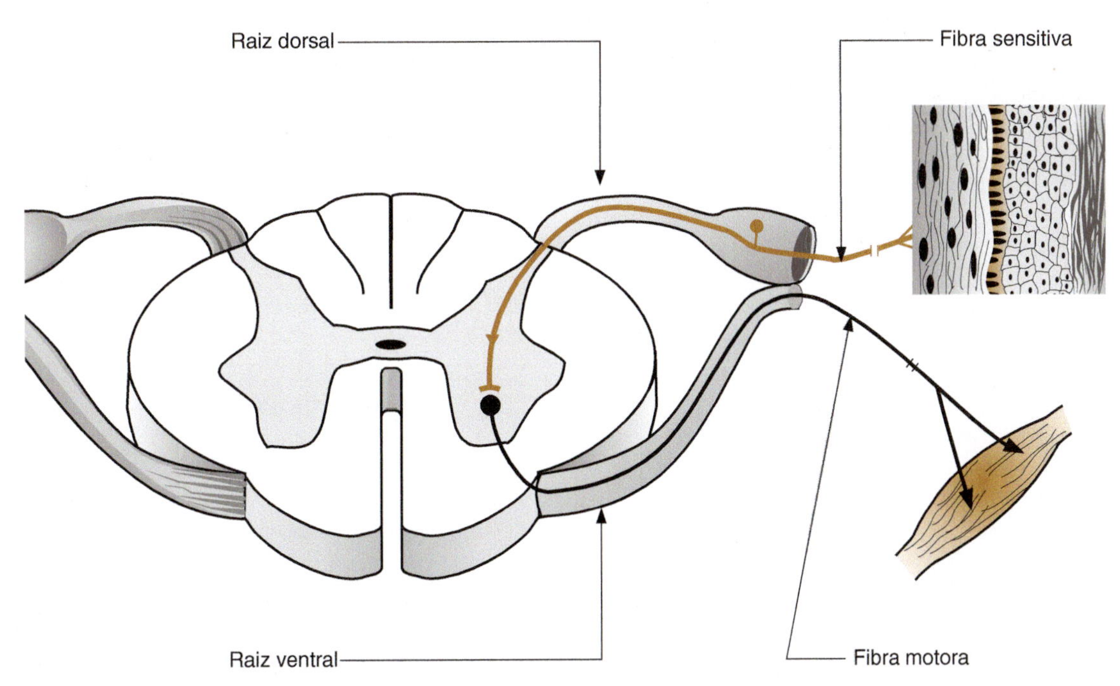

Figura 4.3 Disposição das fibras sensoriais e motoras nas raízes do nervo espinhal.

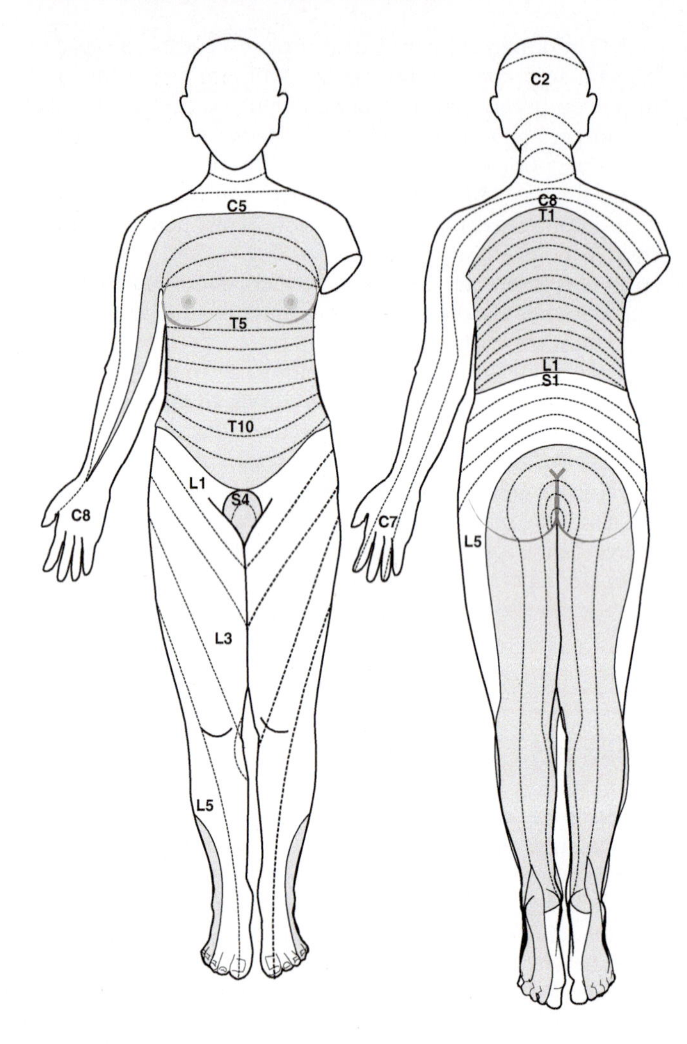

Figura 4.4 Localização dos dermátomos, em visão anterior e posterior.

nianos sejam mistos quanto à função, outros são exclusivamente sensoriais ou motores. Ainda com respeito à função, note-se que na região da cabeça existem órgãos dos sentidos especiais, inexistentes no restante do corpo, por exemplo os órgãos auditivos ou destinados à visão. Dessa maneira, as fibras nervosas condutoras destas sensações encontradas em nervos cranianos são classificadas como **aferentes especiais.**[1] Por causa disso, a classificação funcional das fibras dos nervos cranianos se torna mais complexa do que a que foi esquematizada para os nervos espinhais. A seguir, faremos breve descrição de cada um dos nervos cranianos e suas respectivas funções (Quadro 4.1).

Nervo olfatório (sensorial visceral)

O **nervo olfatório** nasce, a rigor, em receptores (neurônios olfatórios) situados na mucosa olfatória da cavidade nasal. Na verdade, não se trata de um nervo único, mas sim de um conjunto de filetes nervosos, que ganham acesso à cavidade craniana pela lâmina crivosa do osso etmoide e penetram, em seguida, no bulbo olfatório, que repousa sobre esse osso. É um nervo exclusivamente sensorial, responsável pelo **olfato** (Figura 4.5).

Nervo óptico (sensorial somático)

O **nervo óptico**, o mais calibroso dos nervos cranianos, também é exclusivamente sensorial. Suas fibras têm origem na retina e vão até o quiasma óptico, na base do encéfalo. É responsável pela **visão** (Figura 4.6).

Nervos oculomotor, troclear e abducente (motores somáticos)

Os **nervos oculomotor** e **troclear** têm origem no **mesencéfalo**, sendo este último o único nervo craniano a sair da região posterior do tronco encefálico. O nervo abducente emerge do limite entre a ponte e o bulbo. Todos os três se dirigem para a órbita, inervando os **músculos extrínsecos do olho.** O nervo troclear inerva o músculo oblíquo superior – sua ativação provoca torção do globo ocular para dentro e para baixo. O **nervo abducente** inerva o músculo reto lateral e justifica seu próprio nome, pois sua ação abduz o globo ocular, isto é, leva o olho para longe da linha média. Finalmente, o **nervo oculomotor** inerva todos os demais músculos extrínsecos do globo ocular,

[1] De modo semelhante, as fibras motoras que inervam a maior parte dos músculos da face são classificadas como **motoras viscerais especiais.** Isto ocorre porque essa musculatura (denominada branquiomérica) deriva embriologicamente dos **arcos branquiais**, os quais, nos vertebrados primitivos dão origem às brânquias, que são estruturas viscerais.

Quadro 4.1 Nervos cranianos e suas funções.

Nº do par	Nome	Emergência do encéfalo	Principais funções
I	Nervo olfatório	Bulbo olfatório	Olfação
II	Nervo óptico	Quiasma óptico	Visão
III	Nervo oculomotor	Fossa interpeduncular	Movimento dos olhos; acomodação visual; miose pupilar
IV	Nervo troclear	Véu medular superior	Movimento dos olhos
V	Nervo trigêmeo	Pedúnculo cerebelar médio	Sensibilidade geral da cabeça; mastigação
VI	Nervo abducente	Sulco bulbopontino	Movimento lateral dos olhos
VII	Nervo facial	Sulco bulbopontino	Movimentos da musculatura mímica; gustação; salivação
VIII	Nervo vestibulococlear	Sulco bulbopontino	Equilíbrio; audição
IX	Nervo glossofaríngeo	Sulco lateral posterior (do bulbo)	Gustação; sensibilidade da faringe; salivação; deglutição
X	Nervo vago	Sulco lateral posterior	Sensibilidade visceral; motricidade visceral; deglutição; fonação
XI	Nervo acessório	Sulco lateral posterior e medula espinhal	Movimentos no pescoço e no ombro
XII	Nervo hipoglosso	Sulco lateral anterior (do bulbo)	Movimentos da língua

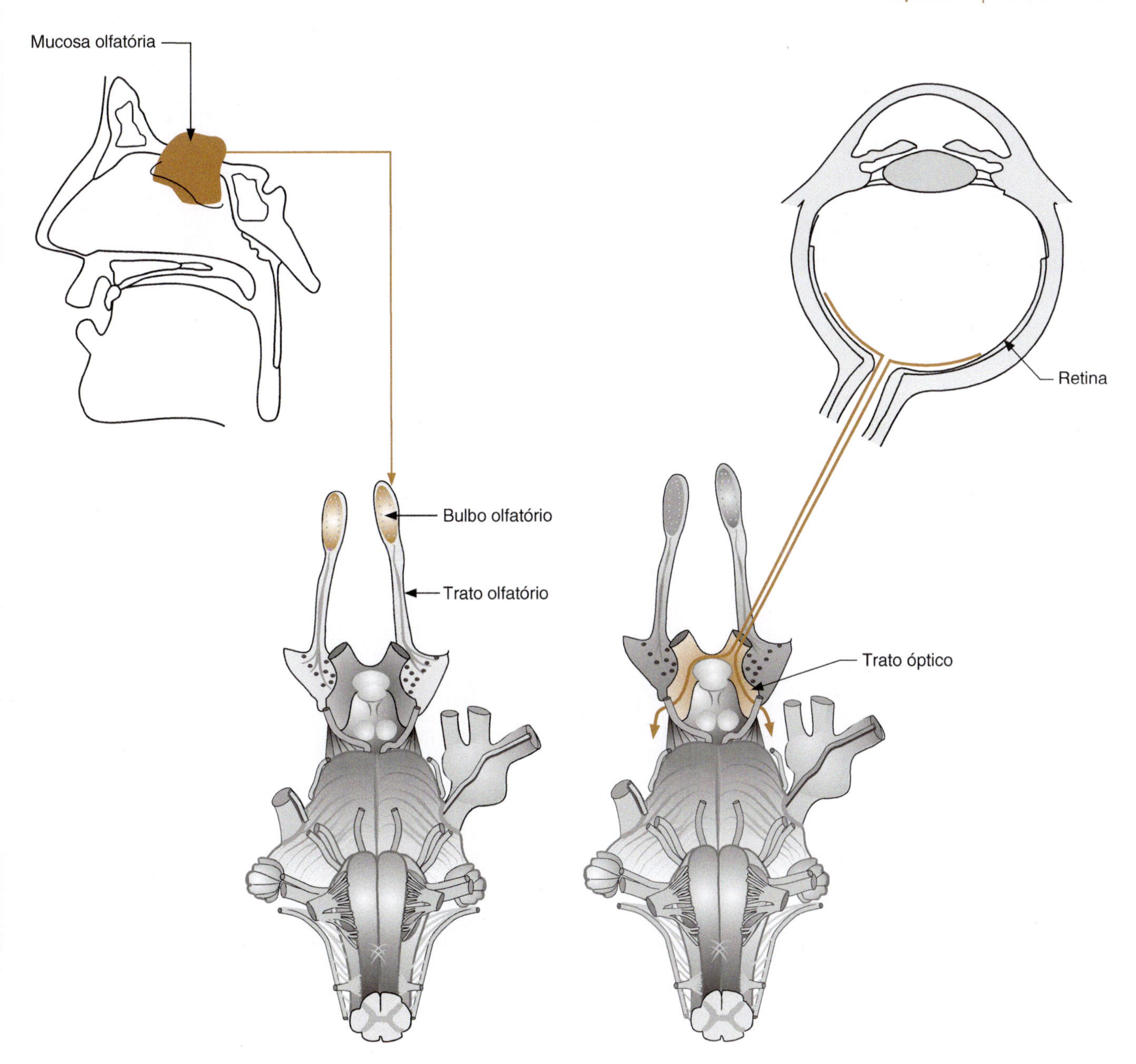

Figura 4.5 Visão esquemática do território de inervação do nervo olfatório.

Figura 4.6 Visão esquemática do território de inervação do nervo óptico.

sendo, portanto, responsável pela maior parte dos seus movimentos (para cima, para baixo e para perto da linha média). O nervo oculomotor inerva, ainda, no interior do olho, dois músculos constituídos de musculatura lisa. O primeiro, o **músculo ciliar**, modifica o diâmetro do **cristalino** (a lente do olho) o que permite a acomodação visual, isto é, a focalização de objetos próximos ou à distância. O segundo, o **músculo esfíncter da íris**, ao contrair-se, produz a redução do diâmetro da pupila (miose). Estas fibras do oculomotor que vão para a musculatura lisa são classificadas como **motoras viscerais.**

Uma lesão desses nervos, em particular do oculomotor ou do abducente, provocará **estrabismo**, situação em que os dois olhos não se fixam no mesmo objeto observado. A lesão do oculomotor resulta em **estrabismo divergente**, pois o abducente, por sua ação no músculo reto lateral, puxa o olho afetado para fora. De modo análogo, uma lesão do abducente faz aparecer um **estrabismo convergente**. O paciente estrábico, por sua vez, frequentemente se queixa de **diplopia**, ou seja, da sensação de ver dois objetos em vez de um, já que as imagens se formam em pontos diferentes das duas retinas (Figura 4.7).[2]

Nervo trigêmeo (sensorial somático, motor somático)

O quinto par craniano, **nervo trigêmeo**, emerge entre a ponte e o pedúnculo cerebelar médio, sob a forma de duas raízes: uma calibrosa, sensorial; outra delgada, com fibras moto-

[2] Os movimentos dos dois olhos são conjugados, ou seja, comandados simultaneamente, de maneira que eles se fixem no mesmo objeto. Existem centros nervosos especializados para o comando desses movimentos, localizados no tronco encefálico (Capítulo 8).

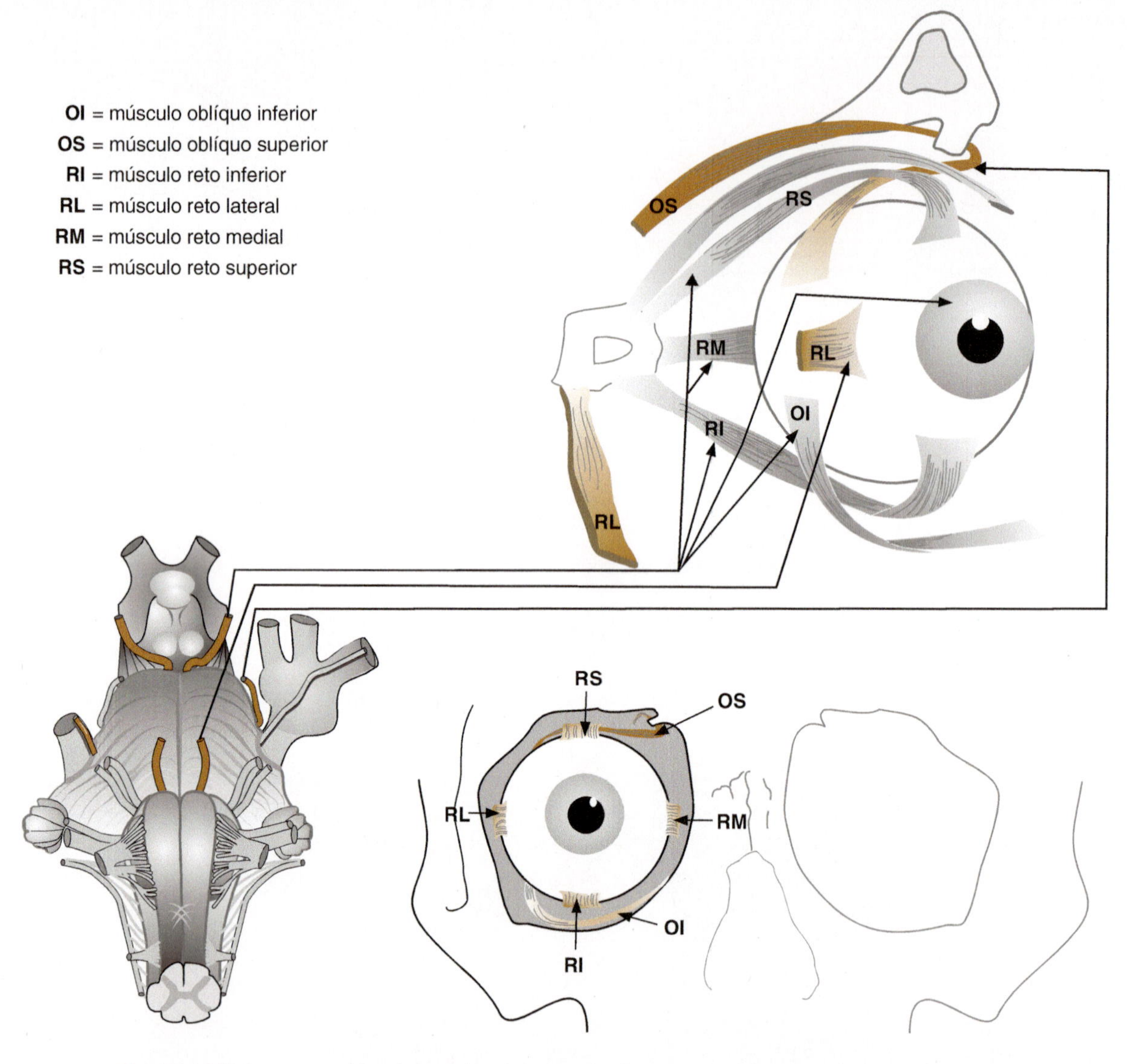

Figura 4.7 Visão esquemática do território de inervação dos nervos oculomotor, troclear e abducente.

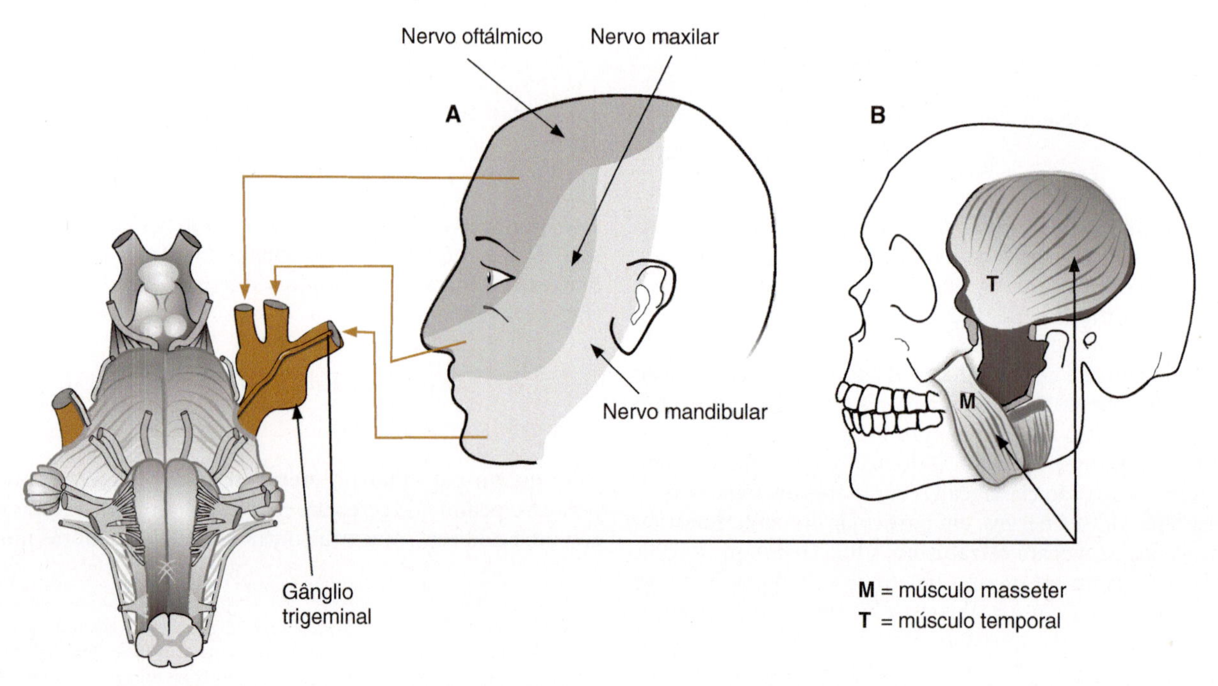

Figura 4.8 Visão esquemática do território de inervação do nervo trigêmeo. (**A**) Raiz sensorial. (**B**) Raiz motora.

ras. A raiz sensorial dilata-se, formando o **gânglio trigeminal**, onde se encontram neurônios sensoriais e de onde partem três ramos (daí a denominação *trigêmeo*): **oftálmico, maxilar** e **mandibular**. Cada um desses ramos é responsável pela inervação sensorial de um território da cabeça (Figura 4.8).

Todas as informações exteroceptivas, proprioceptivas e nociceptivas da região da cabeça, bem como a sensibilidade somática da maior parte da mucosa oral, nasal e dos dois terços anteriores da língua, viajam pelo trigêmeo, para atingir o SNC. Este nervo inerva ainda a maior parte da dura-máter craniana. A raiz motora acompanha o ramo mandibular e se distribui para os músculos responsáveis pela **mastigação** (masseter, temporal e pterigóideos) (Figura 4.8).

Nervo facial (motor somático, sensorial visceral, motor visceral)

O sétimo par craniano emerge do sulco bulbopontino sob a forma de duas raízes, constituintes dos nervos **facial** e **intermédio**. Essas raízes se juntam, em seu trajeto, para formar o nervo facial propriamente dito. A primeira raiz tem fibras motoras, que se dirigem para a maioria dos **músculos da face**, sendo a inervação da musculatura mímica a função mais importante do nervo facial. O nervo intermédio tem fibras parassimpáticas pré-ganglionares (Capítulo 5) que promoverão a inervação das glândulas salivares submandibular e sublingual. Esta raiz contém ainda fibras sensoriais, condutoras da **sensibilidade gustativa dos dois terços anteriores da língua** (Figura 4.9).

Nervo vestibulococlear (sensorial somático)

O **nervo vestibulococlear** tem duas porções distintas: a **vestibular** e a **coclear**. A primeira tem origem nos receptores do labirinto do ouvido interno (canais semicirculares, utrículo e sáculo), sensíveis à posição da cabeça e a seus movimentos. Estas informações são muito importantes para a manutenção do **equilíbrio corporal**.

Já a porção coclear surge nos receptores da cóclea (órgão de Corti), origem da **sensibilidade auditiva**. As duas porções viajam juntas e penetram no encéfalo pela região lateral do sulco bulbopontino (Figura 4.10).

Nervo glossofaríngeo (sensorial somático, sensorial visceral, motor somático, motor visceral)

O **nervo glossofaríngeo** tem sua emergência do encéfalo na parte mais rostral do sulco lateral posterior do bulbo. Suas fibras se distribuem principalmente para a **língua** (glosso = língua) e para a **faringe**. Na língua, é responsável pelas sensibilidades gustativa e geral (tato, dor, temperatura etc.) do seu terço posterior. Na faringe, ele é responsável pela sensibilidade geral, além de inervar alguns músculos que atuam na deglutição. O nervo glossofaríngeo tem ainda fibras viscerais motoras (parassimpáticas) que se dirigirão para a **glândula parótida**, a maior das glândulas salivares (Figura 4.11).

Nervo vago (sensorial visceral, motor visceral, motor somático)

O **nervo vago** é o principal nervo da divisão craniana do parassimpático (Capítulo 5). Ele nasce do sulco lateral posterior do bulbo e inerva todas as **vísceras torácicas e abdominais**. Boa parte da sensibilidade dessas vísceras, bem como a da laringe, viaja por este nervo. Na verdade, a maioria das fibras do nervo vago não é motora, mas sensorial. O décimo par é ainda um nervo motor para a **laringe** (na qual é importante para os mecanismos da fonação) e para a **faringe**, na qual, juntamente com o glossofaríngeo, participa do reflexo da deglutição. O nervo vago, juntamente com o glossofarín-

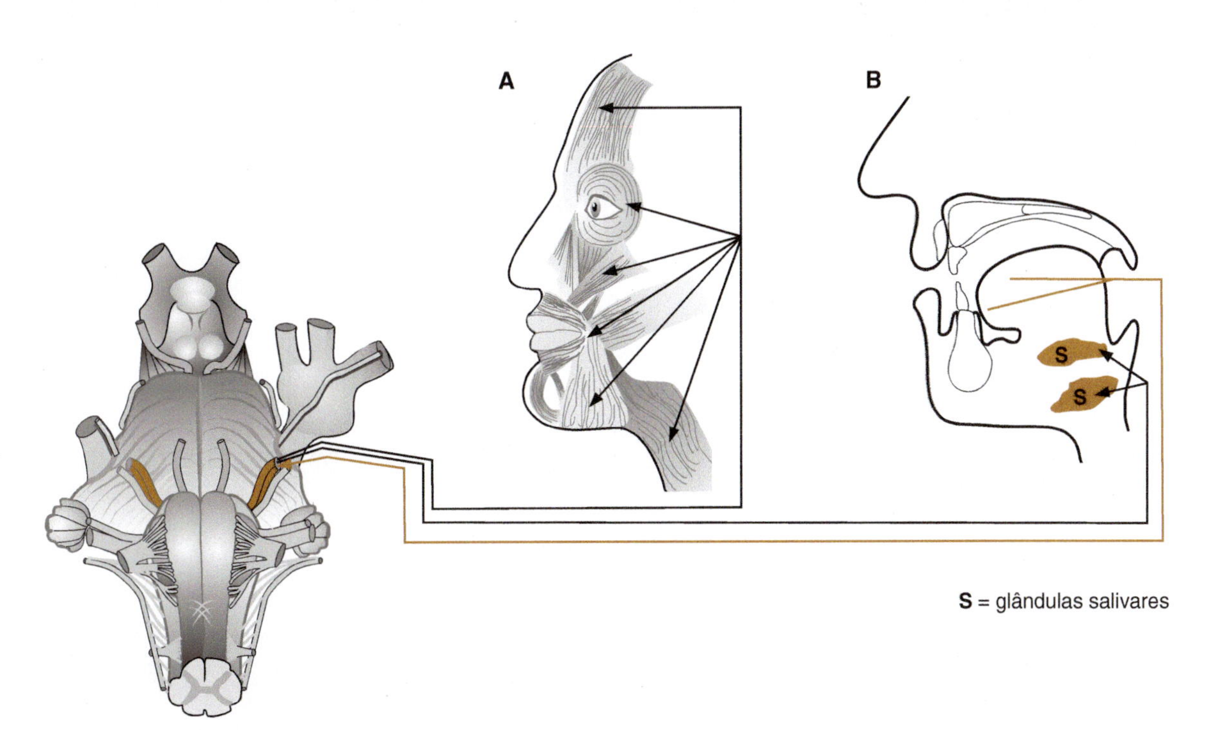

Figura 4.9 Visão esquemática do território de inervação do nervo facial. (**A**) Nervo facial. (**B**) Nervo intermédio.

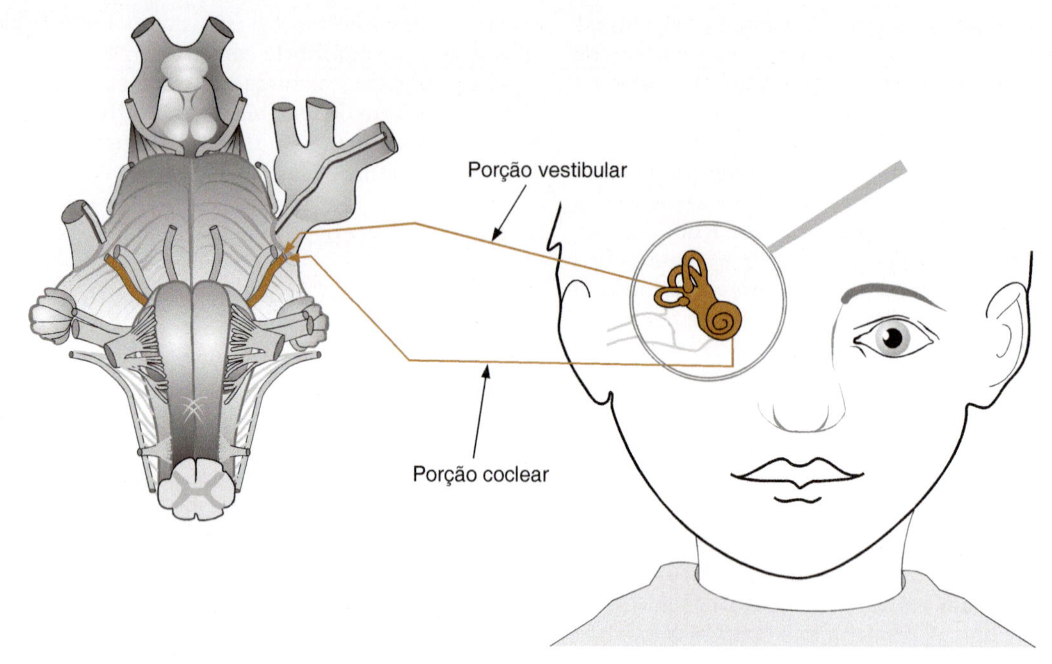

Figura 4.10 Visão esquemática do território de inervação do nervo vestibulococlear.

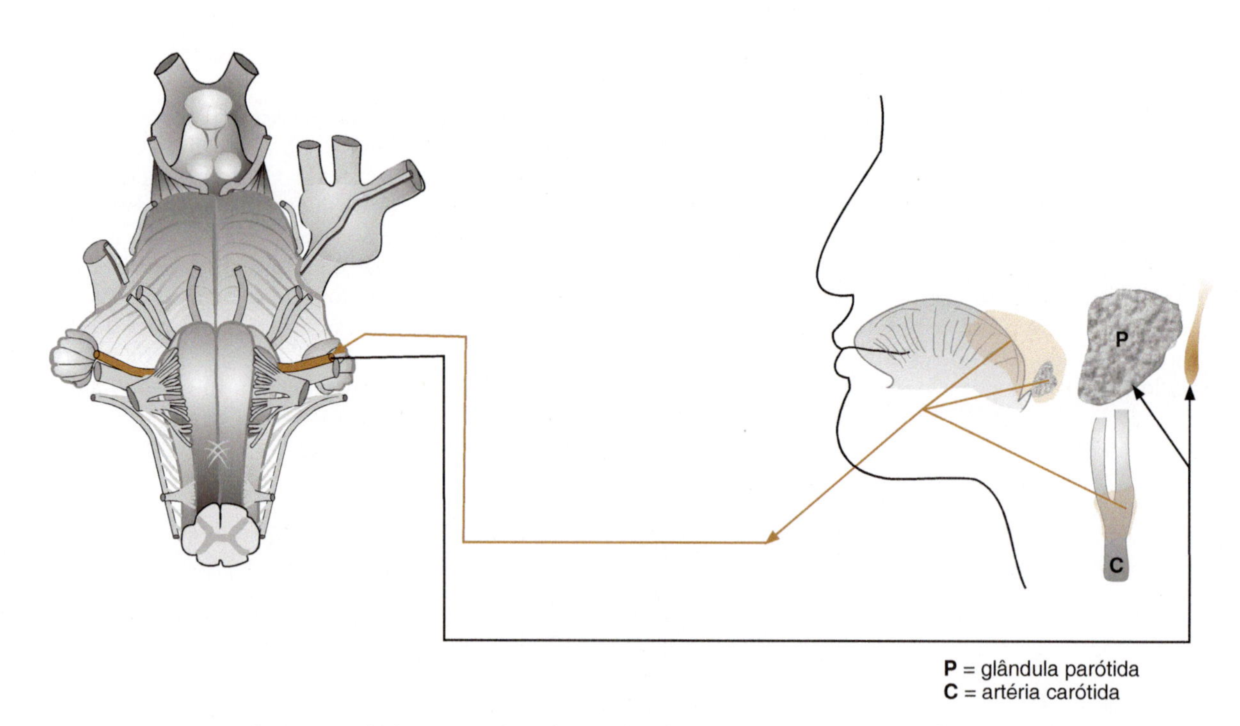

Figura 4.11 Visão esquemática do território de inervação do nervo glossofaríngeo.

geo e o facial, é ainda responsável pela inervação sensorial do meato acústico externo (Figura 4.12).

Nervo acessório (motor somático)

O **nervo acessório** é constituído por fibras motoras que vão para os músculos esternocleidomastóideo e trapézio. Estas fibras emergem do funículo lateral da medula, constituindo **a raiz espinhal do acessório**. Esse nervo tem ainda uma **raiz bulbar**, emergente do sulco lateral posterior. As fibras dessa raiz, também motoras, juntam-se provisoriamente à raiz espinhal – para formar o nervo acessório – e, em seguida, tornam a se separar, indo fundir-se com o nervo vago. As fibras da raiz bulbar podem ser consideradas, portanto, um fascículo do nervo vago, e inervam a musculatura da laringe (Figura 4.13).

Nervo hipoglosso (motor somático)

O décimo segundo par craniano, **nervo hipoglosso**, emerge do sulco lateral anterior do bulbo, sob a forma de filamentos radiculares visíveis entre a pirâmide e a oliva. O nervo hipoglosso inerva os músculos extrínsecos e intrínsecos da língua (Figura 4.14).

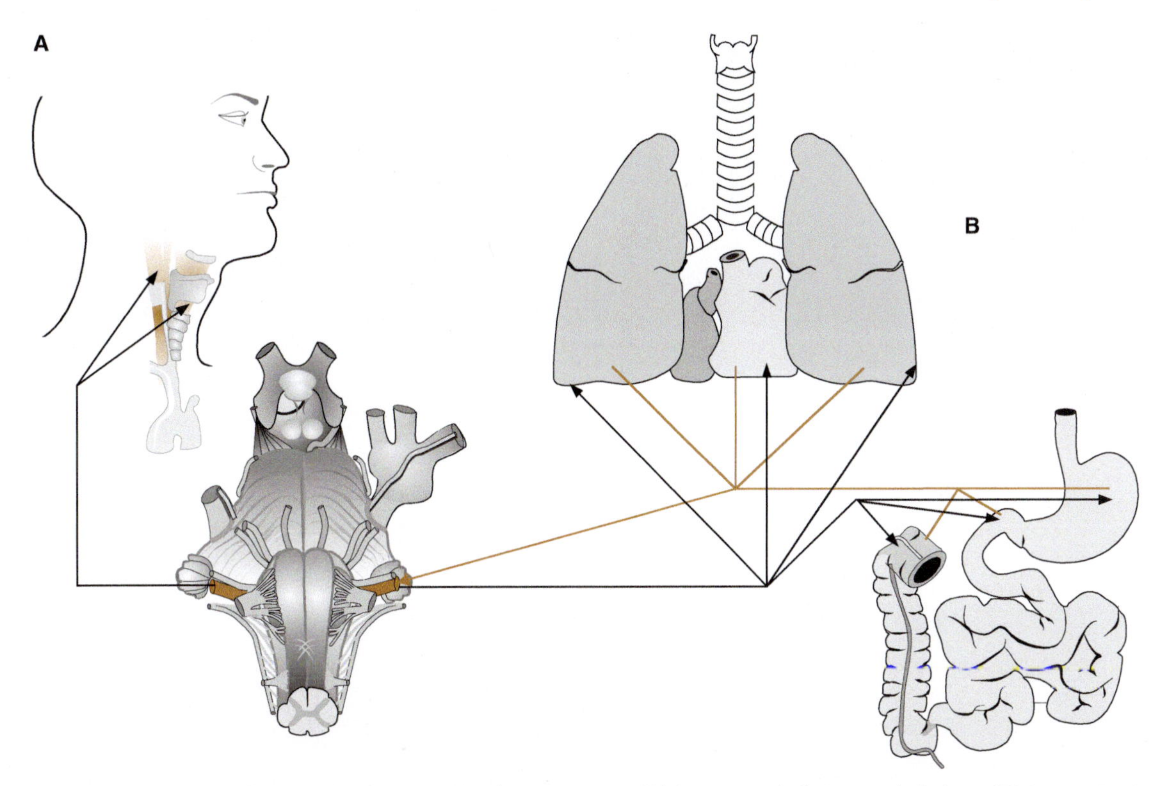

Figura 4.12 Visão esquemática do território de inervação do nervo vago. **(A)** Inervação da faringe e da laringe. **(B)** Inervação das vísceras torácicas e abdominais.

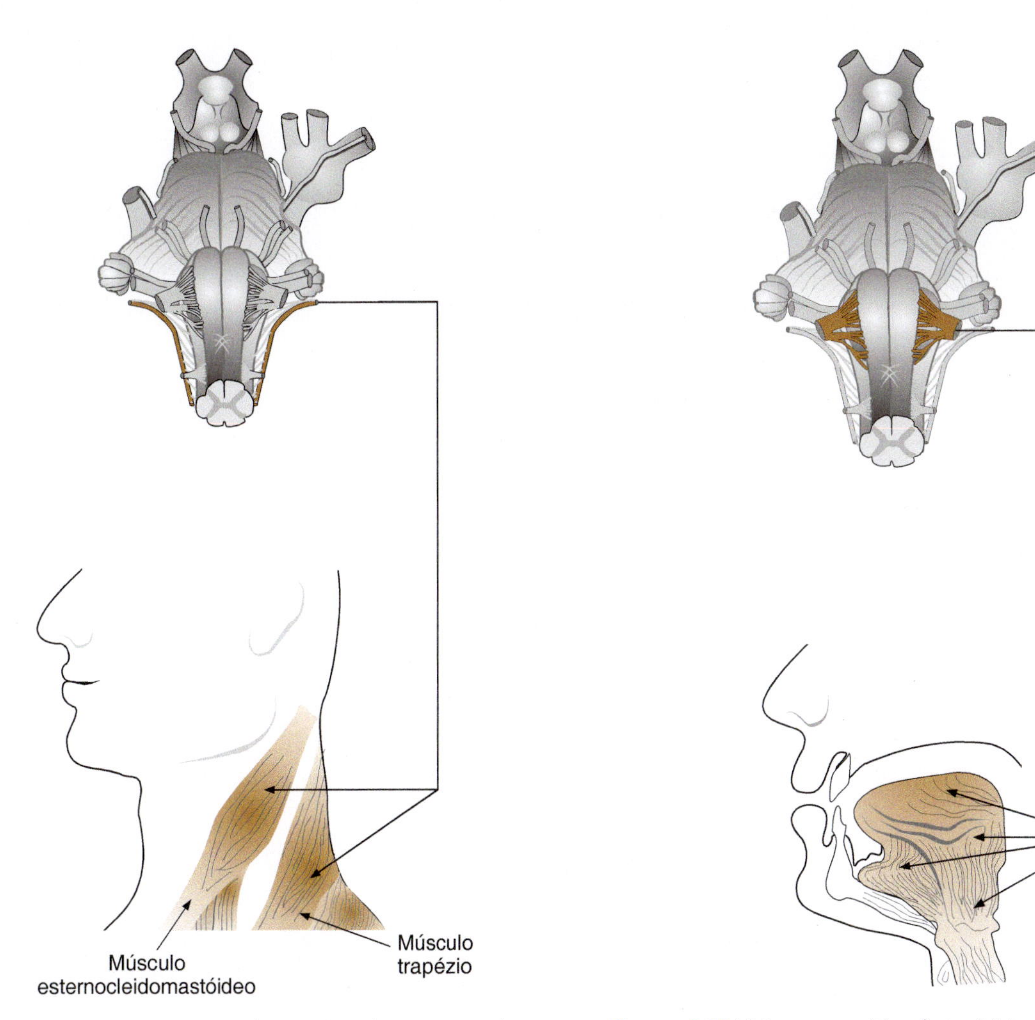

Figura 4.13 Visão esquemática do território de inervação do nervo acessório.

Figura 4.14 Visão esquemática do território de inervação do nervo hipoglosso.

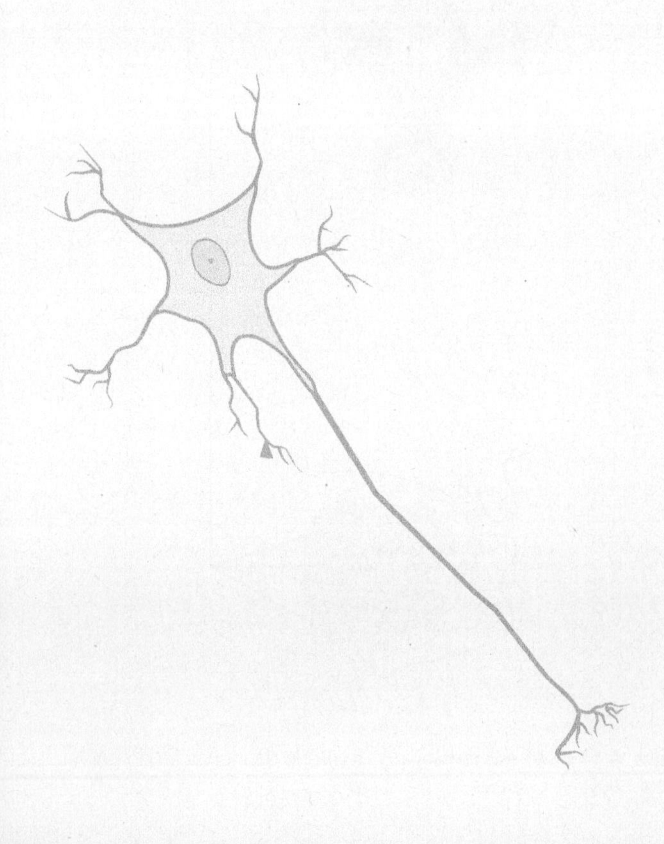

5

Sistema Nervoso Visceral

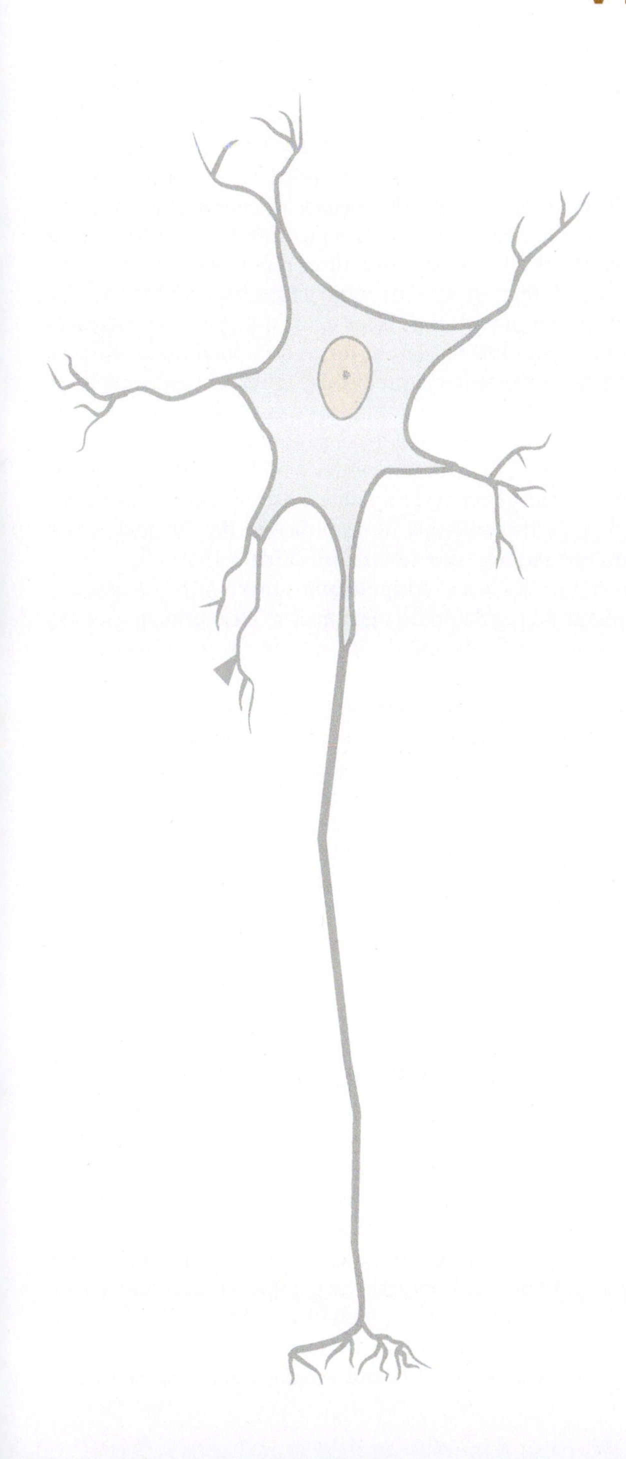

Conceito

Quando descobertas, as estruturas nervosas periféricas que se ocupam do controle visceral foram chamadas de **sistema nervoso autônomo** (SNA). Ele seria autônomo, porque costuma escapar do controle voluntário exercido pelo SNC. Posteriormente, ao se descobrirem as ligações do SNA com o SNC e ao ficar clara a existência de fibras aferentes viscerais, muitos autores incorporaram ao conceito de "sistema nervoso autônomo" essas fibras aferentes e até mesmo as regiões do SNC que participam do processamento das informações viscerais. Parece-nos, contudo, mais correto chamar de **sistema nervoso visceral (SNV)** ao conjunto de estruturas nervosas, centrais e periféricas, que se ocupam do controle do meio interno, em contraposição às estruturas nervosas que têm por função a "vida de relação", ou seja, a interação do organismo com o meio externo e que constituem o **sistema nervoso somático (SNS)**. Dentro dessa divisão, o sistema nervoso autônomo constitui a porção eferente do SNV, como mostra o esquema abaixo:

<table>
<tr><td rowspan="2">Sistema nervoso</td><td>Sistema nervoso somático
(para a "vida de relação")</td><td>Vias aferentes
Centros
Vias eferentes</td></tr>
<tr><td>Sistema nervoso visceral
(para controle do meio interno)</td><td>Vias aferentes
Centros
Vias eferentes = Sistema nervoso autônomo</td></tr>
</table>

Vias aferentes viscerais

A sensibilidade visceral tem origem em receptores (visceroceptores ou interoceptores) situados nas paredes das vísceras. Estes, ligam-se a fibras nervosas que conduzem os impulsos sensoriais até a medula espinhal ou ao tronco encefálico, nos quais penetram, respectivamente, pelos nervos espinhais ou cranianos. Sabe-se, por exemplo, que a maior parte do nervo vago é constituída de fibras aferentes viscerais. O corpo do neurônio sensorial visceral localiza-se em um gânglio, que irá pertencer, conforme o caso, a um nervo espinhal ou a um nervo craniano.

Não existe diferença anatômica, portanto, entre a porção aferente do SNS e a do SNV. Do ponto de vista funcional, contudo, registramos algumas diferenças entre estes dois sistemas. A informação sensorial somática, na maioria das vezes, torna-se consciente, ao passo que as informações viscerais são usualmente inconscientes. Por exemplo, existem receptores, nas paredes de algumas artérias, sensíveis às variações da pressão arterial ou ao teor de CO_2 no sangue. Estas informações são conduzidas ao SNC e são importantes para a manutenção da constância do meio interno. No entanto, não somos capazes de dizer, a qualquer momento, qual o valor de nossa pressão sanguínea ou o teor de CO_2 circulante, pois essas informações não se tornam conscientes. Por outro lado, as informações viscerais que se tornam conscientes tendem a ser difusas, mal localizadas, ao contrário da sensibilidade somática, que costuma ser precisa e bem localizada.

Do ponto de vista prático, a sensibilidade visceral mais importante é a dor que pode surgir desses órgãos. Nesse caso, um fenômeno interessante é a chamada "dor referida": nesse caso, a dor desloca-se de um órgão visceral em que tem origem, para ser percebida na superfície do corpo. Sente-se a dor referida em uma região da pele inervada pelo mesmo segmento medular que inerva o órgão afetado. Por exemplo, uma dor anginosa, originária no coração, é sentida na região superior do tórax e no braço esquerdo.

Centros nervosos viscerais

As informações vindas das vísceras, uma vez conduzidas até o sistema nervoso central, podem ser processadas em diferentes estruturas. Sabemos, por exemplo, que reflexos autonômicos podem ser integrados na medula espinhal.

Por outro lado, no **tronco encefálico,** existem centros reguladores viscerais. Uma região do bulbo, o **núcleo do trato solitário**, recebe aferências viscerais e envia fibras para níveis mais altos do SNC, no qual estas informações serão utilizadas. Além disso, existem no tronco encefálico regiões em que se localizam neurônios motores viscerais (núcleos de nervos cranianos), cujas fibras sairão, pelos nervos cranianos, para inervar estruturas viscerais. Ainda no tronco encefálico, na **formação reticular** (Capítulo 8), existem centros reguladores da atividade visceral que integram reflexos como a tosse ou o vômito ou que regulam os batimentos cardíacos e a respiração. No mesencéfalo, uma região localizada em torno do aqueduto cerebral, a **substância cinzenta periaquedutal** (Figura 3.8) está envolvida na integração de respostas somáticas e viscerais em comportamentos complexos relacionados com as emoções. A substância cinzenta periaquedutal desempenha papel importante na **síndrome de emergência** (ver adiante). Esta estrutura participa, também, dos mecanismos de inibição da dor, o que ocorre comumente naquele tipo de situação (Figura 15.2).

No cérebro, destaca-se o **hipotálamo**, uma região que se ocupa basicamente da regulação do meio interno e é o principal centro controlador do SNA (Capítulo 10). Outra estrutura importante é o **córtex da ínsula**, no qual chegam as informações sensoriais viscerais que se tornam conscientes (interocepção consciente).

A divisão do sistema nervoso em SN somático e SN visceral é, contudo, apenas didática. Nos diversos níveis do SNC, encontram-se estruturas que se ocupam tanto da função somática quanto da função visceral e, frequentemente, as necessidades do organismo implicam em respostas viscerais desencadeadas por estímulos somáticos e vice-versa.

Sistema nervoso autônomo: estrutura e divisões

A porção eferente do SNV envolve sempre dois neurônios, o primeiro situado na **medula espinhal** ou no **tronco encefálico** e o segundo situado em **gânglios viscerais** (Figura 5.1). O neurônio cujo pericário se encontra na medula espinhal ou no tronco encefálico e cujo axônio vai até o gânglio é o **neurônio pré-ganglionar**. O neurônio situado no gânglio, cujo axônio vai até a víscera, leva o nome de **pós-ganglionar**. Esta é uma situação diferente da porção eferente do SNS, no qual o neurônio motor se dirige diretamente à musculatura esquelética (Figura 5.1).

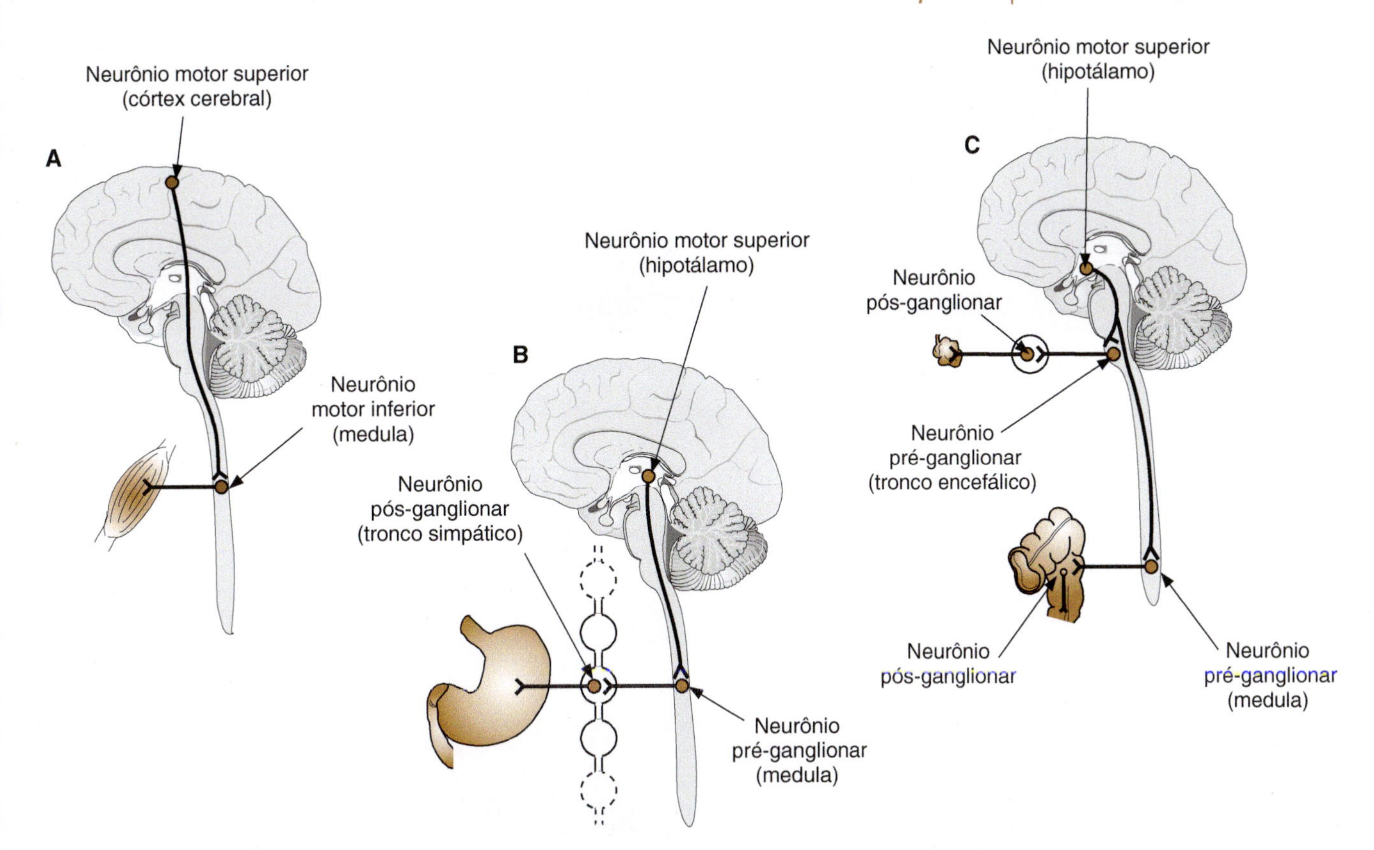

Figura 5.1 Visão esquemática de inervação motora periférica. (**A**) Sistema nervoso somático. (**B** e **C**) Sistema nervoso autônomo. (**B**) Sistema nervoso simpático. (**C**) Sistema nervoso parassimpático.

O SNA costuma ser dividido, segundo critérios anatômicos, químicos e fisiológicos, em duas porções: o **sistema nervoso simpático** e o **sistema nervoso parassimpático.**[1] A primeira diferença anatômica entre o simpático e o parassimpático diz respeito à posição do neurônio pré-ganglionar. Os neurônios pré-ganglionares do simpático estão situados na medula espinhal torácica e lombar alta.

Na espécie humana, eles são encontrados na substância cinzenta intermédia da medula espinhal (Figura 5.3), desde o segmento medular T1 até o segmento medular L2. Já os neurônios pré-ganglionares do parassimpático localizam-se em núcleos do tronco encefálico ou nos segmentos medulares S2, S3 e S4. Podemos dizer, portanto, que, em suas origens, o simpático é toracolombar, enquanto o parassimpático é craniossacral.

Outra diferença anatômica refere-se ao fato de que os gânglios do simpático são visíveis a olho nu e dispõem-se de cada lado da coluna vertebral em uma cadeia ganglionar que leva o nome de **tronco simpático** (Figura 5.2). Os gânglios do parassimpático, por outro lado, são, na maioria, microscópicos e se situam na própria parede da víscera a ser inervada (Figura 5.2). Por conta disso, os axônios dos neurônios pré-ganglionares do simpático são curtos e os pós-ganglionares, longos. Já os axônios dos neurônios pré-ganglionares do parassimpático são geralmente longos, enquanto os pós-ganglionares são curtos.

Os neurônios pré-ganglionares, tanto do simpático quanto do parassimpático, são colinérgicos, isto é, ambos utilizam como neurotransmissor a **acetilcolina.** Os neurônios pós-ganglionares de um ou outro sistema, porém, diferem quanto ao neurotransmissor. No parassimpático, eles são também colinérgicos, enquanto a maioria dos neurônios pós-ganglionares do simpático são adrenérgicos, ou seja, têm a **noradrenalina** como substância neurotransmissora.[2]

A presença de neurotransmissores diferentes ajuda-nos a entender as diferenças fisiológicas existentes entre os dois sistemas, pois geralmente os efeitos da ação do simpático e do parassimpático em uma mesma víscera são divergentes (Quadro 5.1). Contudo, a principal diferença fisiológica entre eles consiste no fato do simpático ter ação mais generalizada e predominar em momentos em que a mobilização de reservas e o gasto de energia são importantes para o organismo, ao passo que o parassimpático tem ação mais localizada e é predominante em situações de repouso, quando ocorre a assimilação e a restituição das reservas energéticas.

A ação mais generalizada do simpático explica-se, em grande parte, por sua anatomia. Um único neurônio pré-ganglionar faz sinapse com vários neurônios pós-ganglionares, que poderão dirigir-se para diferentes territórios viscerais. Além disso, fibras pré-ganglionares simpáticas dirigem-se à

[1] Uma terceira divisão, o **sistema nervoso entérico**, é constituída por neurônios e por fibras nervosas situadas na parede dos intestinos, na vesícula biliar e no pâncreas. Esse sistema é importante na motilidade e na secreção desses órgãos e atua, até certo ponto, de maneira independente, embora tenha sua atividade modulada pela ação do simpático e do parassimpático.

[2] Alguns neurônios pós-ganglionares simpáticos são colinérgicos, como os que inervam os vasos sanguíneos da musculatura esquelética ou os que inervam as glândulas sudoríparas e os músculos eretores dos pelos. Por outro lado, as fibras pré e pós-ganglionares dos dois sistemas, em geral, contêm também um neuropeptídio, que atua conjuntamente com o neurotransmissor clássico. Além disso, existem neurônios autonômicos com outros neurotransmissores, que não a acetilcolina ou a noradrenalina.

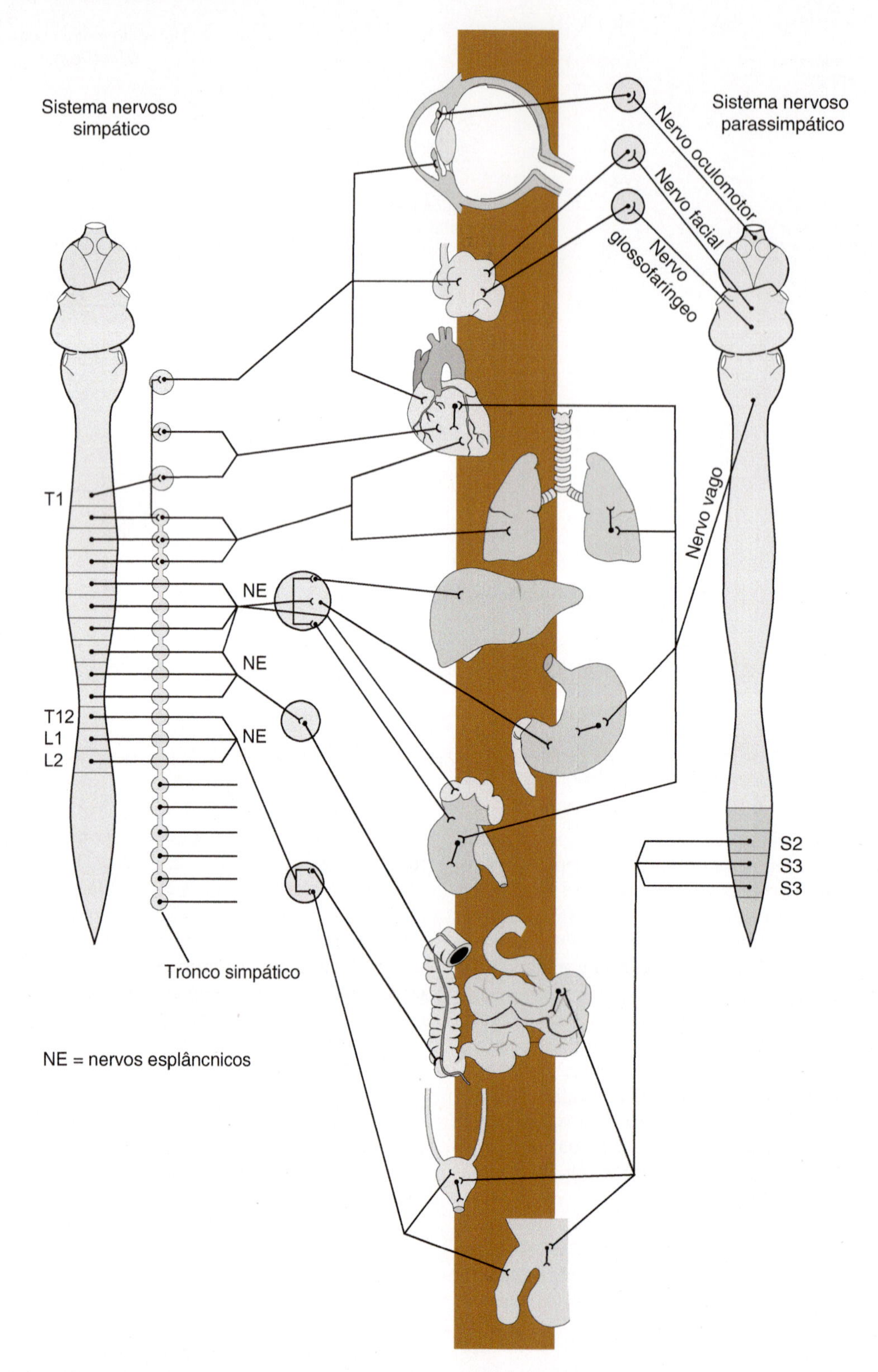

Figura 5.2 Diagrama mostrando as inervações simpática e parassimpática para as principais vísceras do organismo.

medula da glândula suprarrenal (Figura 5.2), estrutura com a mesma origem embriológica dos gânglios simpáticos e cujas células secretam **adrenalina**, substância muito semelhante à noradrenalina. A ativação simpática da medula da suprarrenal leva à liberação de adrenalina na corrente sanguínea, provocando uma ativação generalizada das estruturas inervadas pelo simpático. É o que ocorre na chamada "síndrome de emergência" (situação em que o indivíduo se encontra em perigo iminente e necessita elaborar respostas que garantam sua integridade). Em tais casos, ocorrem respostas simpáticas: o coração se acelera, os brônquios se dilatam e aumenta a frequência respiratória. Além disso, os vasos sanguíneos periféricos e dos intestinos se contraem, desviando o sangue para os músculos esqueléticos (nos quais os vasos sanguíneos se dilatam). Ocorrem, ainda, midríase (dilatação da pupila), paralisação dos movimentos peristálticos intestinais etc.

Quadro 5.1 Principais ações do simpático e parassimpático.

Órgão	Simpático	Parassimpático
Brônquios	Dilatação	Constrição
Coração	Aumento da frequência dos batimentos (taquicardia) Vasodilatação (coronárias)	Diminuição da frequência dos batimentos (bradicardia) Vasoconstrição (coronárias)
Olho	Midríase (dilatação da pupila)	Miose (constrição da pupila)
Fígado	Liberação de glicose (glicogenólise)	Pequena síntese de glicogênio
Medula da suprarrenal	Secreção de adrenalina no sangue	Sem ação
Glândulas lacrimais e salivares	Pequena secreção, vasoconstrição	Secreção abundante e fluida, vasodilatação
Glândulas sudoríparas	Sudorese abundante	Sem inervação
Intestinos	Diminuição do peristaltismo, fechamento dos esfíncteres	Aumento do peristaltismo, abertura dos esfíncteres
Bexiga urinária	Relaxamento	Contração da parede, abertura do esfíncter
Genitais masculinos	Ejaculação	Ereção do pênis
Músculos eretores dos pelos	Piloereção	Sem inervação

O parassimpático atua de maneira diferente. Como os neurônios pós-ganglionares estão na própria parede da víscera, sua ação é, em geral, mais localizada. Por outro lado, ele é importante em momentos em que o organismo dedica-se à assimilação da energia, como fica evidente em suas funções no aparelho digestório. O parassimpático promove, por exemplo, a salivação, a secreção dos sucos digestórios, o aumento do peristaltismo e a abertura dos esfíncteres, ações que possibilitam a utilização do alimento pelo organismo. Todavia, as duas divisões do SNA atuam de maneira sinérgica e não em oposição uma à outra. Predomina em cada momento a divisão cujas ações são as mais eficientes para satisfazer as necessidades imediatas do organismo. Portanto, a atividade autonômica é, em geral, o resultado do funcionamento equilibrado dos dois sistemas, visando à manutenção da homeostase.

Sistema nervoso simpático

A principal estrutura do SN simpático é o **tronco simpático,** constituído por uma série de dilatações, os **gânglios paravertebrais**, ligados entre si por filetes nervosos interganglionares. Ele pode ser visto nos dois lados da coluna vertebral, desde a região cervical até a coluna coccígea, onde ocorre a fusão com o tronco simpático do lado oposto.

Conforme já foi dito, os neurônios pré-ganglionares do simpático situam-se na substância cinzenta da medula (coluna lateral), entre os níveis T1 e L2. A fibra pré-ganglionar sai da medula pela raiz anterior do nervo espinhal e, por meio de um **ramo comunicante** (ramo comunicante branco), chega ao tronco simpático (Figura 5.3). Aí ela irá estabelecer um contato sináptico com um neurônio pós-ganglionar. Isto pode acontecer no mesmo gânglio em que a fibra penetrou ou em gânglios situados acima ou abaixo deste nível (Figura 5.3). O fato de que a fibra pré-ganglionar possa dirigir-se para cima ou para baixo dentro do tronco simpático explica a existência do mesmo em todos os níveis da coluna vertebral, embora os neurônios pré-ganglionares só estejam presentes na medula torácica e lombar.

A fibra pré-ganglionar pode também fazer sinapse com neurônios pós-ganglionares situados em **gânglios pré-vertebrais**, presentes na cavidade abdominal em posição anterior à coluna vertebral. Estes gânglios estão unidos ao tronco simpático pelos **nervos esplâncnicos** (Figuras 5.2 e 5.3).

Os neurônios ganglionares dão origem a fibras pós-ganglionares, as quais podem encaminhar-se diretamente à víscera a ser inervada por meio de um nervo exclusivamente visceral, ou chegar a ela por meio de um nervo espinhal, o qual é acessado por meio de outro ramo comunicante (ramo comunicante cinzento).[3]

A inervação visceral costuma se dar pelos **plexos viscerais**, um emaranhado de fibras nervosas tanto simpáticas quanto parassimpáticas que terminam em contato com as paredes viscerais. Uma situação também comum é a inervação simpática chegar à víscera acompanhando as artérias que a ela se dirigem.

Sistema nervoso parassimpático

Já foi visto que os neurônios pré-ganglionares parassimpáticos podem ser encontrados na medula sacral ou em núcleos do tronco encefálico. As fibras pré-ganglionares sacrais saem pela raiz anterior dos nervos S2, S3 e S4 e, após um curto trajeto, abandonam estes nervos, dirigindo-se às vísceras pélvicas pelos **nervos esplâncnicos pélvicos**, que participam da formação de plexos viscerais naquela cavidade corporal. A sinapse com os neurônios pós-ganglionares é feita na própria parede da víscera a ser inervada (Figura 5.2).

Os neurônios pré-ganglionares da divisão cranial do parassimpático encontram-se no tronco encefálico, em "núcleos" que dão origem a fibras nervosas que sairão pelos nervos cranianos oculomotor, facial, glossofaríngeo e vago. Os três primeiros inervarão estruturas viscerais situadas na cabeça, e as sinapses com os neurônios pós-ganglionares ocorrem em gânglios parassimpáticos que são visíveis macroscopicamente (Quadro 5.2 e Figura 5.2). Já o nervo vago se encarrega da inervação parassimpática das vísceras torácicas e abdominais, encerrando em si mesmo fibras pré-ganglionares, pois a sinapse com os neurônios pós-ganglionares será feita na própria parede das vísceras, fato já mencionado.

[3] O ramo comunicante branco é assim chamado por conter as fibras pré-ganglionares, que são mielínicas. As fibras pós-ganglionares, amielínicas, retornam aos nervos pelo ramo comunicante cinzento. Contudo, a olho nu, não se percebem diferenças entre os dois ramos, nem durante um ato cirúrgico nem em peças anatômicas.

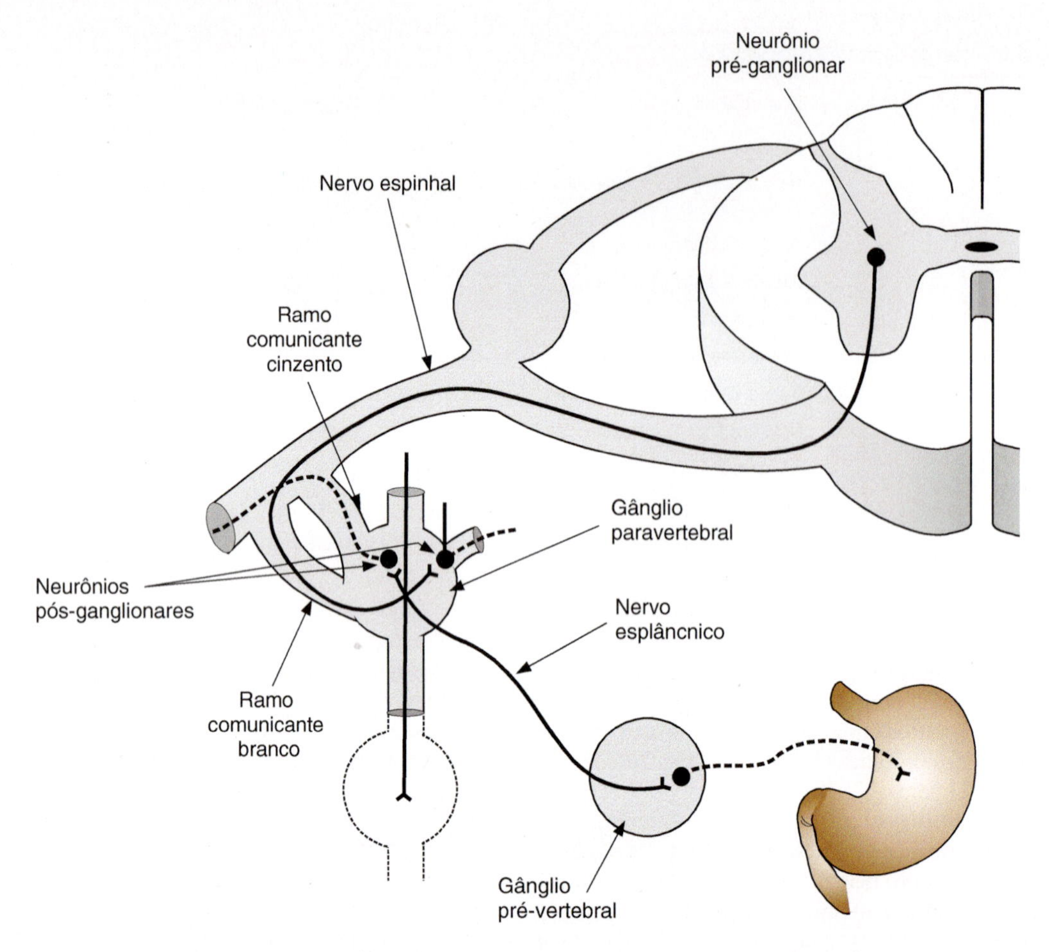

Figura 5.3 Trajeto das fibras do sistema nervoso simpático, em visão esquemática.

Quadro 5.2 Parassimpático craniano.

	Núcleo (neurônio pré-ganglionar)	Gânglio (neurônio pós-ganglionar)	Órgão inervado
Nervo oculomotor	N. Edinger-Westphal	Ciliar	Músculo esfíncter da pupila/músculo ciliar (olho)
Nervo facial	N. salivatório superior	Submandibular	Gl. salivares sublingual e submandibular
Nervo glossofaríngeo	N. salivatório inferior	Ótico	Gl. salivar parótida
Nervo vago	N. motor do vago	Parietais, nas vísceras torácicas e abdominais	Vísceras torácicas e abdominais

Outras considerações

O conhecimento da anatomia e da fisiologia do SNV é importante não só para a compreensão dos processos envolvidos no controle do meio interno, mas também para o entendimento e a correção dos distúrbios decorrentes de sua disfunção. Convém lembrar que o SNA é mobilizado nos estados emocionais. As emoções são comumente percebidas pelas respostas periféricas: o acelerar do coração; a contração ou dilatação dos vasos periféricos (levando a pessoa a tornar-se pálida ou enrubescida); o suor frio das mãos; a erupção das lágrimas etc. Os centros nervosos envolvidos no controle autonômico fazem parte de circuitos mais amplos, responsáveis pela regulação emocional.

Na vida moderna, os indivíduos estão submetidos a condições ambientais bastante diferentes daquelas em que a espécie humana evoluiu. Daí, decorre que muitos dos mecanismos desenvolvidos pela natureza para serem adaptativos e protegerem o organismo podem tornar-se prejudiciais, devido à sua ativação de modo constante e inadequado. Um indivíduo submetido a situações de estresse prolongado, com a consequente mobilização do SNA, pode desenvolver doenças com manifestações viscerais, como hipertensão arterial, asma brônquica, colite ulcerativa etc.

6

Medula Espinhal

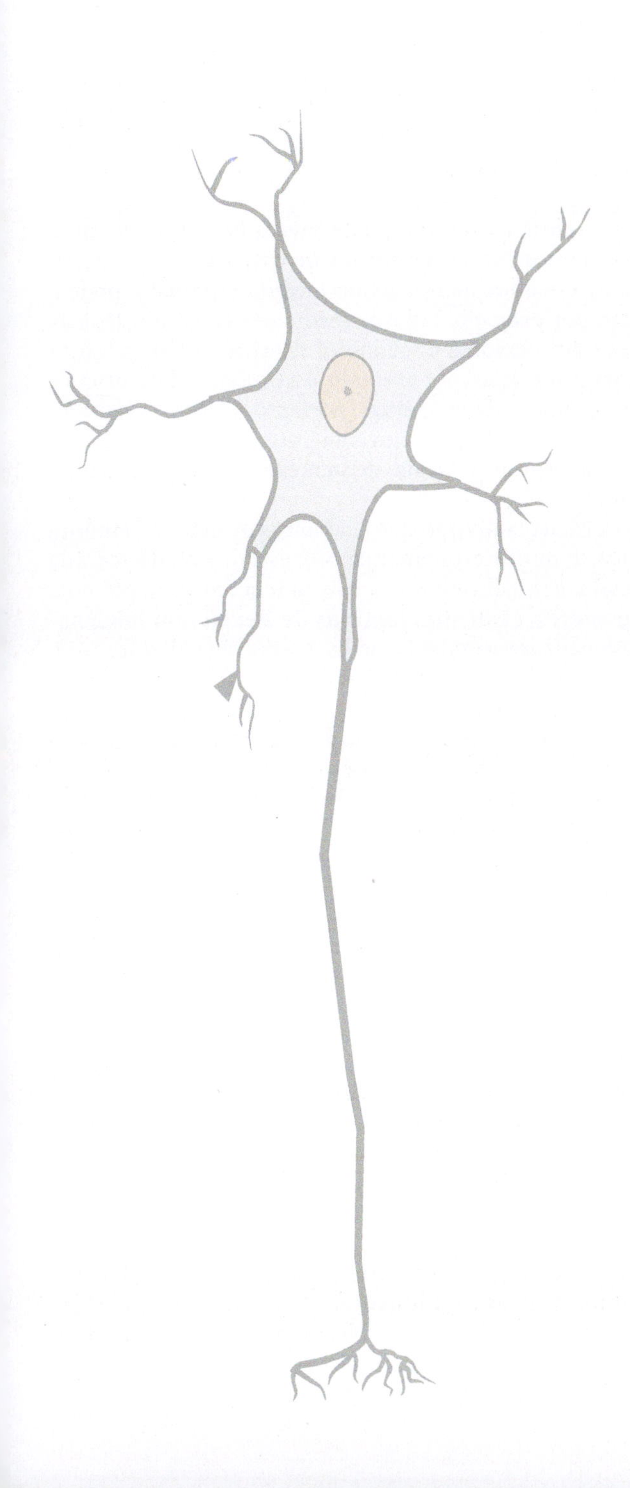

Generalidades

Na medula espinhal, como nas demais estruturas do SNC, existe uma região em que predominam os corpos de neurônios, a **substância cinzenta**, e uma região em que há predomínio de fibras mielinizadas, a **substância branca**. Em um corte transversal, a substância cinzenta pode ser vista internamente (com uma forma que lembra a letra H), enquanto a substância branca se dispõe externamente (Figura 6.1). Vamos examinar separadamente essas duas regiões, começando pela substância cinzenta.

Substância cinzenta da medula espinhal

Divisão

Em um sentido anteroposterior, podemos dividir a substância cinzenta da medula espinhal em três partes. Como pode ser visto na Figura 6.1, distinguimos, em primeiro lugar, as **colunas anteriores** (ou **ventrais**), para, logo em seguida, localizarmos as **colunas posteriores** (ou **dorsais**) e, entre elas, a **substância cinzenta intermédia**. Se retomarmos a imagem da letra H, as primeiras colunas constituirão seus traços inferiores, as segundas seus traços superiores e a última ocupa, finalmente, a barra transversal daquela letra.

O termo "coluna" se aplica, porque, se imaginarmos a medula tridimensionalmente nestes locais, teremos, na verdade, colunas de células. As colunas anteriores e posteriores são também chamadas, respectivamente, de **cornos ventral** e **dorsal**, pelo aspecto apresentado quando examinamos a medula em corte transversal.

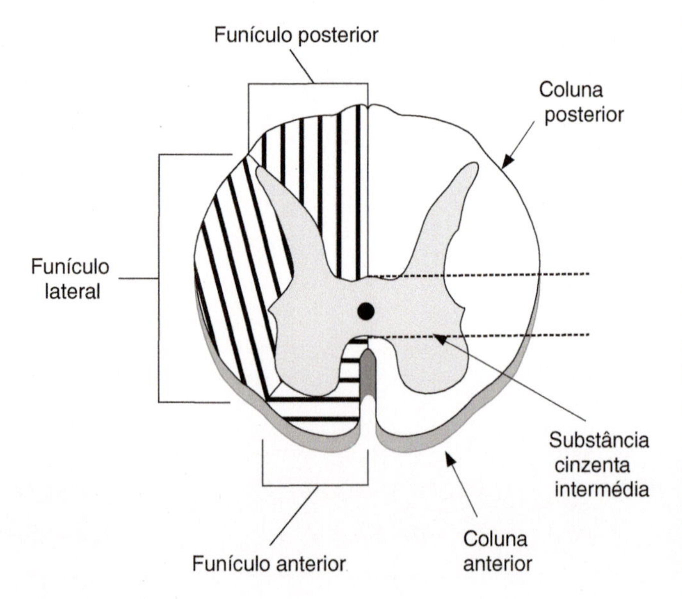

Figura 6.1 Visão esquemática de corte transversal da medula espinhal, mostrando à esquerda as divisões da substância branca e à direita as divisões da substância cinzenta.

Essa divisão anatômica tem certa correspondência com a disposição funcional dos neurônios encontrados nas três diferentes regiões. Assim sendo, na coluna anterior predominam os **neurônios motores**, ou **motoneurônios**, cujos axônios se dispõem na raiz ventral dos nervos espinhais e inervam os músculos somáticos de todo o corpo (Figura 6.2).

Dentro da coluna anterior, delimitamos dois grupos importantes de neurônios motores. O **grupo ventromedial** é constituído por motoneurônios que, como o nome do grupo indica, dispõem-se mais medialmente, além de inervarem a musculatura axial do corpo, ou seja, a musculatura do tronco e do pescoço. O **grupo dorsolateral**, constituído por motoneurônios situados mais lateralmente na coluna anterior, inerva a musculatura apendicular, ou seja, a musculatura dos membros (Figura 6.3).

Na coluna posterior, predominam os chamados **neurônios de segunda ordem** das vias sensoriais. Eles recebem as terminações de neurônios sensoriais que penetram pela raiz dorsal dos nervos espinhais, dando origem, por sua vez, a fibras que se dispõem na substância branca da medula, levando informações aos níveis mais altos do SNC (Figura 6.2).

Já na substância cinzenta intermédia há um predomínio de **interneurônios** ou **neurônios de associação**, que participam de circuitos neuronais da medula espinhal e podem integrar, por exemplo, reflexos medulares (Figura 6.2). Esta distribuição funcional é, contudo, relativa e existem várias exceções. Uma delas, por exemplo, é a presença de neurônios pré-ganglionares do simpático (portanto neurônios motores viscerais) na substância cinzenta intermédia, mais exatamente nas **colunas laterais**, existentes na medula torácica e lombar alta.

Na verdade, a divisão que acabamos de estudar, embora didática, é muito esquemática. Os estudiosos da medula espinhal costumam dividir a substância cinzenta em porções menores, chamadas **lâminas de Rexed** (em homenagem ao neuroanatomista que as descreveu) (Figura 6.3). Esta divisão foi feita de acordo com a forma e o tamanho dos neurônios encontrados em cada região, ou seja, de acordo com a citoarquitetura de cada região. Na classificação de Rexed, localizações funcionais mais precisas podem ser feitas. Os motoneurônios somáticos, por exemplo, se localizam na lâmina IX.

Tipos de neurônios medulares

A partir do que já foi dito anteriormente, fica evidente que, na medula espinhal, podem ser encontrados diferentes tipos de neurônios, como: a) **neurônios motores**, somáticos e viscerais, cujos axônios deixam a medula pelas raízes ventrais dos nervos espinhais (Figura 6.2); b) **neurônios de segunda ordem** das vias sensoriais, que recebem informações que vêm pela raiz dorsal dos nervos espinhais e cujos axônios se dirigem para regiões supramedulares, pela substância branca da medula; e c) **interneurônios** (**neurônios de associação**), que podem ter axônios curtos ou longos. Os de axônio curto participam de reflexos e circuitos locais da medula (Figura 6.2), enquanto os de axônio longo farão a conexão entre diferentes segmentos da medula. Neste caso, seus axônios irão se dispor na substância branca da medula por uma certa distância (Figura 6.4).

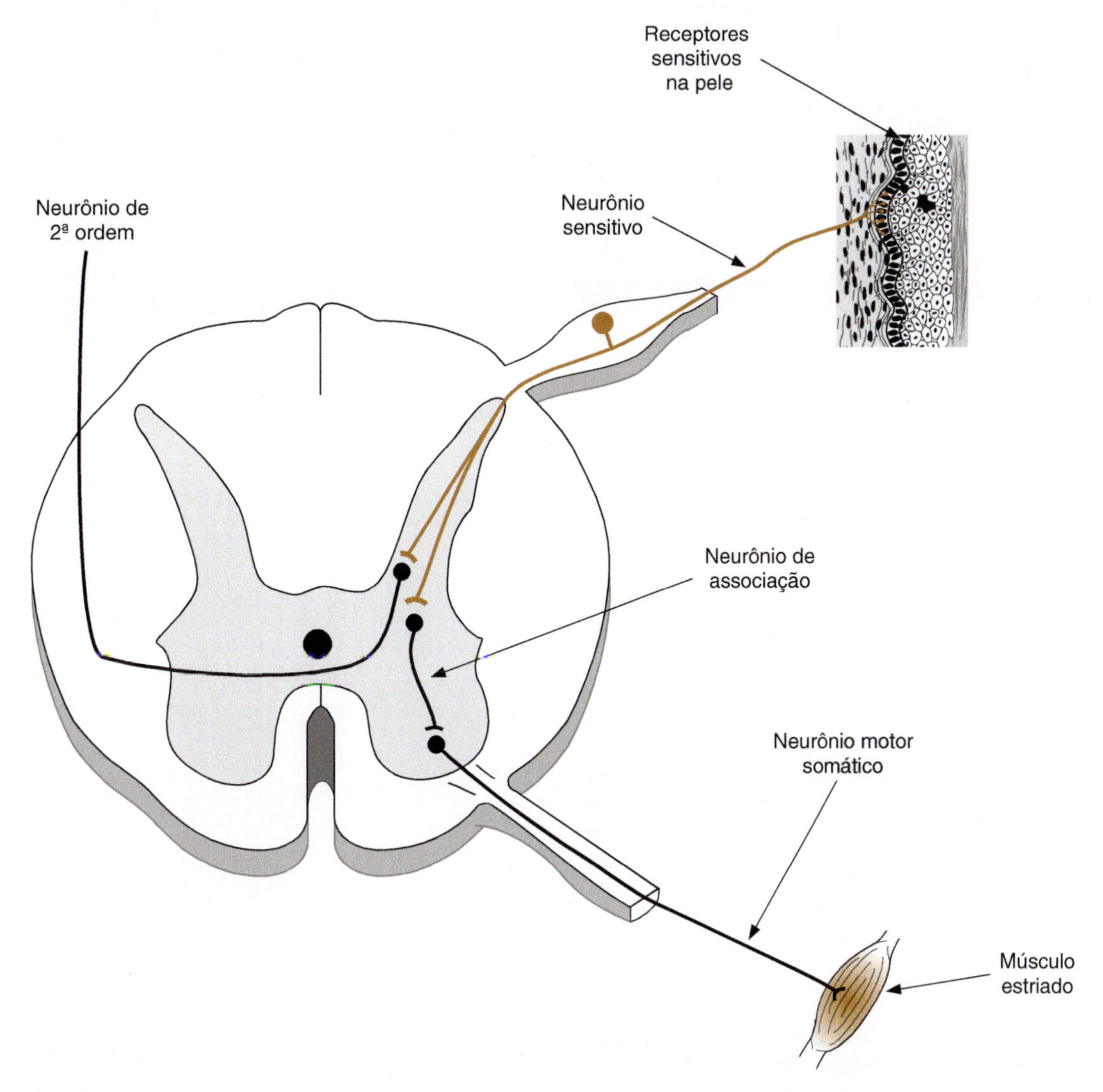

Figura 6.2 Os principais tipos de neurônios encontrados na medula espinhal, em visão esquemática. A figura mostra, ainda, a base morfológica do *reflexo de retirada*, que envolve três neurônios (*sensorial*, *de associação* e *motor*). Um estímulo nocivo na pele de um membro dá início ao processo, provocando a contração da musculatura flexora e fazendo com que ele se retraia.

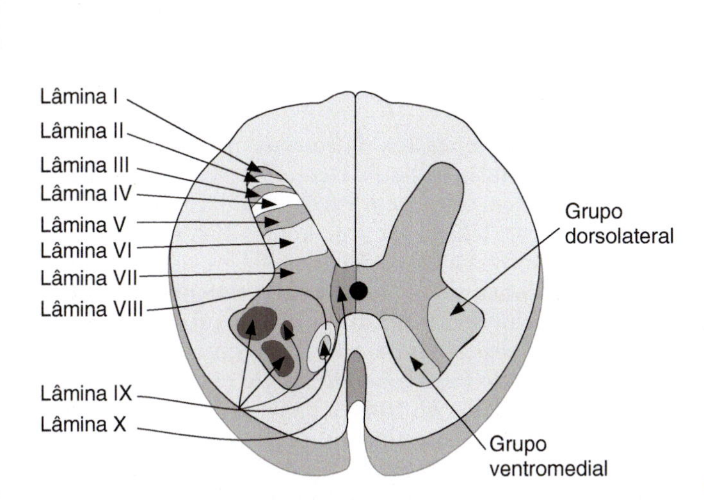

Figura 6.3 Organização de substância cinzenta da medula espinhal. À esquerda, observam-se as *lâminas de Rexed*, enquanto à direita é mostrada a localização dos dois principais grupos de motoneurônios somáticos.

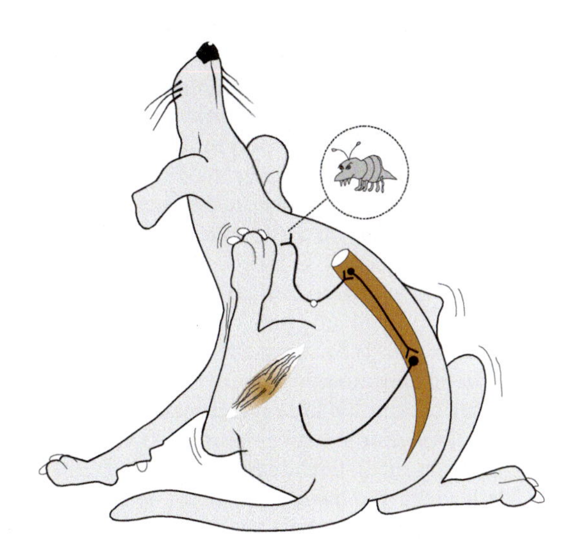

Figura 6.4 Visão esquemática do "reflexo de coçar" no cão. Um parasito localizado na pele do dorso do animal excita receptores ligados a um neurônio sensorial, cujo prolongamento penetra na medula e faz sinapse com um interneurônio. Este dirige-se a segmentos caudais da medula e liga-se a um motoneurônio que inerva a musculatura do membro posterior, possibilitando o reflexo de coçar.

Substância branca da medula espinhal

Divisão

A substância branca da medula pode ser dividida, de cada lado, em três funículos: **funículos anterior**, **lateral** e **posterior** (Figura 6.1). Como vimos, estes funículos podem ser visualizados na superfície externa da medula (Capítulo 3) e são separados entre si pelos sulcos longitudinais que percorrem toda a sua extensão.

Cada funículo contém diversos feixes de fibras (*funículo* é o diminutivo de *funis,* que em latim significa "corda") que conduzem impulsos nervosos em sentido descendente ou ascendente. No interior do SNC, as fibras de mesma origem, mesmo destino e mesma função estão geralmente agrupadas em feixes, que podem ser identificados por meio de técnicas neuroanatômicas. Esses feixes são chamados de **tratos** (ou **fascículos**) e costumam ser denominados de acordo com a origem e o destino das fibras que contêm.

Alguns desses feixes começam e terminam na própria medula, sendo constituídos, então, pelas chamadas **fibras de associação**. Outros têm origem supramedular e terminam na medula, ou têm origem na medula e terminam em níveis acima dela; tais feixes são constituídos, portanto, por **fibras de projeção**, pois elas se projetam para fora da sua estrutura de origem. Examinaremos, a princípio, os feixes ou tratos de projeção (descendentes e ascendentes) e, em seguida, os tratos de associação.

Tratos descendentes (ou motores)

Os principais feixes de fibras descendentes na medula espinhal da espécie humana são os **tratos corticoespinhais.** Como o próprio nome indica, estes feixes começam no córtex cerebral e terminam na medula espinhal. A Figura 6.5 mostra a formação desses tratos. Os corpos dos neurônios estão presentes no córtex motor e seus axônios formam um feixe descendente que, no tronco encefálico, constituirá as pirâmides do bulbo. Nessa região, a maior parte das fibras cruza para o outro lado, na região conhecida como **decussação das pirâmides**.

A partir daí, a maioria das fibras atinge o funículo lateral da medula, formando o **trato corticoespinhal lateral**. Suas fibras terminam em sinapses com os neurônios motores da coluna anterior, que inervarão a musculatura estriada esquelética.

Algumas fibras vindas do córtex não se cruzam ao nível da decussação das pirâmides e se dispõem no funículo anterior da medula, formando o **trato corticoespinhal anterior**. Essas fibras também terminam em contato com neurônios motores da coluna anterior do lado contralateral, pois se cruzam um pouco antes de sua terminação (Figura 6.5).

O **trato corticoespinhal lateral** tem mais fibras que o trato corticoespinhal anterior, é mais importante e encontrado em todos os níveis da medula, enquanto o trato corticoespinhal anterior desaparece na medula torácica. Esses dois tratos são motores e responsáveis pela realização dos movimentos voluntários. Ambos os tratos se cruzam, possibilitando ao córtex cerebral do lado esquerdo controlar a musculatura do lado direito, enquanto o hemisfério direito controla a musculatura do lado esquerdo. Como os tratos corticoespinhais passam pelas pirâmides do bulbo, são chamados de **feixes piramidais**.

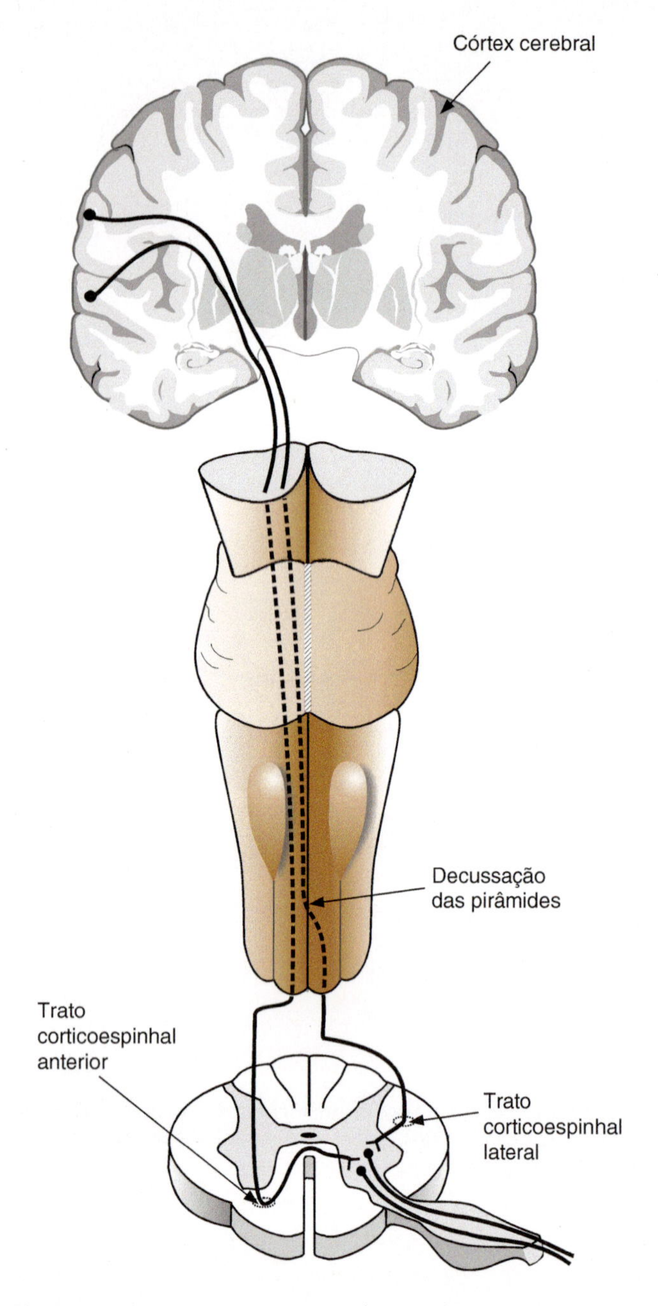

Figura 6.5 A origem, o trajeto e o destino dos tratos corticoespinhais.

Existem outros feixes descendentes na medula que não passam pelas pirâmides bulbares. Dentre estes, são importantes três tratos que têm origem em estruturas do tronco encefálico e daí descem para influenciar os neurônios motores da medula. A Figura 6.6 mostra a formação desses feixes, que são: os **tratos rubroespinhal**, **vestibuloespinhal** e **reticuloespinhal**. O trato rubroespinhal tem início no núcleo rubro, situado no mesencéfalo, e suas fibras são encontradas no funículo lateral da medula. O **trato vestibuloespinhal** tem origem nos núcleos vestibulares, na altura do bulbo e da ponte, sendo suas fibras encontradas no funículo anterior. O trato reticuloespinhal é formado por axônios de neurônios da formação reticular do tronco encefálico (Capítulo 8) e é um feixe descendente, principalmente no funículo anterior. Todos esses tratos são importantes no controle da motricidade e do tônus muscular, e suas fibras geralmente terminam em contato com interneurônios que irão, por sua vez, ligar-se a neurônios motores.

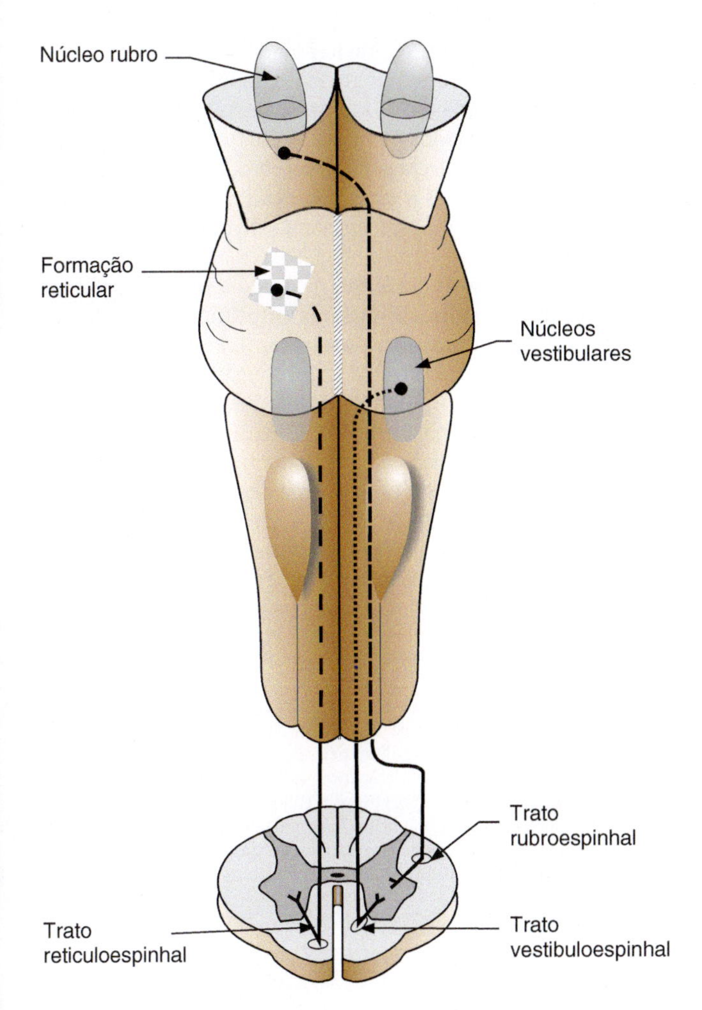

Figura 6.6 A origem, o trajeto e o destino dos tratos rubroespinhal, reticuloespinhal e vestibuloespinhal.

Interessante notar que os tratos vestibuloespinhal, **reticuloespinhal** e corticoespinhal **anterior** influenciam, preferencialmente, os neurônios situados mais medialmente na coluna anterior, ou seja, aqueles que irão atuar sobre a musculatura axial do corpo (tronco e pescoço). Por outro lado, as fibras do trato rubroespinhal e corticoespinhal lateral influenciam, preferencialmente, os neurônios do grupo lateral, que controlam a musculatura apendicular (braços e pernas).

Além dos tratos descendentes acima referidos, há outros, não mencionados por serem menos importantes ou terem função pouco esclarecida. Existem, por exemplo, fibras que influenciarão os neurônios motores viscerais, ou outras, que se dirigirão às colunas posteriores, tendo a função de regular ou inibir a entrada das informações sensoriais.

Tratos ascendentes

Os tratos ascendentes são formados por fibras que levarão às estruturas nervosas situadas acima da medula as informações sensoriais: dor, temperatura, pressão, tato e propriocepção. Essas informações, como já vimos, penetram na medula por meio de neurônios sensoriais situados na raiz posterior dos nervos espinhais.

Os neurônios sensoriais, cujo pericário se localiza nos gânglios espinhais, têm um prolongamento periférico, ligado a um receptor, e um prolongamento central, que penetra na medula pela raiz posterior dos nervos espinhais. O prolongamento central se bifurca no interior da medula, dando origem a um ramo ascendente e a outro descendente, que estabelecerão contatos com neurônios situados em vários segmentos medulares. Fibras conduzindo informações de diferentes modalidades sensoriais têm diferentes destinações na medula e contribuirão para a formação de diferentes tratos que estudaremos a seguir.

As sensações de dor, temperatura, pressão e tato sobem pela medula em um trato chamado **espinotalâmico**, que, como o nome indica, tem início na medula e termina no tálamo (Figura 6.7). Pequenos neurônios situados nos gânglios espinhais trazem estas informações originadas em receptores periféricos e as conduzem até células nervosas localizadas na coluna posterior. Estas, então, dão origem a axônios que tomam uma direção anterior, cruzam a linha média e infletem-se cranialmente, subindo pela medula nos funículos anterior e lateral. As fibras relacionadas com dor e temperatura têm posição mais lateral, enquanto as fibras relacionadas com pressão e tato têm posição mais anterior. Por isso mesmo, alguns autores consideram a existência de dois tratos, denominados, respectivamente, **espinotalâmicos lateral** e **anterior**.

Com relação à sensibilidade dolorosa, é sabido que neurônios situados em diferentes posições na coluna posterior recebem as informações nociceptivas. Alguns desses neurônios enviam fibras que terminarão em núcleos talâmicos, enquanto outros enviam seus axônios para núcleos da formação reticular.

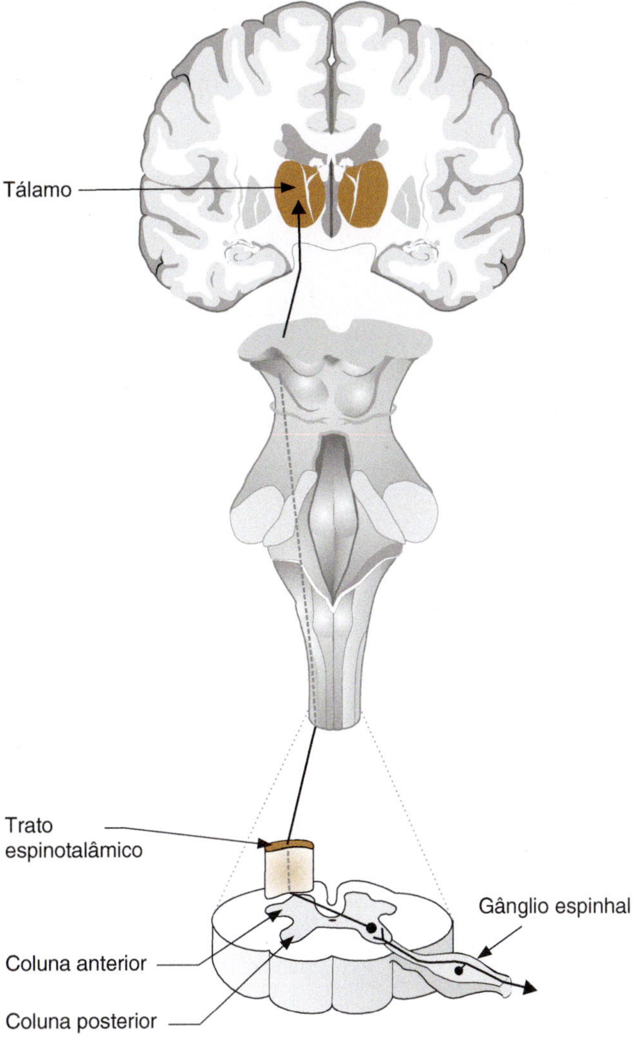

Figura 6.7 A formação do trato espinotalâmico.

Estudaremos as vias para a dor com mais detalhes no Capítulo 15, mas aqui nos interessa registrar que, junto com as fibras do trato espinotalâmico, sobem também fibras **espinorreticulares**. É importante lembrar que, como a maioria dos axônios que formam o trato espinotalâmico se cruza na medula, o hemisfério direito recebe as informações vindas do lado esquerdo do corpo e vice-versa. Por isso, uma lesão medular unilateral prejudicará a sensibilidade térmica e dolorosa do lado oposto.

As informações relacionadas com a propriocepção consciente, a sensibilidade vibratória e o tato discriminativo sobem no funículo posterior da medula pelos **fascículos grácil** e **cuneiforme**. A formação desses fascículos é diferente da formação do trato espinotalâmico, já estudada. O próprio prolongamento central do neurônio sensorial, depois de penetrar pela raiz posterior dos nervos espinhais, ganha o funículo posterior e aí se dirige ao bulbo (Figura 6.8).

Não há sinapse com neurônios medulares (a não ser por meio dos colaterais, que integrarão reflexos na medula), nem cruzamento para o outro lado: as informações são conduzidas no mesmo lado em que tiveram origem, ou seja, na **medula ipsilateral**. As fibras que integram esses fascículos são espessas e a velocidade de condução é, portanto, alta. O fascículo grácil recebe fibras que chegam à medula com as informações originadas desde os níveis mais baixos do corpo até o nível torácico. Já o fascículo cuneiforme recebe as fibras que penetram nos níveis torácicos altos e na região cervical. Dessa maneira, uma lesão do fascículo grácil em um dos lados da medula fará com que o indivíduo tenha prejuízo do tato discriminativo, da sensibilidade vibratória e da propriocepção na perna e no tronco, ipsilateralmente. Já uma lesão no fascículo cuneiforme provoca a mesma sintomatologia na região do membro superior. Os fascículos grácil e cuneiforme terminam nos núcleos de mesmo nome, situados no bulbo. A partir daí, será formado novo feixe de fibras que chegará ao cérebro, possibilitando que as informações relativas à propriocepção consciente, à sensibilidade vibratória e ao tato discriminativo se tornem conscientes.

Dois outros tratos ascendentes da medula merecem a nossa atenção: os **tratos espinocerebelares anterior** e **posterior**, que conduzem propriocepção inconsciente. A Figura 6.9 mostra que na formação desses tratos o prolongamento central do neurônio sensorial, ao penetrar na medula, faz sinapse com um neurônio na coluna posterior. O axônio deste neurônio ganha o funículo lateral do mesmo lado, infletindo-se cranialmente para formar o trato espinocerebelar posterior.[1]

Como o nome deste trato indica, estas fibras dirigem-se ao cerebelo e a informação que elas conduzem não se tornará, então, consciente, já que não chegará até o córtex cerebral. A

[1] A formação do trato espinocerebelar anterior é semelhante, apenas as fibras são geralmente cruzadas, ou seja, os axônios dos neurônios da coluna posterior cruzam a linha média e sobem pela metade contralateral da medula. Contudo, essas mesmas fibras "descruzam-se" antes de atingirem o cerebelo e terminam no hemisfério cerebelar ipsilateral ao seu ponto de origem. Pelo trato espinocerebelar anterior, viajam informações exteroceptivas, além das proprioceptivas. Estas informações serão usadas no cerebelo para o controle da motricidade e para suas interações com estruturas cerebrais.

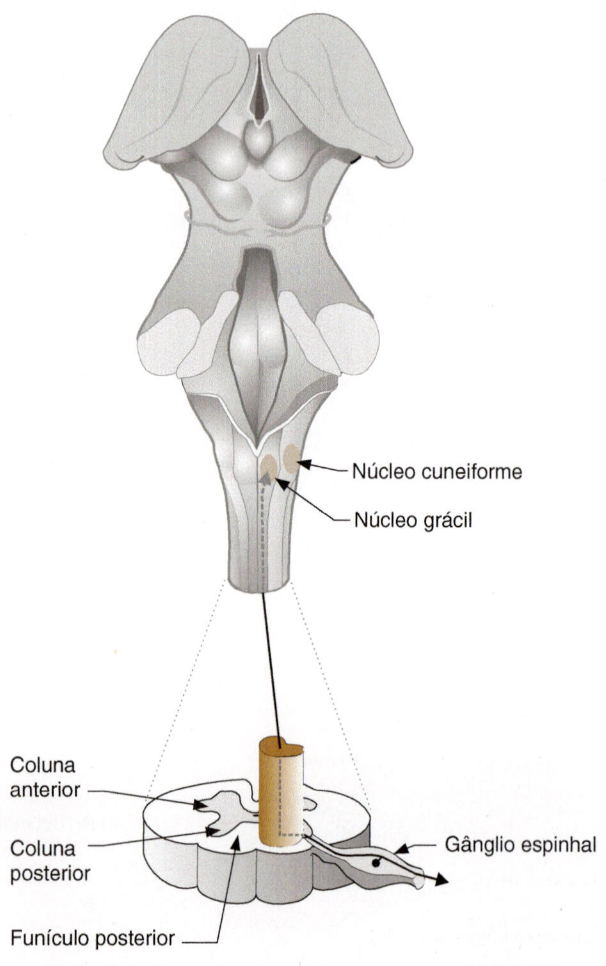

Figura 6.8 A formação dos fascículos grácil e cuneiforme.

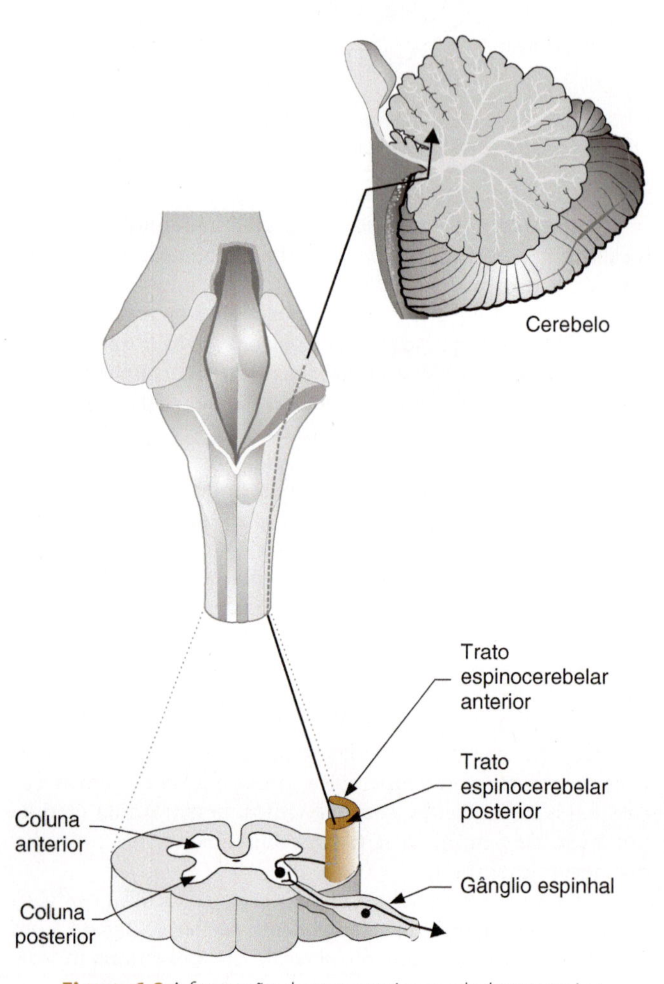

Figura 6.9 A formação do trato espinocerebelar posterior.

propriocepção que sobe pelos tratos espinocerebelares será utilizada para o controle automático da motricidade, uma das funções do cerebelo (mais sobre o cerebelo, veja Capítulo 9). E, apesar de existirem na medula outros tratos ascendentes, a eles não faremos menção, por serem menos importantes.

Tratos de associação

Além dos tratos descendentes e ascendentes contendo fibras de projeção, existem na medula feixes constituídos por fibras de associação, ou seja, estes tratos associam diversos níveis da medula espinhal entre si e viabilizam a ocorrência de reflexos, como, por exemplo, o "**reflexo de coçar**" (Figura 6.4). Embora vários destes tratos sejam bem delimitados e tenham denominação própria, também não trataremos deles com esse nível de detalhe.

Considerações funcionais

Na medula espinhal, há um grande número de feixes de fibras nervosas que ligam diferentes porções da medula entre si e esta com estruturas supramedulares. Pelos tratos descendentes, os neurônios medulares recebem influências de estruturas mais rostrais. Por sua vez, a medula influencia estruturas situadas acima dela, por meio dos tratos ascendentes. A medula espinhal atua, portanto, como um importante órgão de passagem para a integração sensoriomotora.

Além disso, a medula tem importante função como órgão integrador de reflexos, tanto viscerais quanto somáticos. Muitos deles são observáveis em nosso cotidiano e sua pesquisa, no exame clínico, pode trazer informações importantes sobre o funcionamento normal ou patológico do SNC. A título de exemplo, pode ser citado o **reflexo patelar** (Capítulo 2) (Figura 6.10). Outro reflexo espinhal importante é o "**reflexo de retirada**", observado quando um estímulo nocivo é aplicado à pele de um dos membros e tem como consequência a contração da musculatura flexora, possibilitando a rápida retirada do membro afetado. A Figura 6.2 ilustra a base neuronal deste reflexo. Note que ele envolve três neurônios: um sensorial (ligado ao receptor periférico), um neurônio de associação e um neurônio motor, cujo axônio se dirige à musculatura.

Lesões da medula espinhal afetam, naturalmente, seu funcionamento, provocando sinais característicos que ajudam a compreender as funções desse órgão. Uma transecção da medula, por exemplo, acarretará perda da sensibilidade e paralisia completa nas regiões do corpo situadas abaixo do nível da lesão. Esses sintomas ocorrem por causa da interrupção dos feixes de fibras que conduzem as informações que transitam da medula para centros supramedulares e daqueles para a medula, trazendo instruções vindas de estruturas encefálicas. Por outro lado, quando a medula é seccionada, passado um período inicial de arreflexia, reaparecem os reflexos integrados na mesma, inclusive alguns que estavam obscurecidos pelo controle exercido pelos centros supramedulares. Como exemplo, os reflexos que promovem o esvaziamento do reto e da bexiga, que estão sob comando voluntário a partir de certo estágio do desenvolvimento, reaparecerão no paciente com lesão medular, quando esses órgãos passam novamente a expulsar seus conteúdos automaticamente, sempre que estejam repletos.

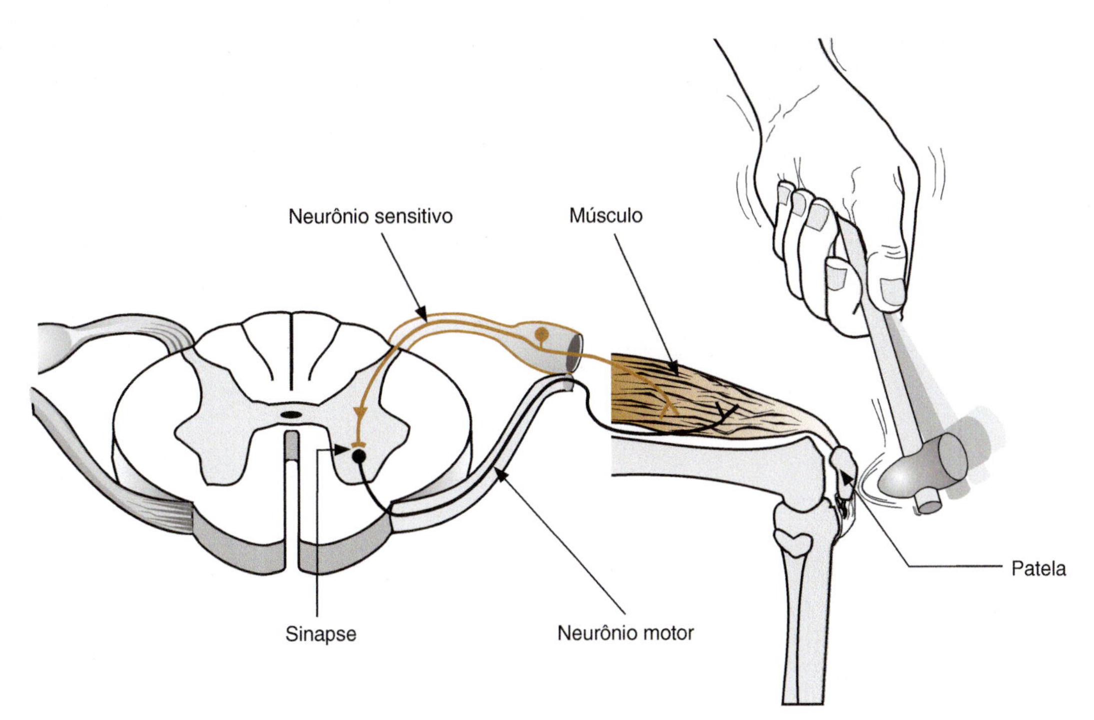

Figura 6.10 O reflexo patelar, em visão esquemática.

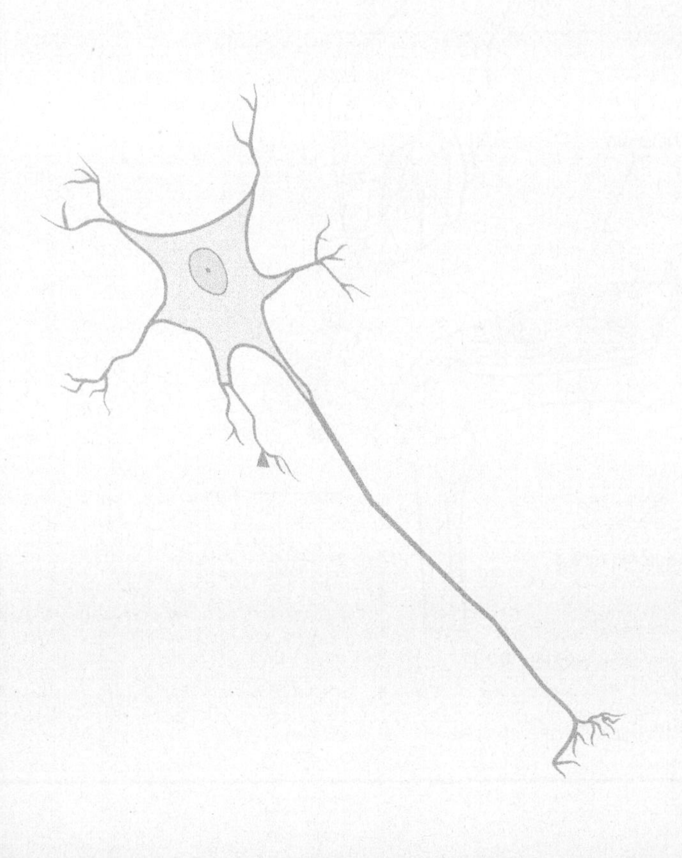

7

Tronco Encefálico

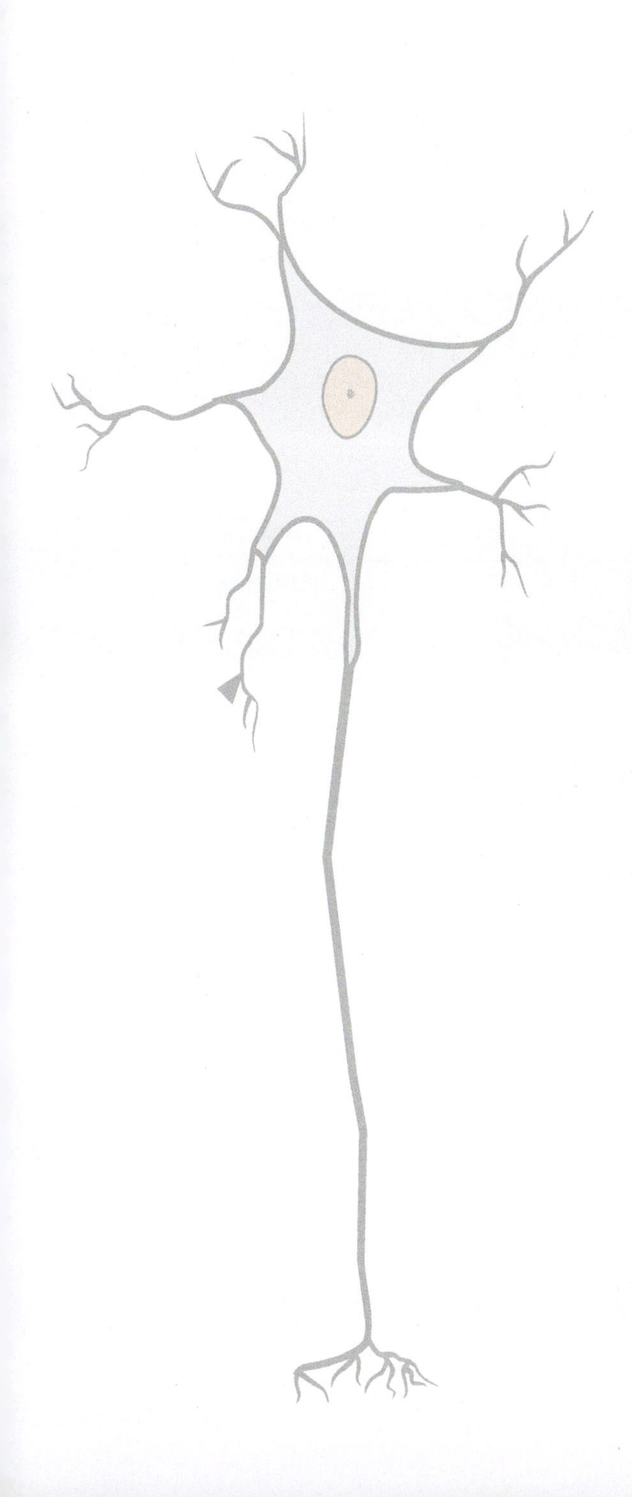

Generalidades

No tronco encefálico, da mesma maneira que na medula espinhal, a substância cinzenta dispõe-se internamente em relação à substância branca. Porém, enquanto na medula a substância cinzenta é contínua em toda a sua extensão (e tem em cortes transversais uma forma característica, semelhante à letra H), a do tronco encefálico é fragmentada transversal e longitudinalmente, originando muitos "núcleos", ou seja, a **agrupamentos neuronais**, que são distintos nas diferentes regiões dessa estrutura. Chamamos aqui de "núcleos" a áreas de substância cinzenta envolvidas por substância branca no interior do SNC, enquanto denominamos "gânglios" aos grupamentos neuronais localizados no SNP.

Alguns desses núcleos no tronco encefálico têm relação com os nervos cranianos, isto é, são constituídos por neurônios motores cujos axônios irão formar aqueles nervos ou são os locais em que terminam as fibras de nervos cranianos com função sensorial. Por isso, esses núcleos são chamados de **núcleos de nervos cranianos**. Outros núcleos encontrados no tronco encefálico que não mantêm relações com os nervos cranianos são os chamados **núcleos próprios do tronco encefálico**.

Em toda a extensão do tronco encefálico, encontramos, ainda, regiões constituídas por um emaranhado de células e fibras nervosas, com uma estrutura intermediária entre as substâncias branca e cinzenta. Estas áreas são conhecidas, em conjunto, pelo nome de **formação reticular** e serão estudadas no próximo capítulo.

Substância cinzenta do tronco encefálico

Núcleos de nervos cranianos

Os núcleos que dão origem às fibras motoras ou que recebem as fibras sensoriais dos nervos cranianos são encontrados aos pares, ou seja, em ambos os lados de todas as regiões do tronco encefálico: no bulbo, na ponte e no mesencéfalo. De

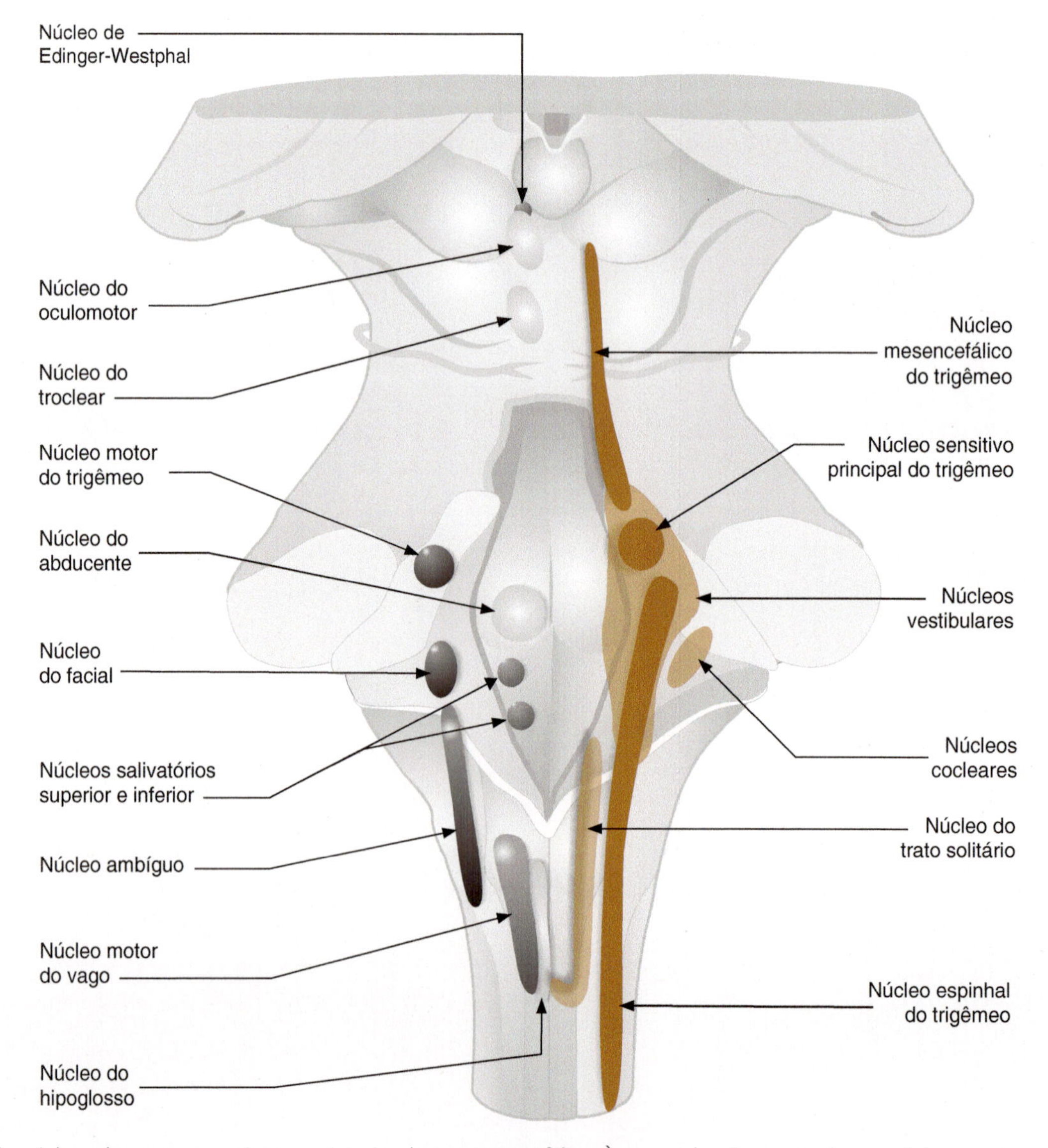

Figura 7.1 Os núcleos dos nervos cranianos no interior do tronco encefálico. À esquerda, são mostrados os núcleos motores e, à direita, os núcleos com função sensorial.

maneira geral, os núcleos motores se localizam mais medialmente e os de função sensorial se localizam em posições mais laterais (Figura 7.1). Estudaremos estes núcleos em um sentido craniocaudal, ou seja, começando no mesencéfalo e descendo em direção ao bulbo.

O primeiro nervo craniano que nasce do tronco encefálico é o terceiro par craniano, o **nervo oculomotor**. Este nervo tem origem, de cada lado, em um núcleo situado no mesencéfalo, ao nível do colículo superior: o **núcleo do oculomotor** (Figuras 7.1 e 7.7).

Em um corte transversal, observamos esses núcleos bem próximo à linha média, em situação ventral ao aqueduto cerebral. Neles, encontramos os neurônios cujos axônios formarão o nervo oculomotor.

Ainda no mesencéfalo, em posição semelhante ao núcleo que acabamos de estudar, mas, ao nível do colículo inferior, encontra-se o **núcleo do troclear**, que dá origem ao quarto par craniano, o **nervo troclear**, que, como sabemos, participa da movimentação do globo ocular.

O nervo trigêmeo, quinto par craniano, responsável pela sensibilidade somática da região da cabeça, tem um grande núcleo sensorial, que ocupa toda a extensão do tronco encefálico e está subdividido em três partes, ou núcleos distintos. O mais rostral é o **núcleo mesencefálico do trigêmeo**, no qual chegam as informações proprioceptivas; na ponte encontra-se o **núcleo principal do trigêmeo**, que recebe as sensações de tato e pressão e, por fim, no bulbo, existe o **núcleo espinhal do trigêmeo**, que recebe as fibras que conduzem as sensações de dor e de temperatura. O nervo trigêmeo tem ainda outro núcleo, situado na ponte, no qual se encontram os neurônios que inervarão a musculatura mastigadora: o **núcleo motor do trigêmeo** (Figuras 7.1 e 7.7).

O sexto par craniano, nervo abducente, tem origem em um núcleo situado na ponte, conhecido como **núcleo do abducente**. Dele, partem fibras que inervam o músculo reto lateral da órbita.

Ainda na ponte, localizado mais profundamente, está o **núcleo do facial**, que dá origem às fibras que formam o **nervo facial** (sétimo par craniano) e são responsáveis pela inervação da musculatura mímica. Mais caudalmente, encontramos os **núcleos cocleares** e, estendendo-se até a porção rostral do bulbo, os **núcleos vestibulares**. Esses núcleos recebem fibras do oitavo par craniano, o **nervo vestibulococlear**. Os núcleos cocleares são dois de cada lado e estão relacionados com a audição. Os núcleos vestibulares são quatro de cada lado e recebem as fibras vestibulares, com origem no labirinto do ouvido interno e importantes na manutenção do equilíbrio corporal. Os núcleos vestibulares têm ainda conexões recíprocas com o cerebelo e dão origem a um trato descendente para a medula, o **trato vestibuloespinhal**.

No bulbo, está situado também o **núcleo ambíguo**, um núcleo motor responsável pela inervação dos músculos da laringe e da faringe. Este núcleo tem neurônios cujos prolongamentos contribuirão para a formação de três nervos cranianos: **os nervos glossofaríngeo** (nono), **vago** (décimo) e **acessório** (décimo primeiro).

Outro núcleo bulbar relacionado com mais de um nervo craniano é o **núcleo do trato solitário** (Figuras 7.1 e 7.7), que recebe fibras no nervo facial (sétimo), glossofaríngeo (nono) e vago (décimo). O núcleo do trato solitário recebe as informações relacionadas com a gustação e com a sensibilidade visceral.

Ainda no bulbo, encontramos o **núcleo motor do vago** (Figuras 7.1 e 7.7), que dá origem às fibras pré-ganglionares parassimpáticas, responsáveis pela inervação motora das vísceras torácicas e abdominais. Finalmente, há ainda o **núcleo do hipoglosso** (Figuras 7.1 e 7.7), que dá origem às fibras do décimo segundo par craniano, que inervam a musculatura da língua, e também se localiza no bulbo.

Núcleos próprios do tronco encefálico

Muitas áreas da substância cinzenta do tronco encefálico não têm relação com os nervos cranianos. Vamos nos deter em apenas algumas dessas áreas, mais importantes para a compreensão do funcionamento do sistema nervoso. Mais uma vez, faremos esta abordagem em sentido craniocaudal.

No mesencéfalo, podemos observar o **núcleo rubro** (Figuras 7.2 e 7.7), cujo nome se refere à cor rosada que este apresenta em cortes feitos em peças não fixadas. É um núcleo de forma oval, situado no tegmento mesencefálico. Ao núcleo rubro, chegam principalmente fibras vindas do cerebelo e do córtex motor. E dele partem, por sua vez, fibras que se dirigem ao núcleo olivar inferior. Nele se origina também o trato rubroespinhal, já referido no estudo da medula espinhal. O núcleo rubro é importante para o controle da motricidade.

A **substância negra** é um núcleo localizado no limite entre o tegmento mesencefálico e a base do pedúnculo cerebral (Figuras 7.2 e 7.7). Muitos dos seus neurônios são pigmentados pela melanina, daí a facilidade com que ela é visualizada em cortes feitos ao nível do mesencéfalo. Da cor escura da melanina, origina-se a denominação: "substância negra". Ela tem duas porções: uma reticulada, maior, e uma compacta, menor, mas com mais riqueza de células, na qual se encontram **neurônios dopaminérgicos**. As conexões mais importantes da substância negra, tanto aferentes quanto eferentes, se fazem com o corpo estriado (Capítulo 12). A projeção nigroestriatal é formada principalmente por neurônios que utilizam como neurotransmissor a dopamina. Aliás, a melanina, que dá a cor escura a esta região, é uma forma polimerizada dos metabólitos da dopamina. Na doença de Parkinson, ocorre uma degeneração desses neurônios responsáveis pela projeção nigroestriatal, levando à diminuição da concentração de dopamina na substância negra e no corpo estriado. Além disso, a substância negra envia ainda fibras a outras regiões, participando do controle dos mecanismos motores.

O **colículo superior** (Figuras 7.2 e 7.7), visível na superfície posterior do mesencéfalo, é formado, na verdade, por camadas alternadas das substâncias branca e cinzenta. As conexões do colículo superior são complexas, mas é importante referir que a ele chegam fibras vindas da retina e do córtex cerebral visual e dele partem fibras que descem para a medula, formando o chamado **trato tetoespinhal**. O colículo superior participa de reflexos envolvendo movimentos dos olhos e da cabeça em resposta a estímulos visuais.

O **colículo inferior** é um núcleo relé das vias auditivas. Nele, fazem sinapse fibras originadas nos núcleos cocleares e dele partem fibras que, passando pelo braço do colículo inferior, terminarão no **corpo geniculado medial**, uma estrutura do tálamo.

A **substância cinzenta periaquedutal** (Figura 7.2) é uma estrutura complexa, constituída por grupos de neurônios que, como o nome indica, dispõem-se em torno do aqueduto cerebral. Essa região tem conexões com áreas cerebrais, como o hipotálamo e a amígdala, e também com outras estruturas do tronco encefálico. Na substância cinzenta periaquedutal,

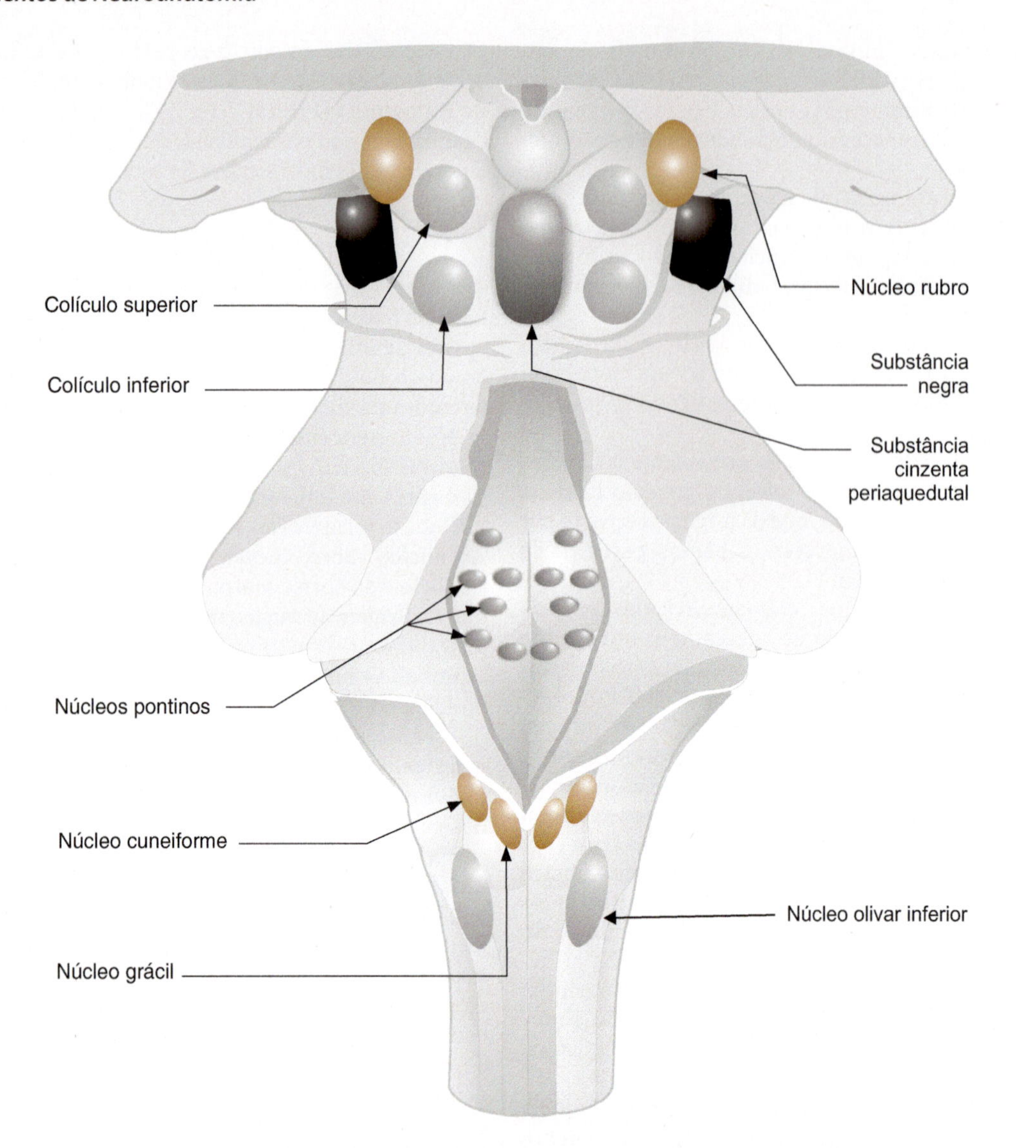

Figura 7.2 Principais regiões da substância cinzenta própria do tronco encefálico.

encontram-se vias ascendentes, que conduzem estímulos de dor, e vias descendentes, relacionadas com o controle emocional. Ela está envolvida nos mecanismos de inibição da dor (Figura 15.2) e sua estimulação já foi utilizada para provocar analgesia em pacientes com dor crônica. Ela faz parte também de circuitos integradores do SNA, desempenhando um papel importante na integração das respostas somáticas e viscerais nas reações de defesa do organismo, como na **síndrome de emergência** (Capítulo 5). A substância cinzenta periaquedutal costuma agir, por exemplo, no desencadeamento das reações de pânico.

Na ponte, encontram-se os **núcleos pontinos** (Figuras 7.2 e 7.7). Esses grupamentos neuronais situados na base da ponte recebem fibras vindas de regiões motoras do córtex cerebral (por meio do trato corticopontino) e enviam fibras ao cerebelo (Figura 9.6). Os núcleos pontinos integram, portanto, um circuito motor.

O **núcleo olivar inferior**, uma massa de substância cinzenta de forma irregular, é responsável pela saliência de nome **oliva** na face anterior do bulbo. Esse núcleo tem conexões recíprocas com a medula espinhal e recebe fibras do núcleo rubro. A maior parte de seus neurônios envia fibras ao cerebelo pelo pedúnculo cerebelar inferior. O núcleo olivar inferior, a julgar por sua grande projeção a todo o cerebelo, parece ser importante no controle da motricidade, provavelmente na aprendizagem motora.

Deve-se notar ainda, no bulbo, a presença dos **núcleos grácil** e **cuneiforme** (Figuras 7.2 e 7.7), que, na superfície, são visíveis sob a forma, respectivamente, dos tubérculos dos núcleos grácil e cuneiforme. Esses núcleos recebem as fibras dos fascículos grácil e cuneiforme, já estudados na parte dedicada à medula espinhal. Os neurônios aí localizados são neurônios de segunda ordem da via de tato discriminativo, propriocepção consciente e sensibilidade vibratória do corpo, dando origem a axônios que se dirigem ao tálamo.

Substância branca do tronco encefálico

Tratos descendentes

O **trato corticoespinhal** (Figuras 6.5 e 7.7), já mencionado na parte dedicada à medula espinhal, tem um largo trajeto ao longo do tronco encefálico, passando pela base do mesencéfalo e da ponte e depois pelas pirâmides bulbares, nas quais ocorre a **decussação**, ou seja, o cruzamento da maior parte de suas fibras. Um outro trato, análogo ao corticoespinhal e cujas fibras viajam junto com ele, é o **trato corticonuclear** (também chamado de **corticobulbar**). Este trato tem origem em áreas motoras do córtex cerebral e termina em núcleos motores dos nervos cranianos, como o núcleo do facial, do hipoglosso etc. (Figura 7.3). Suas fibras são também cruzadas e, por meio desse trato, o córtex cerebral exerce o controle voluntário sobre a musculatura da cabeça e do pescoço. Por ter trajeto e função semelhante ao trato corticoespinhal, considera-se o trato corticonuclear como uma via piramidal, embora suas fibras terminem acima do nível das pirâmides bulbares.

Outro trato descendente, já mencionado, é o **trato corticopontino** (Figura 9.6). Ele tem início em áreas motoras do córtex cerebral e termina nos núcleos pontinos. Esse trato participa do circuito que liga o córtex cerebral ao cerebelo, tendo importância na coordenação motora. São ainda importantes e têm origem no tronco encefálico os **tratos rubroespinhal**, **vestibuloespinhal** e **reticuloespinhal** (Figura 6.6), já descritos no Capítulo 6 e que atuam no controle motor.

Tratos ascendentes

Mais uma vez, lembramos que os tratos ascendentes estudados na medula passam ao longo do tronco encefálico em seu trajeto com destino ao tálamo ou ao cerebelo. São eles: tratos **espinotalâmico** e **espinocerebelares** (Figuras 6.7, 6.9 e 7.7). Muitos tratos ascendentes têm, também, início no tronco encefálico. Vários desses tratos sensoriais do tronco encefálico recebem a denominação "lemnisco", palavra vinda do grego, que significa "fita".

Já nos referimos anteriormente aos núcleos grácil e cuneiforme, nos quais terminam, respectivamente, os fascículos grácil e cuneiforme da medula espinhal. Na Figura 7.4, observamos que neurônios situados nesses núcleos dão origem a fibras que têm, inicialmente, um trajeto transversal, mas que após cruzarem a linha mediana dobram-se para cima e sobem ao longo do tronco encefálico, formando o **lemnisco medial**, que se dirige ao tálamo. O lemnisco medial, sendo "continuação" dos fascículos grácil e cuneiforme, tem a mesma função que eles, ou seja, conduz a sensibilidade proprioceptiva consciente, o tato discriminativo e a sensibilidade vibratória do tronco e dos membros, agora em posição contralateral.

Outro feixe ascendente importante que se origina no tronco encefálico é o **lemnisco trigeminal**. A Figura 7.5 mostra que os prolongamentos centrais dos neurônios sensoriais que penetram na ponte pelo nervo trigêmeo atingem os núcleos sensoriais do trigêmeo, aí fazendo sinapse. As fibras trazendo diferentes modalidades sensoriais dirigem-se a diferentes núcleos: as relacionadas com dor e com temperatura vão para o núcleo espinhal; as relacionadas com pressão e com tato, para o núcleo principal.

Nestes núcleos, estão presentes os neurônios de segunda ordem da via trigeminal. As fibras relacionadas com a pro-

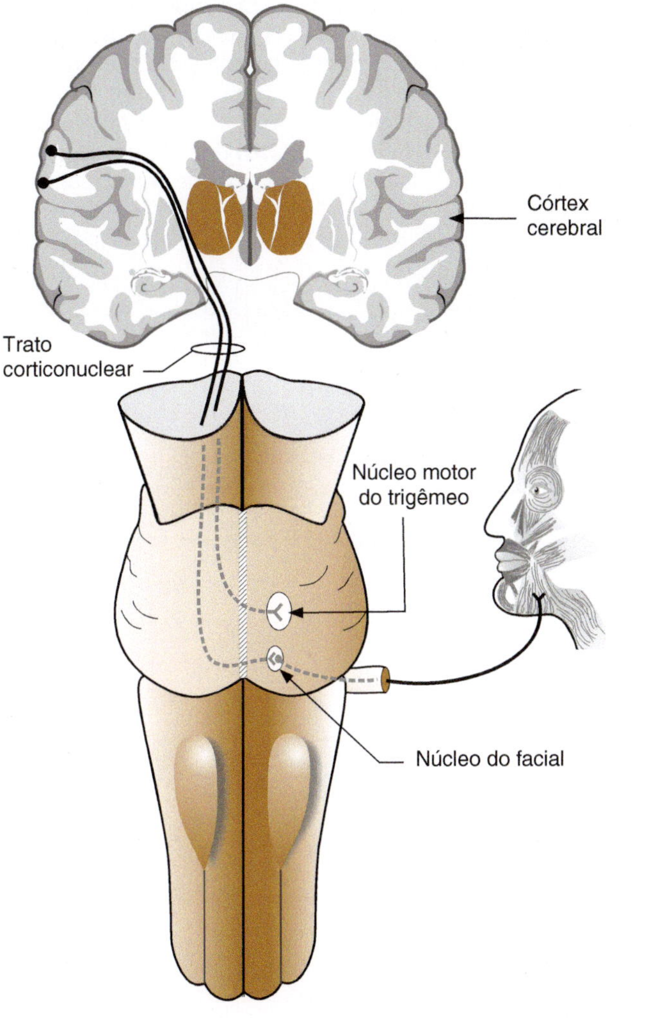

Figura 7.3 A origem, o trajeto e o destino de algumas fibras do trato corticonuclear.

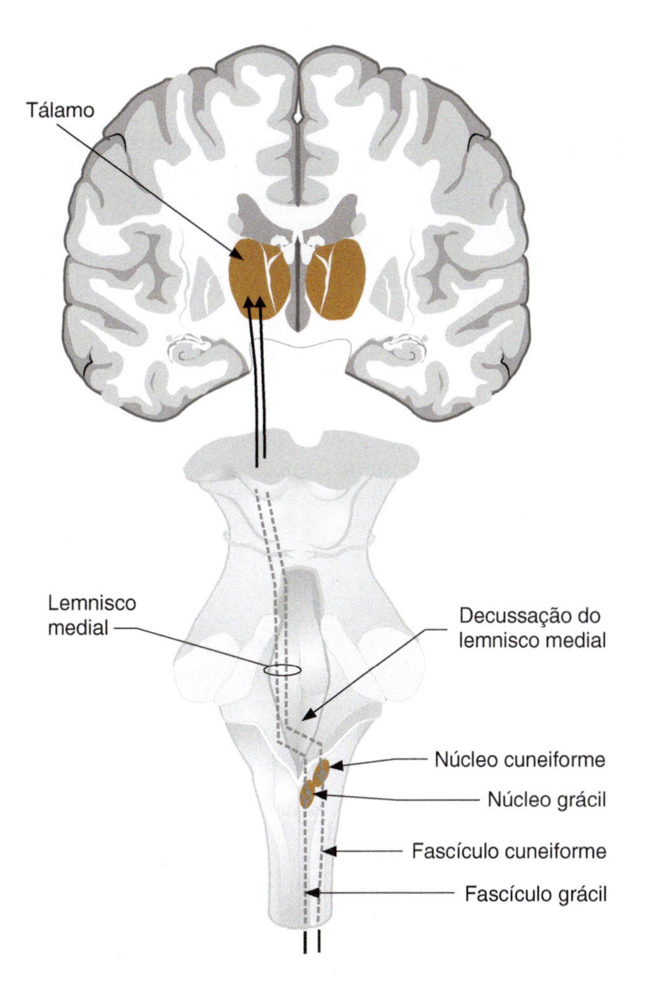

Figura 7.4 A formação do lemnisco medial.

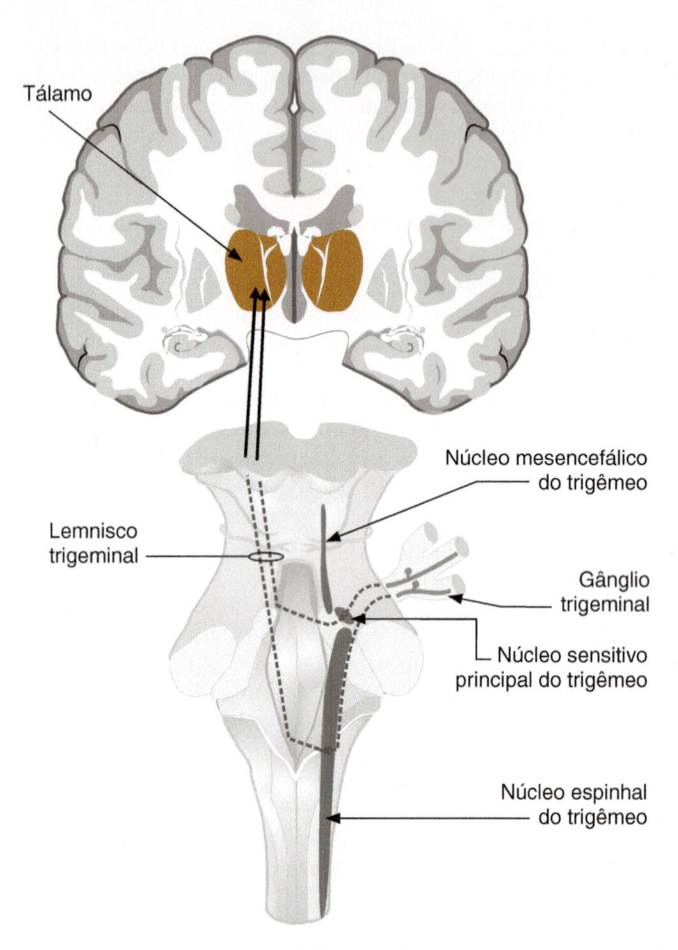

Figura 7.5 A formação do lemnisco trigeminal.

priocepção na região da cabeça vão até o núcleo mesencefálico do trigêmeo, no qual se encontram os próprios pericários dos neurônios sensoriais (nesse caso, portanto, os neurônios sensoriais não se encontram em um gânglio, mas estão situados no interior do SNC). Os axônios que saem dos núcleos sensoriais do trigêmeo cruzam o plano mediano e viajam juntos, formando o **lemnisco trigeminal**, que terminará no tálamo. O lemnisco trigeminal é responsável, portanto, pela condução da sensibilidade somática da região da cabeça.

Os núcleos cocleares dão origem a outro feixe ascendente, o **lemnisco lateral** (Figura 7.6). Suas fibras, muitas cruzadas, outras ipsilaterais, sobem no tronco encefálico em direção ao colículo inferior, no qual a maioria delas faz sinapses. Daí, o lemnisco lateral tem continuidade, indo terminar no corpo geniculado medial (uma estrutura talâmica). Esse lemnisco faz parte, portanto, da vias auditivas.

Por fim, vale lembrar que outros núcleos sensoriais do tronco encefálico também dão origem a feixes ascendentes. O núcleo do trato solitário, por exemplo, recebedor das fibras relacionadas com a gustação e com a sensibilidade visceral, origina fibras ascendentes que se dirigem não só ao tálamo, mas também ao hipotálamo e à amígdala cerebral.

Tratos de associação

No tronco encefálico, é digno de nota um feixe de associação, o **fascículo longitudinal medial** (Figura 7.7). Ele associa diversas regiões do tronco encefálico, sendo particularmente importante na ligação entre os núcleos vestibulares e os centros que controlam os movimentos do globo ocular. Essa ligação possibilita que movimentos reflexos dos olhos compensem os movimentos da cabeça, dando estabilidade ao mundo visual.

Considerações funcionais

Do mesmo modo que a medula, o tronco encefálico atua como área de passagem para feixes sensoriais e motores. Alguns deles têm origem no próprio tronco e descem para a medula ou sobem para regiões mais rostrais. O tronco encefálico, contudo, é mais complexo que a medula espinhal e contém centros que interagem com outras estruturas do SNC em uma ampla gama de funções.

O tronco encefálico integra, ainda, um grande número de reflexos, alguns relativamente simples, outros bem complexos. A título de exemplo, pode-se citar o **reflexo corneopalpebral** (Figura 7.8), responsável pelo fechamento do olho quando um objeto estranho toca a córnea.Veja que este é um reflexo análogo ao **reflexo de retirada**, já estudado na parte dedicada à medula: tem função de proteção e também envolve três neurônios: um sensorial, um motor e outro de associação.

No tronco encefálico, os núcleos de nervos cranianos com funções semelhantes dispõem-se em "colunas", ainda que descontínuas. Dessa maneira, há uma coluna para os núcleos motores somáticos, outra para os motores viscerais, outra ainda para os sensoriais somáticos, e assim por diante, perfazendo um total de seis colunas de cada lado. As fibras pré-ganglionares parassimpáticas que viajam pelo nervo oculomotor e se dirigem ao gânglio ciliar para inervar a musculatura lisa do olho têm origem em um núcleo diferente, o **núcleo de Edinger-Westphal**, situado próximo ao núcleo do oculomotor.

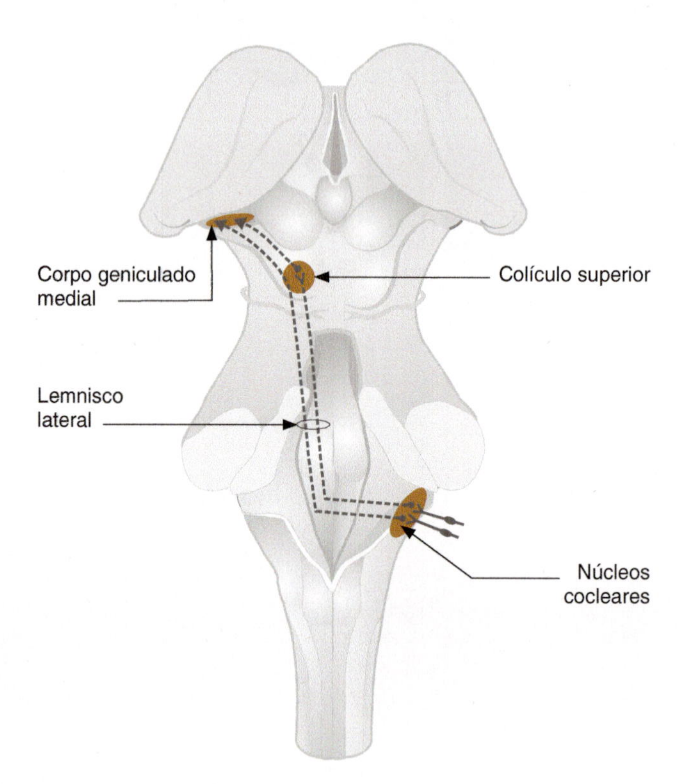

Figura 7.6 A formação do lemnisco lateral.

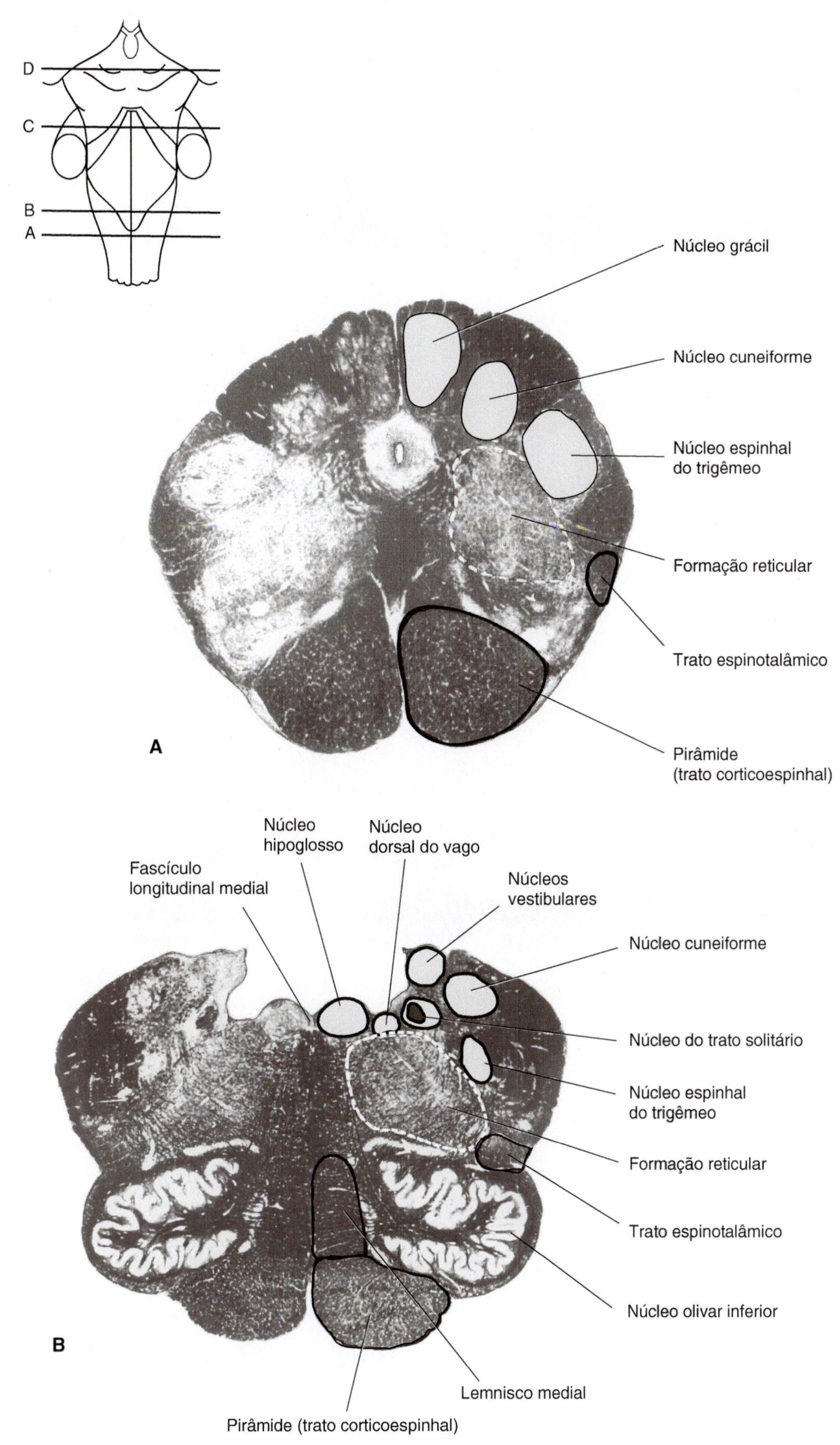

Figura 7.7 Cortes transversais do tronco encefálico corados pela técnica de Weigert, com fibras mielinizadas aparecendo escuras e a substância cinzenta, clara. Os níveis em que foram feitos os cortes estão indicados no detalhe da porção superior esquerda da figura. Na metade direita dos cortes, foram salientadas algumas estruturas mais importantes. (**A**) Porção fechada do bulbo. (**B**) Porção aberta do bulbo. (**C**) Ponte. (**D**) Mesencéfalo.

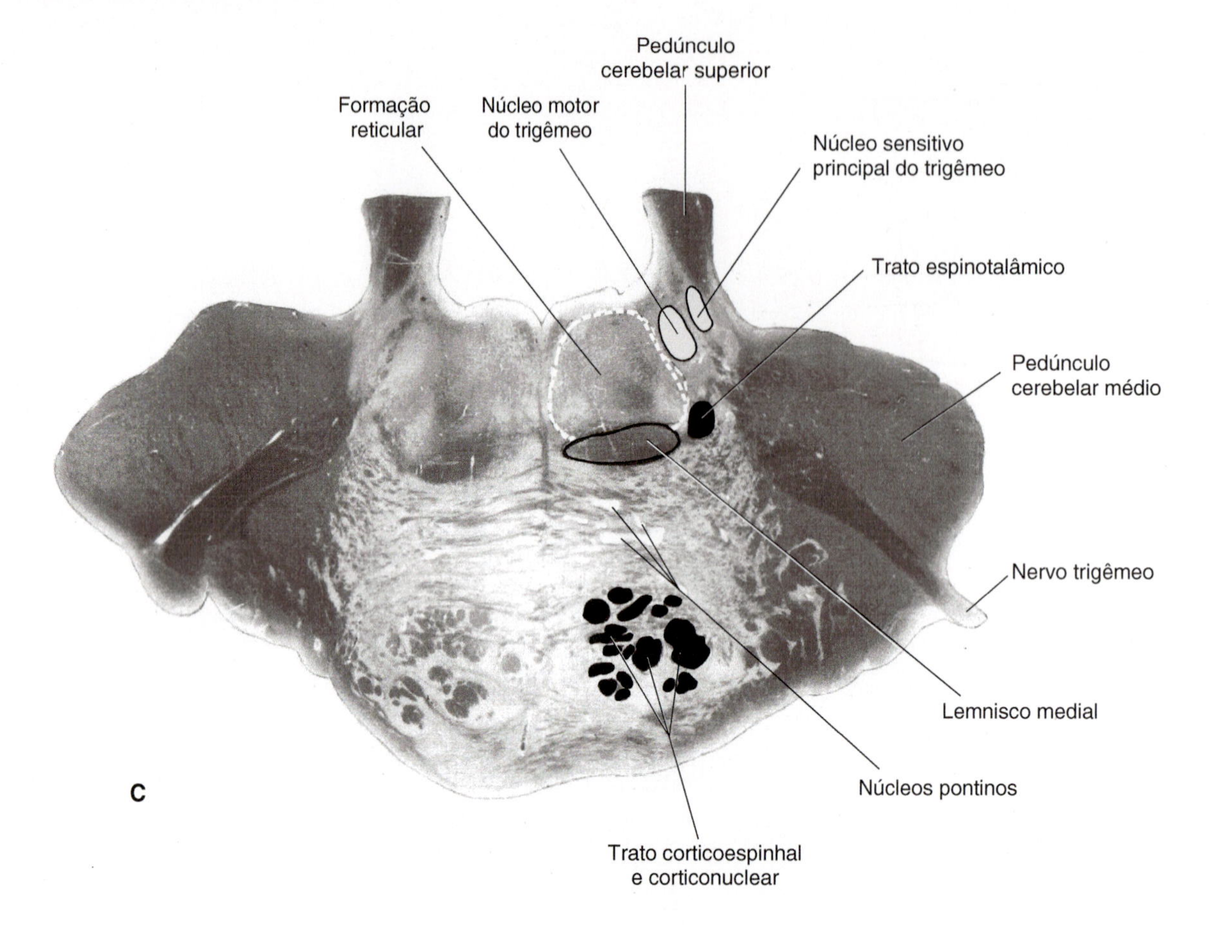

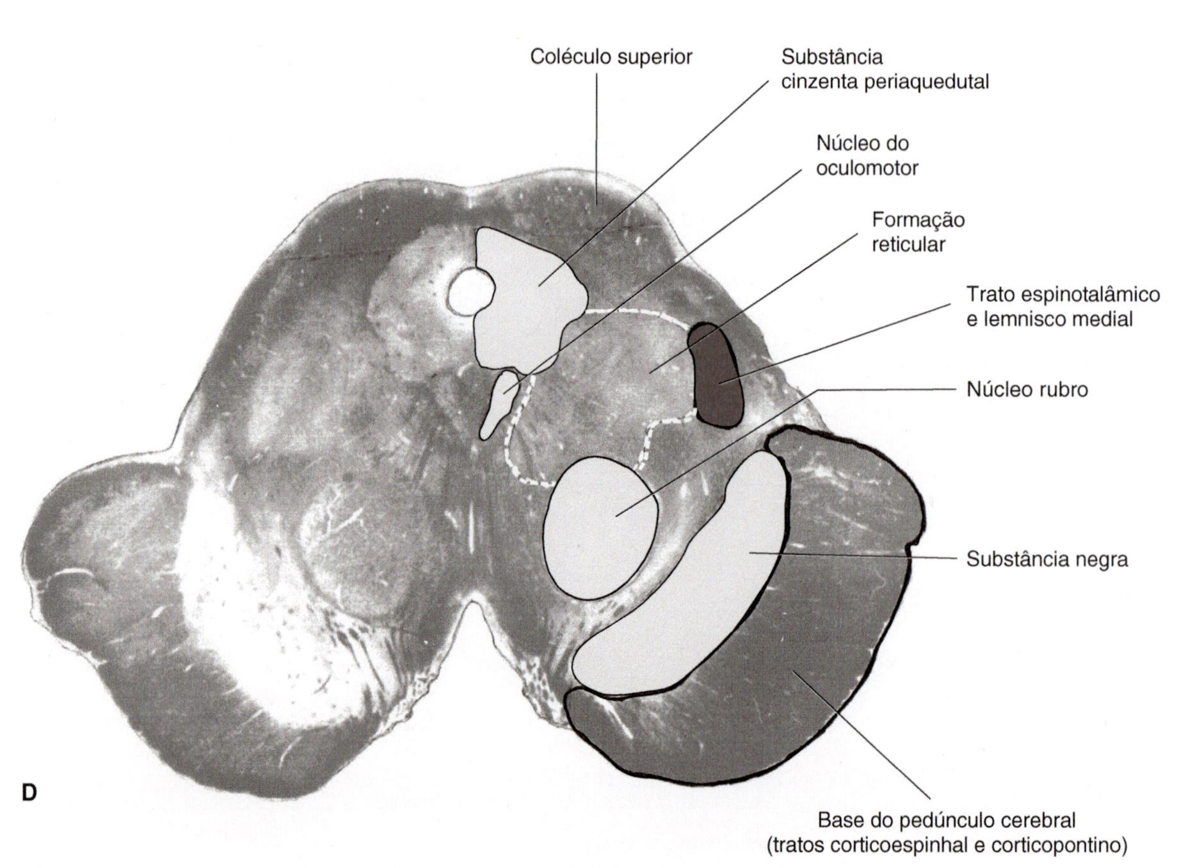

Figura 7.7 continuação (**C**) Ponte. (**D**) Mesencéfalo.

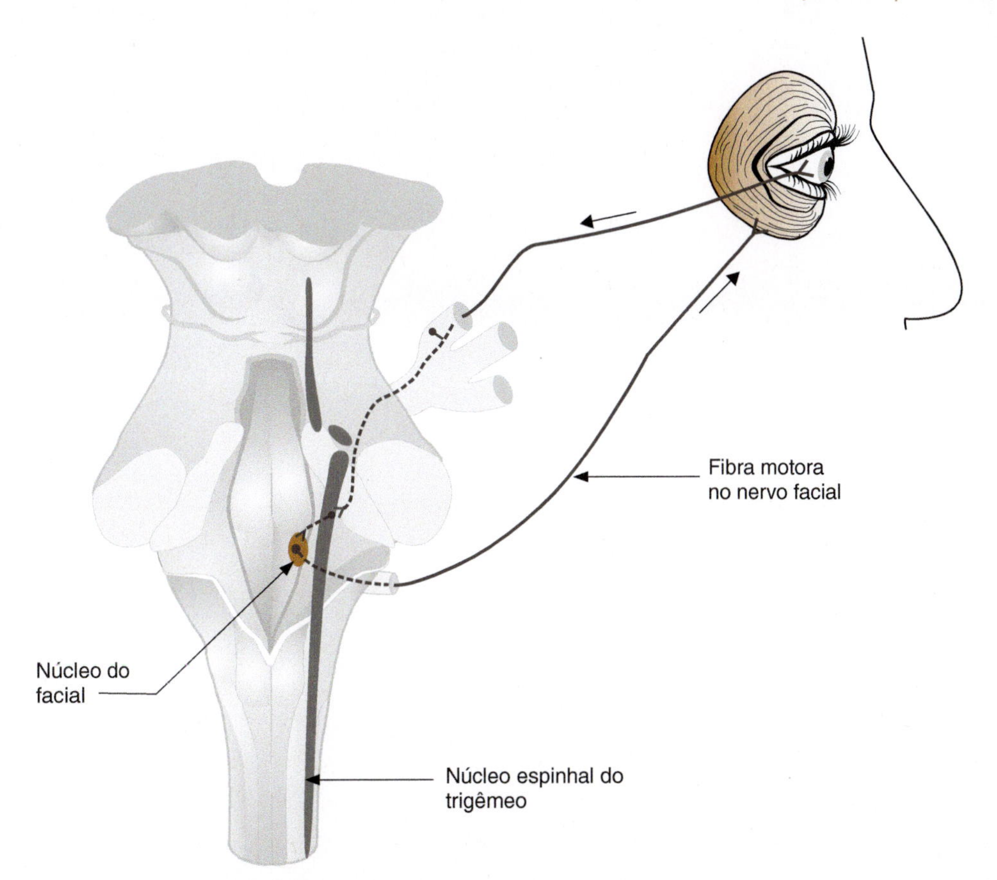

Figura 7.8 O reflexo corneopalpebral em visão esquemática.

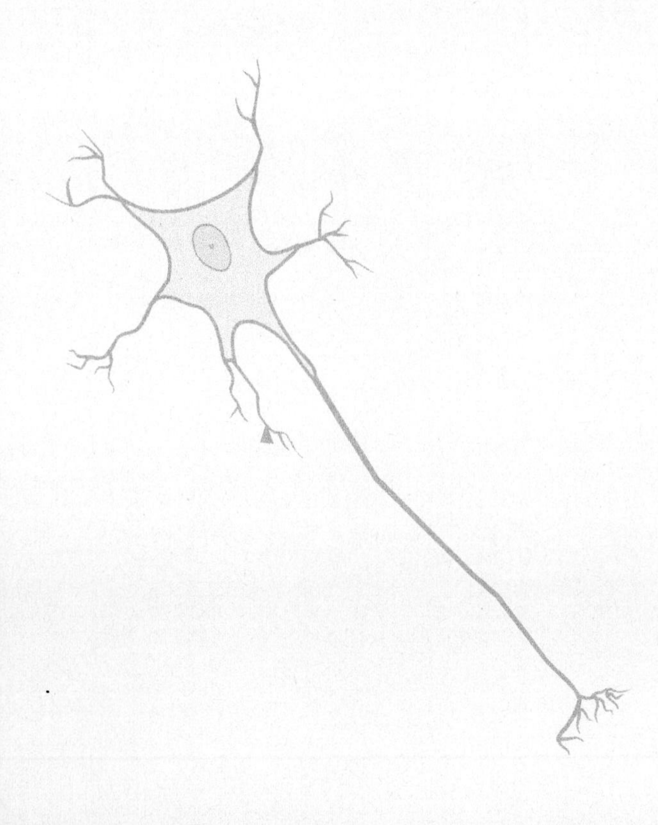

8

Formação Reticular

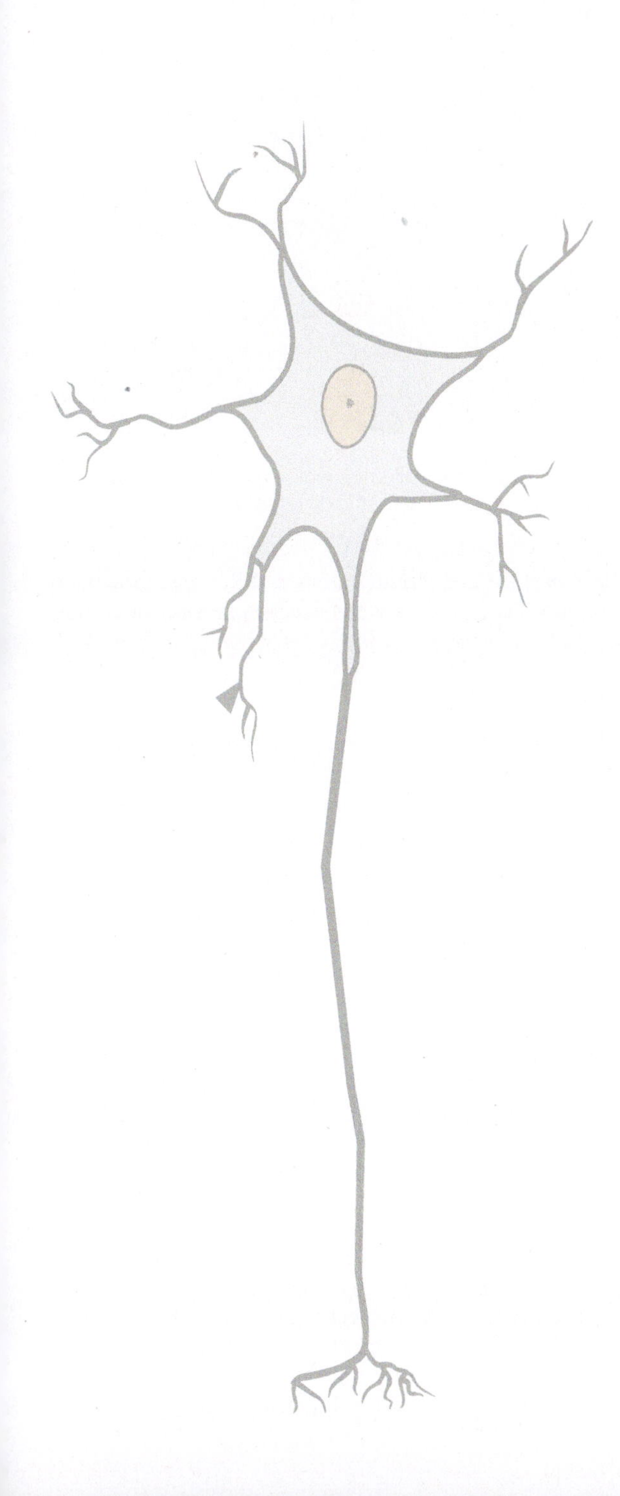

Conceito e estrutura

Denomina-se **formação reticular** (FR) a um conjunto de células e fibras nervosas, com características próprias, ocupantes de toda a região central do tronco encefálico, do bulbo ao mesencéfalo (Figuras 8.1 e 7.7), preenchendo os espaços não ocupados pelos núcleos e feixes de fibras bem individualizados, como os que foram estudados no capítulo anterior. A FR é bastante antiga do ponto de vista filogenético, e sua estrutura é, de certa maneira, intermediária entre as substâncias branca e cinzenta, pois os corpos de neurônios acham-se imersos em um emaranhado de fibras nervosas que formam uma rede – daí o nome reticular.

Seus neurônios são variáveis em forma e tamanho e têm uma árvore dendrítica ampla e ramificada, em geral disposta radialmente, em plano perpendicular ao eixo do tronco encefálico. Frequentemente, o axônio desses neurônios é bifurcado e cada um dos seus ramos se dirige para regiões diferentes e distantes umas das outras. Além disso, esses ramos dão origem, no seu trajeto, a numerosos colaterais (Figura 8.2). Assim sendo, embora a formação reticular ocupe uma área muito extensa, reconhece-se, mediante exame mais detalhado, que ela não é homogênea, podendo ser dividida, segundo critérios citoarquitetônicos, em dezenas de "núcleos" de limites difusos, que evitaremos nomear aqui.

Em geral, divide-se a FR em duas zonas: uma medial, na qual podem ser encontradas células grandes, particularmente no bulbo e na ponte, caracterizando uma região gigantocelular, e outra lateral, com células menores, ocupando o terço lateral. As células da porção medial têm longos axônios ascendentes e descendentes (Figura 8.2), constituindo-se, assim, em uma região eferente ou efetuadora da FR, enquanto a porção lateral contém células que recebem as fibras aferentes e se projetam, principalmente, para a porção medial, para a qual são repassadas as informações recebidas. Existem, contudo, numerosas inter-relações entre as diferentes áreas da FR, o que dificulta o conhecimento das conexões e das funções de suas diferentes regiões.

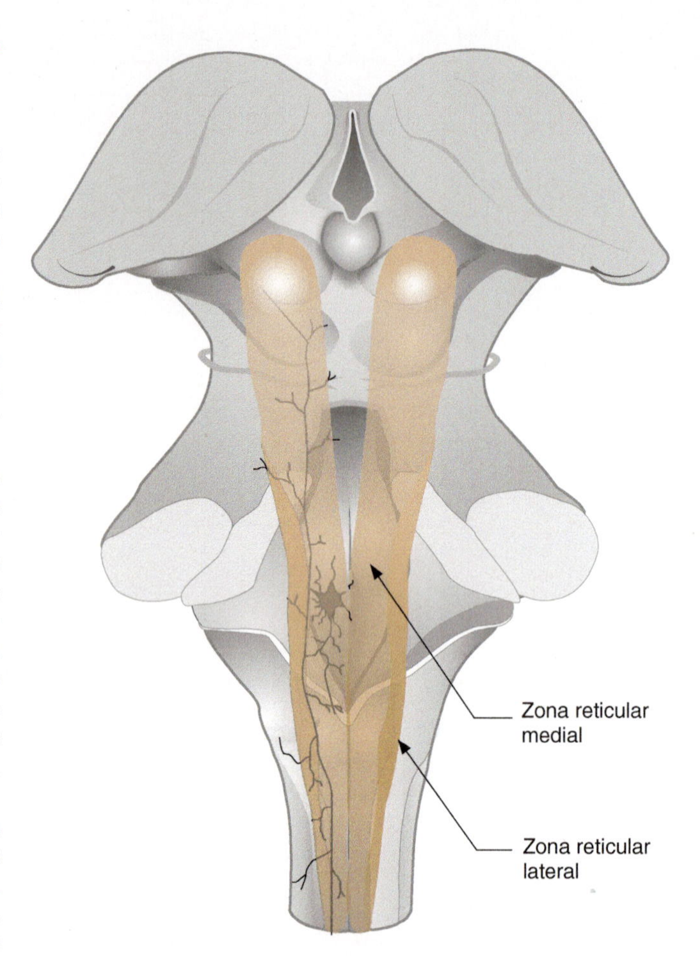

Figura 8.2 A formação reticular e suas regiões, em visão esquemática. No lado esquerdo, vê-se um neurônio da região medial.

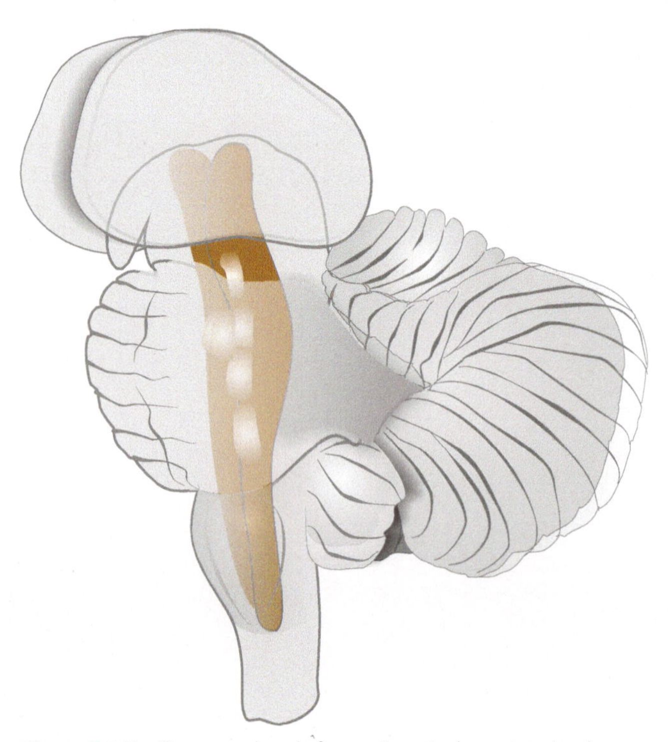

Figura 8.1 Região ocupada pela formação reticular no interior do tronco encefálico, em visão esquemática.

Conexões

Como a formação reticular não é uma estrutura homogênea, verifica-se que seus diferentes "núcleos" têm diferentes conexões e funções. No entanto, em uma abordagem didática, é possível considerar as conexões da FR de maneira global.

Conexões aferentes

Da **medula espinhal**, têm origem numerosas fibras, que viajam nos funículos anterior e lateral, e dirigem-se para a FR. Fibras que sobem pelo trato espinotalâmico dão ramos colaterais para a FR, mas um número ainda mais numeroso de fibras aí termina, constituindo, portanto, um **feixe espinorreticular**. Dessa maneira, a FR tem acesso a informações sensoriais que penetram na medula pelos nervos espinhais. Por outro lado, **núcleos de nervos cranianos**, como os núcleos do trigêmeo, núcleos vestibulares e o núcleo do trato solitário, também se projetam para a FR. Na verdade, para ela convergem fibras portadoras das diferentes modalidades sensoriais, incluindo-se aí as de informações visuais e olfatórias. Essas informações, integradas na FR, servirão para sua função ativadora, como será visto mais adiante. A FR recebe ainda fibras originadas no **cerebelo**, no **córtex cerebral** e nos **núcleos da base**. O **hipotálamo** e partes do **lobo límbico** (Capítulo 14) também se projetam para a FR, principalmente para a região conhecida como "área límbica mesencefálica".

Conexões eferentes

A formação reticular envia fibras para a **medula espinhal** por meio de tratos reticuloespinhais, que terminarão em interneurônios, em neurônios pré-ganglionares autonômicos ou mesmo em neurônios motores somáticos. Muitas das regiões que enviam fibras para a medula são aquelas que dela recebem aferentes, ou seja, as conexões são frequentemente recíprocas. Outras conexões se fazem com os **núcleos de nervos cranianos**, com o **cerebelo**, com os **núcleos da base** e com o **hipotálamo**, além de áreas ligadas ao **lobo límbico**. A FR projeta-se ainda para o tálamo, mais especificamente para os seus núcleos intralaminares (que, por sua vez, enviarão fibras para o córtex cerebral, completando um circuito retículo-talâmico-cortical).

Por meio de técnicas histoquímicas e imuno-histoquímicas, foi possível identificar na formação reticular os neurotransmissores utilizados por vários de seus grupamentos neuronais. Particularmente importantes são as **áreas aminérgicas** da FR, ou seja, onde se localizam neurônios que utilizam como neurotransmissores aminas biogênicas, por exemplo, a **noradrenalina**, a **dopamina** e a **serotonina**. Esses grupamentos, bem como as vias aminérgicas neles originadas, serão estudados ao final deste capítulo, no item *Sistemas aminérgicos*.

Considerações funcionais

A FR é uma área integradora do sistema nervoso. Para ela convergem diversas informações vindas de numerosas estruturas neurais e dela partem projeções para praticamente todo o restante do SNC. Na FR, existem centros que integram muitos reflexos importantes, tornando-a capaz de contribuir para a sobrevivência do organismo por meio de ampla gama de funções, algumas das quais serão mencionadas a seguir.

Controle da atividade elétrica cortical (ciclo vigília/sono)

Os animais alternam períodos de sono e vigília nas 24 horas do dia. Este é um dos **ritmos circadianos**, tão frequentemente encontrados entre os organismos vivos (Capítulo 10). Além disso, sabe-se que os níveis de consciência podem variar do alerta máximo até o coma, passando por estágios intermediários. Podem-se avaliar objetivamente esses níveis de consciência pelo estudo da atividade elétrica cerebral. Esta atividade, contínua e espontânea, pode ser registrada a partir de eletrodos colocados na superfície do crânio, obtendo-se assim o chamado eletroencefalograma (EEG), cujas características gerais esboçam-se a seguir.

O traçado eletroencefalográfico é "dessincronizado", isto é, apresenta ondas de alta frequência e baixa amplitude quando o indivíduo se encontra alerta, acordado. Por outro lado, ele é "sincronizado", com ondas de baixa frequência e alta amplitude, quando o indivíduo está adormecido (Figura 8.3).[1] Durante o sono, ocorrem mudanças no traçado eletroencefalográfico, que caracterizam diversos **estágios do sono** (Figura 8.3). O EEG é cada vez mais lento e sincronizado, à medida que o sono se torna mais profundo; mais tarde, esses estágios se alternam ciclicamente em uma noite de sono normal. Periodicamente, contudo, aparece um estágio diferente, no qual o traçado eletroencefalográfico se torna rápido. Esse estágio, particularmente importante, é o sono dessincronizado ou **sono paradoxal**, pois nele o eletroencefalograma assemelha-se àquele observado durante a vigília, o que é paradoxal em um momento em que o indivíduo encontra-se profundamente adormecido e em que é extremamente difícil acordá-lo.[2]

Desde a primeira metade do século 20, a FR foi ligada ao controle da atividade elétrica cerebral. Naquela época, descobriu-se que um animal com uma secção completa feita entre o bulbo e a medula (encéfalo isolado) mantinha a alternância nos traçados eletroencefalográficos de sono e vigília, ao passo que um animal em que se fizesse uma secção no nível do mesencéfalo (cérebro isolado) apresentava um traçado eletroencefalográfico apenas de sono. Isto sugeria que alguma estrutura do tronco encefálico deveria ser responsável pela ativação cortical. Posteriormente, outros estudos nos quais foram feitas lesões ou estimulações em núcleos da FR mostraram ser ela a estrutura responsável pela manutenção da vigília, pela ativação exercida sobre o córtex cerebral. Admite-se, desde então, a existência de um **sistema ativador reticular ascendente** (SARA), que funcionaria com base nas aferências que a formação reticular recebe, sob a forma de fibras colaterais das vias sensoriais, e nas projeções que ela mantém com o córtex cerebral, direta ou indiretamente, por meio do tálamo. Muitas áreas da FR participam desse sistema ativador, cujo substrato anatômico é bastante complexo. Na verdade, outras áreas do SNC também estão envolvidas no processo de ativação cortical, como, por exemplo, o hipotálamo e o núcleo basal de Meynert (**NBM**), que se localiza na base do hemisfério cerebral.

Durante algum tempo, acreditou-se que o sono seria um fenômeno de natureza passiva, decorrente da cessação da ação ativadora da FR sobre o córtex. Depois, descobriu-se que havia áreas da FR que, quando estimuladas, podiam "sincronizar" o EEG, ou seja, desencadear o sono, enquanto a lesão de áreas reticulares pode provocar insônia. Portanto, pode-se afirmar: a FR participa do controle do sono de maneira ativa e, hoje se sabe, nela existem áreas responsáveis pelo desencadeamento do sono paradoxal.

Embora a formação reticular tenha um papel preponderante nos mecanismos de sono e vigília, outras áreas, tais como o hipotálamo, o tálamo e o próprio córtex cerebral participam deste controle, com ela interagindo. O papel da FR na manutenção de determinado nível de ativação cortical, um *tônus cortical*, é muito importante, já que isto é indispensável para a atividade comportamental, para a orientação aos estímulos importantes e para o aparecimento

[1] Esta descrição, porém, é válida para o adulto jovem e sadio. O traçado eletroencefalográfico tem características diferentes, dependendo da idade, e pode apresentar-se alterado em patologias do SNC, constituindo-se em um auxílio para o diagnóstico dessas patologias.

[2] Esta é a fase do sono em que ocorre a maioria dos sonhos. O sono paradoxal se caracteriza, ainda, por um grande relaxamento muscular e pela ocorrência de movimentos oculares rápidos. Esse estágio do sono é denominado, muitas vezes, **sono REM** (do inglês *rapid eye movements*).

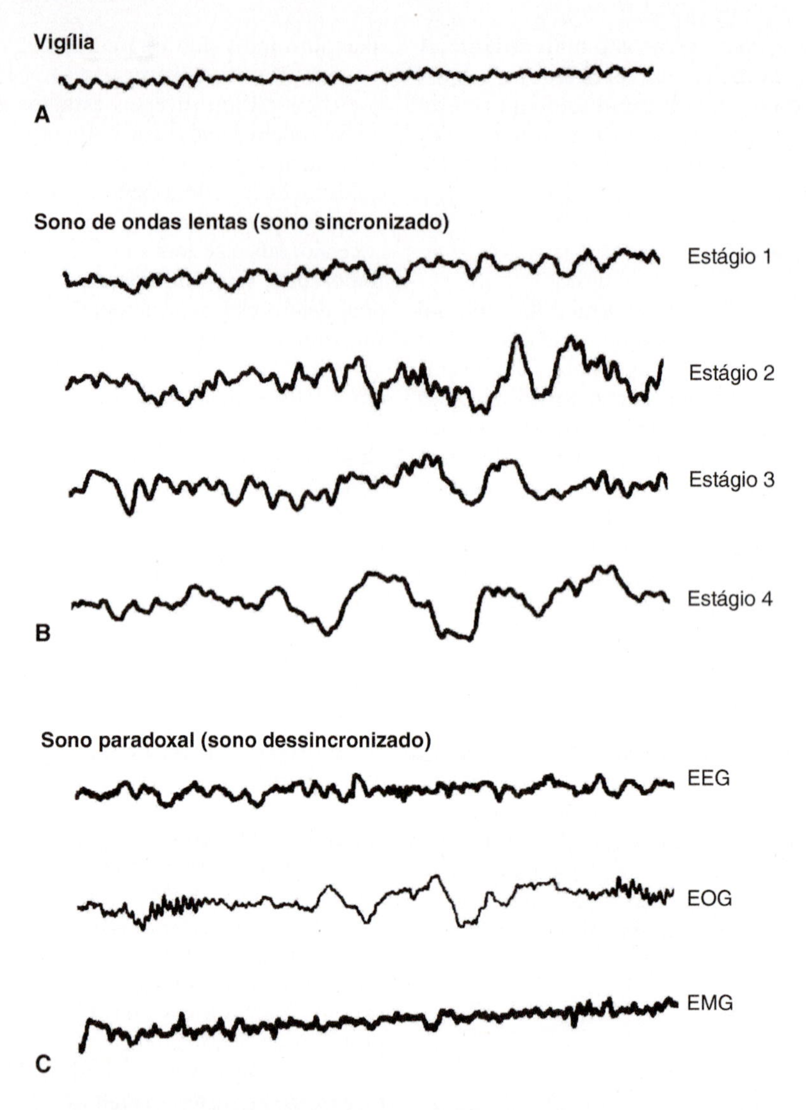

Figura 8.3 (**A**) Traçado eletroencefalográfico de adulto jovem durante a vigília. (**B**) e (**C**) O sono com seus diferentes estados. Na fase de sono paradoxal, podem ser vistos ainda o eletroculograma (EOG), que mostra movimentos oculares rápidos, e o eletromiograma (EMG) dos músculos do pescoço, mostrando um grande relaxamento (cortesia do Dr. Welser Machado de Oliveira).

de processos como a percepção e a aprendizagem. Por outro lado, lesões ou substâncias que ajam sobre a FR podem alterar os mecanismos de manutenção da consciência, o que torna o conhecimento das funções reticulares importante para o clínico. Medicamentos contra a insônia ou anestésicos gerais, por exemplo, podem exercer suas ações atuando na FR.

Controle da motricidade somática

Como já foi mencionado, fibras reticuloespinhais, ipsilaterais ou cruzadas, dirigem-se a neurônios da medula espinhal. A estimulação elétrica de áreas da FR mostra que ela pode exercer efeito tanto excitatório quanto inibitório sobre os motoneurônios. Por outro lado, várias estruturas com função motora, como áreas do córtex cerebral e o cerebelo, enviam fibras que terminam na FR, podendo influir na sua atividade. Além disso, a FR é particularmente importante para a manutenção da postura corporal, para a orientação da cabeça e do tronco em relação aos estímulos externos e para os movimentos voluntários das musculaturas axial e apendicular proximal.

Controle eferente da sensibilidade

É do senso comum que temos a capacidade de selecionar, dentre as inúmeras informações que nos chegam em um determinado momento, apenas aquelas mais importantes, às quais prestamos atenção, ignorando as demais. Por exemplo, costumamos ignorar a estimulação tátil contínua originada pelas roupas que vestimos, a menos que, por um motivo qualquer, aí focalizemos nossa atenção, passando a percebê-la de modo nítido. A FR parece participar desse controle eferente da entrada sensorial. A estimulação elétrica de algumas de suas áreas pode levar à diminuição da atividade em vias aferentes, o que seria feito pela inibição da passagem do impulso nervoso na primeira sinapse da via sensorial.

Particularmente importante é o controle eferente das vias para as informações nociceptivas, um **sistema inibidor da dor**, do qual a FR participa (Figura 15.2).

Em resumo, a FR é importante para dirigir a atenção a determinados estímulos, provocando em seguida respostas de orientação, conforme já visto, além de poder modificar também o funcionamento visceral, como se verá a seguir.

Controle visceral e endócrino

A FR mantém conexões recíprocas com áreas do hipotálamo e estruturas límbicas e, por outro lado, envia fibras que terminarão em contato com neurônios pré-ganglionares autonômicos na medula espinhal e no tronco encefálico. Desta maneira, a formação reticular encontra-se em posição privilegiada para o controle das funções viscerais. Na verdade, embora existam fibras diretas do hipotálamo à medula, o controle exercido pelo hipotálamo sobre o SNA se faz, principalmente, por via indireta, por intermédio da FR.

A estimulação elétrica da FR evidencia a presença, no seu interior, particularmente em regiões do bulbo e da ponte, de áreas reguladoras das funções cardiovascular e respiratória. Esses centros vitais, quando lesados, podem provocar a morte instantânea por parada respiratória ou cardíaca. Saliente-se que estas áreas agem de maneira integrada com outras regiões do SNC, visando, em última análise, à manutenção da homeostase.

Outro aspecto digno de nota é a participação da FR nos fenômenos neuroendócrinos. A estimulação de áreas rostrais da FR pode provocar a liberação de hormônios hipofisários. Por outro lado, a liberação de certos hormônios da hipófise parece ser influenciada por mecanismos noradrenérgicos e serotoninérgicos. Como as inervações noradrenérgica e serotoninérgica do hipotálamo provêm basicamente de áreas da FR, conclui-se que ela participa dos mecanismos de liberação daqueles hormônios.

Controle dos movimentos oculares

Os movimentos dos olhos são complexos e devem ser executados simultaneamente em ambos os lados, ou seja, precisam ser **conjugados**, para garantir que o mesmo objeto seja fixado por partes correspondentes das duas retinas. Apesar de existirem centros no córtex cerebral para o movimento voluntário dos olhos, não há fibras diretas desses centros para os núcleos dos nervos cranianos que inervem a musculatura ocular. São conhecidos centros intermediários, aí se incluindo, entre outros, os colículos superiores e os núcleos vestibulares. Na formação reticular, existem áreas que recolhem as informações vindas desses centros e enviam fibras que terminarão nos núcleos dos nervos cranianos responsáveis pelos movimentos dos olhos, ou seja, os núcleos do oculomotor, do troclear e do abducente. Uma área pontina da FR, próxima ao núcleo do abducente, é importante para os **movimentos horizontais dos olhos**. Outra área, situada no mesencéfalo próxima ao núcleo do oculomotor, comanda os **movimentos verticais dos olhos**. Esses dois centros se comunicam por meio do **fascículo longitudinal medial**.

Sistemas aminérgicos

As aminas biogênicas que atuam como neurotransmissores no SNC são a **noradrenalina**, a **dopamina** e a **adrenalina** (que são catecolaminas), a **serotonina** (uma indolamina) e a **histamina**.[3] Com exceção do sistema histaminérgico, estão localizados em áreas da FR os demais neurônios aminérgicos, os quais enviam axônios e terminações para praticamente todo o resto do SNC. Essas aminas têm função moduladora e podem ter ações excitatórias ou inibitórias, dependendo dos receptores farmacológicos encontrados nas membranas pós-sinápticas dos diferentes locais em que se encontram suas terminações neuronais. Existem diferentes "famílias" de receptores para cada uma das aminas biogênicas. Outro fato importante: os neurônios aminérgicos têm, com frequência, um segundo neurotransmissor, geralmente um neuropeptídio.

Áreas e vias noradrenérgicas

Vários grupamentos neuronais noradrenérgicos na FR do bulbo e da ponte mandam fibras para a medula espinhal, para o hipotálamo e para as regiões límbicas, bem como para áreas da própria FR. Um núcleo pontino contendo neurônios pigmentados, o ***locus ceruleus*** ("*lugar azul*", em latim), é a principal região noradrenérgica da FR. Os neurônios deste núcleo enviam fibras para praticamente todo o resto do SNC, ou seja, para a medula espinhal, para o cerebelo, para as áreas límbicas e para todo o córtex cerebral (Figura 8.4). Acredita-se que o *locus ceruleus* inerve mais regiões do SNC do que qualquer outra estrutura nervosa.

Os neurônios noradrenérgicos reticulares do bulbo e da ponte estão provavelmente envolvidos em funções viscerais, cardiovasculares e respiratórias. Já a projeção iniciada no *locus ceruleus* está relacionada com a ativação cerebral, sendo importante nos processos de vigilância e atenção e influindo na memória. Os neurônios dessa região são ativados juntamente com o SN simpático, para fazer face a situações de emergência. Esses neurônios estão silentes durante o sono e sua atividade aumenta, à medida que aumenta o nível de consciência. A ativação do *locus ceruleus* parece estar ligada também à ansiedade. Além disso, algumas substâncias com ação antidepressiva exercem atividade inibitória nos neurônios noradrenérgicos dessa região.

Áreas e vias dopaminérgicas

Existem dois sistemas dopaminérgicos, com origem no mesencéfalo.[4] Um deles origina-se na **substância negra** e seus neurônios enviam fibras para o corpo estriado (Capítulo 7). O segundo tem origem em uma região da FR mesencefálica, a **área tegmentar ventral**, cujos neurônios dopaminérgicos dão origem a uma projeção que pode ser subdividida em duas vias, denominadas mesolímbica e mesocortical (Figura 8.5). A via mesolímbica, conforme seu nome indica, terminará em áreas límbicas (Capítulo 14), por exemplo o núcleo acumbente e a amígdala cerebral; já a via mesocortical inervará regiões corticais, como o córtex pré-frontal e algumas estruturas límbicas.

A dopamina parece estar relacionada com os mecanismos de recompensa importantes para o controle de comportamentos regulatórios, como os envolvidos na busca de alimentos, sexo etc. Os neurônios dopaminérgicos respondem em associação à identificação, à obtenção ou à predição de recompensas. Ao que parece, níveis mais altos de dopamina são capazes de aumentar a sensibilidade aos incentivos e às recompensas.

[3] Os neurônios histaminérgicos localizam-se no hipotálamo posterior e suas fibras atingem vastas áreas do cérebro, do tronco encefálico e da medula espinhal. Esse sistema parece ser importante em processos viscerais e neuroendócrinos, na regulação da temperatura corporal e da vigília. Por sua vez, os neurônios contendo adrenalina estão presentes no bulbo e originam fibras para o tronco encefálico e o diencéfalo, sendo sua função pouco esclarecida.

[4] Existe ainda um terceiro sistema dopaminérgico, cujos neurônios estão presentes no hipotálamo e inervam a eminência mediana. Esses neurônios parecem inibir a secreção do hormônio prolactina, da hipófise. Células dopaminérgicas são também encontradas na retina.

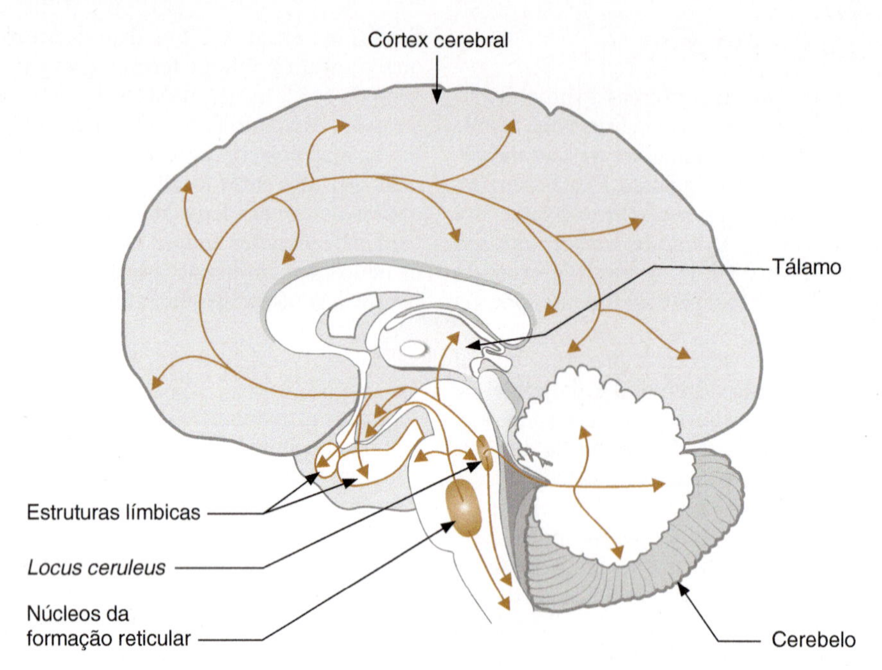

Figura 8.4 Centros e vias noradrenérgicos. O *locus ceruleus* dá origem a muitas fibras que se distribuem para extensas áreas de todo o SNC. Outros núcleos da FR do tronco encefálico originam fibras que inervam o hipotálamo, áreas límbicas e a medula espinhal.

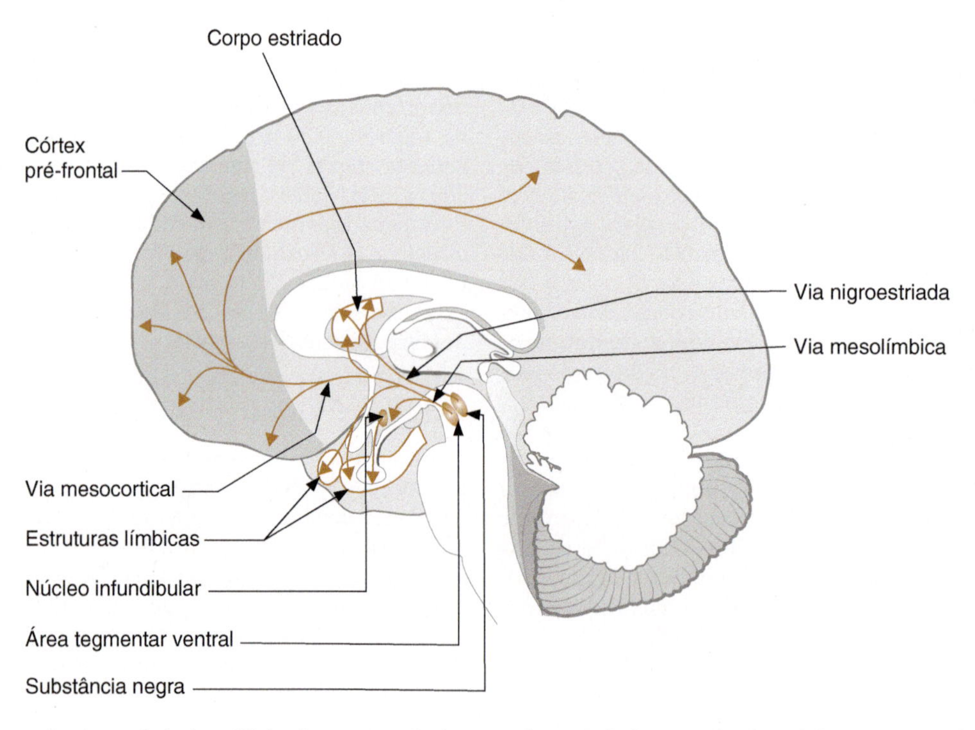

Figura 8.5 Centros e vias dopaminérgicos. Há, basicamente, três sistemas dopaminérgicos: o primeiro origina-se em neurônios da substância negra e termina no corpo estriado; o segundo origina-se na área tegmentar ventral e vai para áreas límbicas e para o córtex pré-frontal e o terceiro liga áreas hipotalâmicas com a eminência mediana e a hipófise.

As substâncias que provocam dependência, como, por exemplo, a cocaína, atuam nesse sistema, provocando sua desregulação. O uso prolongado de tais substâncias pode levar a uma anedonia (incapacidade de sentir prazer), e à dependência ao uso das mesmas, de maneira contínua.

Acredita-se que uma hiperatividade do sistema dopaminérgico esteja presente em pacientes esquizofrênicos, pois os fármacos antipsicóticos usuais atuam bloqueando os receptores sinápticos da dopamina. Além disso, surtos psicóticos observados em usuários de cocaína ou de anfetaminas são muito semelhantes aos observados em pacientes esquizofrênicos e parecem resultar da ativação dopaminérgica.

Por fim, a dopamina parece ser importante no funcionamento da chamada memória operacional (*working memory*, em inglês), uma faculdade que possibilita armazenar e manipular temporariamente uma informação, enquanto ela se faz útil para atingir determinado objetivo ou resolver um problema. Os pacientes portadores do transtorno do déficit de atenção e hiperatividade (TDAH), que têm alteração no fun-

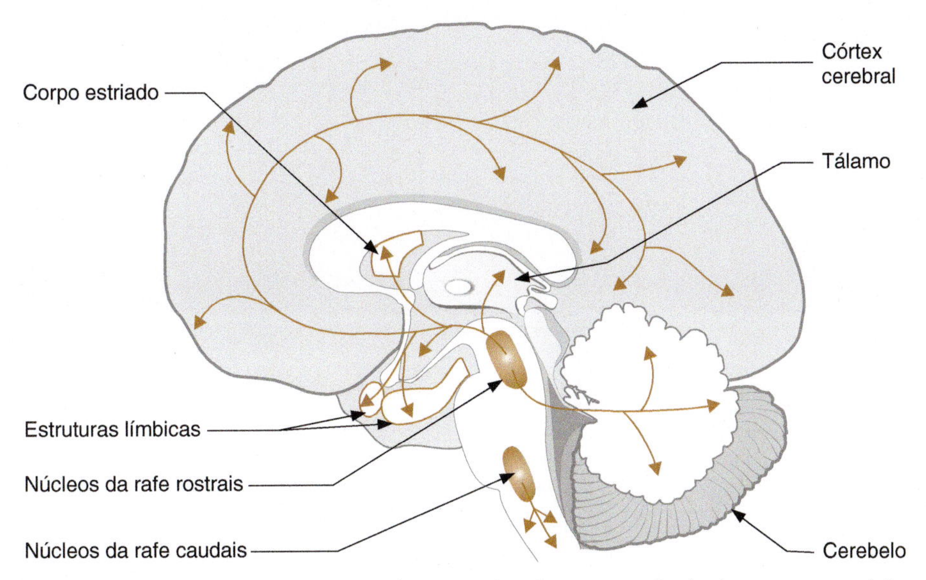

Figura 8.6 Centros e vias serotoninérgicos. Neurônios contendo serotonina são encontrados basicamente nos núcleos da rafe, ao longo do tronco encefálico. Os núcleos da rafe situados mais rostralmente projetam-se para extensas áreas do cérebro. Aqueles localizados mais caudalmente inervam a medula espinhal e o cerebelo.

cionamento da memória operacional, costumam ter os seus sintomas aliviados por substâncias que atuem nas sinapses dopaminérgicas.

Áreas e vias serotoninérgicas

Os chamados **núcleos da rafe** são os principais locais em que se encontram neurônios serotoninérgicos. Estes núcleos devem a sua denominação ao fato de estarem localizados no ponto de encontro entre as duas metades do tronco encefálico, junto à linha mediana (rafe = costura). Os núcleos da rafe mais rostrais inervam estruturas do tronco encefálico, como a área tegmentar ventral e a substância cinzenta periaquedutal, além de enviar fibras para extensas áreas do cérebro, como o hipotálamo, as estruturas límbicas e o córtex cerebral. Os núcleos da rafe situados no bulbo e na ponte enviam projeções para o tronco encefálico, para o cerebelo e para a medula espinhal (Figura 8.6).

As vias serotoninérgicas descendentes estão relacionadas com o sistema inibidor da dor, com a regulação visceral e com o controle do neurônio motor somático. Já as vias ascendentes participam da regulação do ciclo vigília/sono, sendo que sua atividade diminui durante o sono, principalmente no sono paradoxal. Por fim, as vias serotoninérgicas são importantes ainda no controle da agressividade. A diminuição da atividade serotoninérgica parece levar a uma hipersensibilidade aos estímulos externos e ao aumento da impulsividade. Boa parte das substâncias com ação antidepressiva atua nos mecanismos serotoninérgicos, inibindo a recaptação da serotonina nas sinapses em que ela é liberada. Algumas substâncias alucinogênicas surtem efeito por meio da ação em receptores da serotonina.[5]

[5] Existe uma inervação serotoninérgica nos vasos sanguíneos cerebrais, onde ela causa vasoconstrição. Sabe-se que algumas medicações efetivas contra as enxaquecas atuam inibindo a ação da serotonina nesses locais.

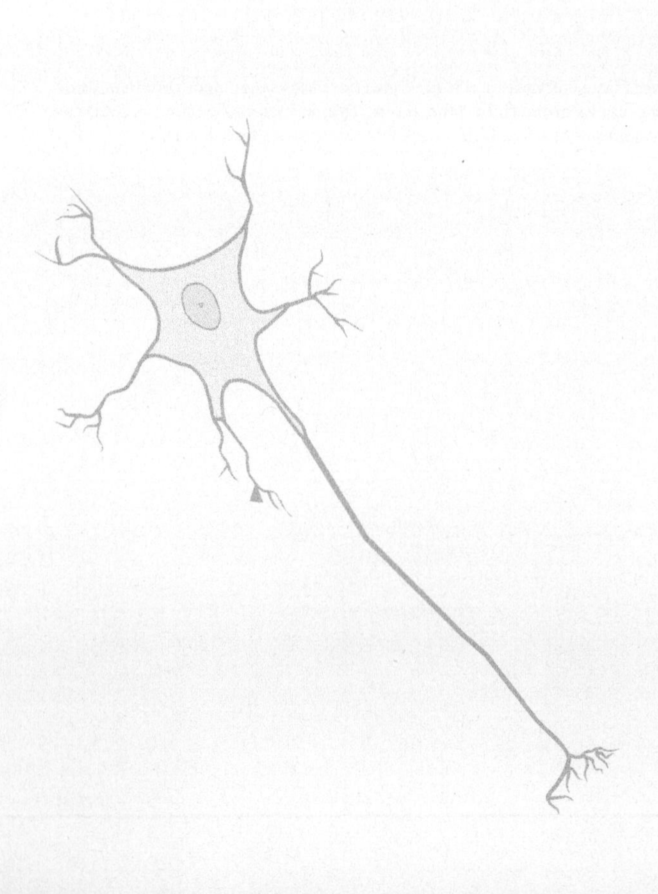

9

Cerebelo

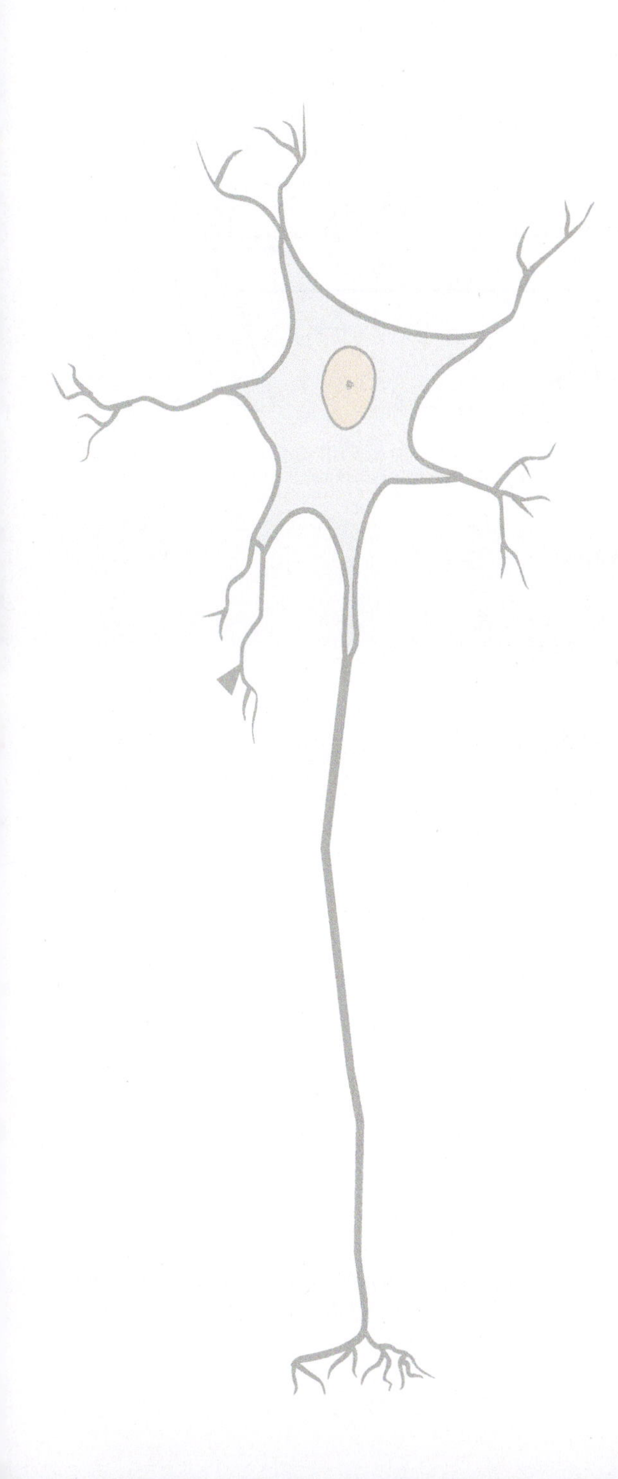

Estrutura e conexões intrínsecas

O cerebelo apresenta, na sua superfície, uma camada de substância cinzenta, o **córtex cerebelar**, abaixo do qual se encontra a substância branca ou **corpo medular do cerebelo**. No interior deste corpo medular, há, novamente, substância cinzenta, sob a forma dos **núcleos centrais do cerebelo** (Figura 3.12). Por sua vez, o córtex cerebelar apresenta três camadas celulares que são, de fora para dentro: a **camada molecular**, a **camada das células de Purkinje** e a **camada granular**. No córtex cerebelar, as conexões entre as diferentes células que o constituem são homogêneas, ou seja, repetem-se de modo regular em todo o cerebelo (Figura 9.1); aqui, chama a atenção a ausência de fibras de associação entre diferentes regiões do córtex cerebelar, como acontece no córtex cerebral. Os neurônios do córtex do cerebelo são inibitórios e têm como neurotransmissor o ácido gama-aminobutírico (GABA), com exceção dos neurônios granulares, que são excitatórios, e utilizam o glutamato como neurotransmissor.

Ao cerebelo chegam, basicamente, dois tipos de fibras, vindas de outras regiões do SNC: as **fibras musgosas** e as **fibras trepadeiras** (Figuras 9.1 e 9.2).[1] As primeiras provêm de diferentes origens e terminam na camada granular, em contato com dendritos dos neurônios granulares; as segundass têm origem no núcleo olivar inferior e terminam em contato com os dendritos das células de Purkinje. Ambos os tipos de fibras são excitatórias e emitem ramos colaterais que fazem sinapses com neurônios dos núcleos centrais do cerebelo.

Os núcleos centrais do cerebelo, na espécie humana, são quatro de cada lado: o **núcleo fastigial**, mais medial; os **núcleos emboliforme** e **globoso**, de posição intermédia, e o **núcleo denteado**, mais lateral (Figura 3.12). Esses núcleos recebem axônios das células de Purkinje, bem como colaterais das fibras aferentes ao cerebelo. Os núcleos centrais, por sua vez, dão origem às fibras cerebelares eferentes. Observando-se a estrutura das conexões do cerebelo, pode-se dizer que ele usualmente compara duas informações excitatórias oriundas de fontes diferentes (os núcleos centrais recebem, em adição, um aporte inibitório dos neurônios de Purkinje), enviando o resultado dessa computação a outras estruturas do SNC (Figura 9.2).

[1] Além dessas, existem fibras **noradrenérgicas**, vindas do *locus ceruleus*, e **serotoninérgicas**, vindas dos núcleos da rafe (Capítulo 8).

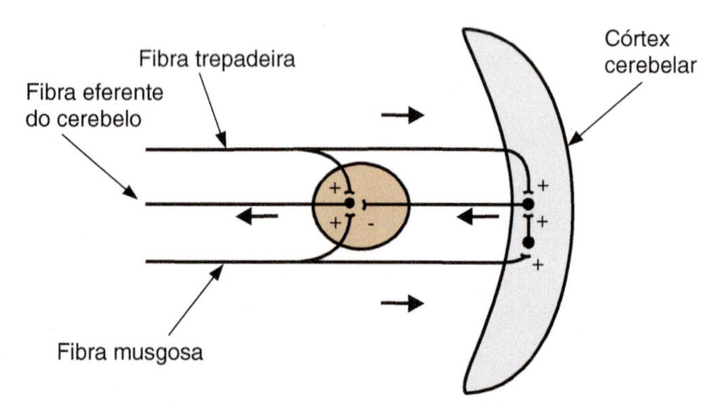

Figura 9.2 Diagrama mostrando a estrutura geral dos circuitos cerebelares, com as influências excitatórias e inibitórias neles encontradas.

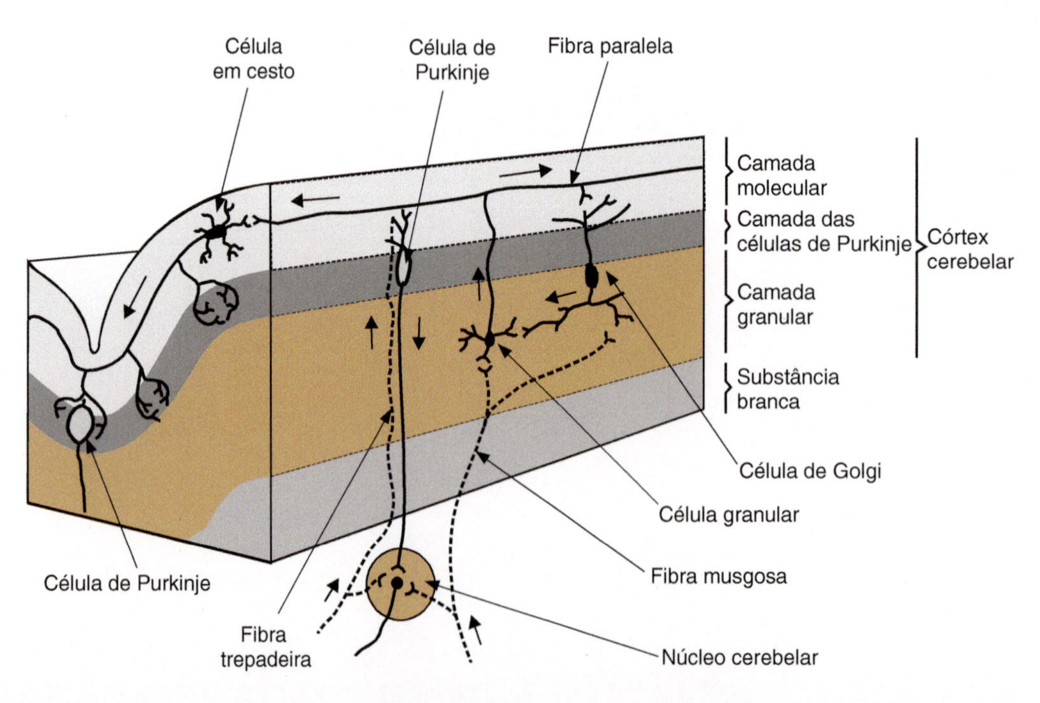

Figura 9.1 Visão esquemática de um corte feito em uma folha do cerebelo, com as conexões das células do córtex cerebelar. Externamente, observa-se a *camada molecular*, pobre em células, mas na qual existem interneurônios *(células em cesto)*, dendritos das células de Purkinje e numerosos axônios das células granulares, as *fibras paralelas*. A segunda camada é a *camada das células de Purkinje*, caracterizada por neurônios grandes, em forma de cantil, com rica arborização dendrítica na camada molecular e um axônio dirigido para os núcleos centrais do cerebelo. A *camada granular*, mais profunda, é rica em pequenos neurônios, as *células granulares*, muito numerosas, que emitem um axônio ascendente bifurcado em T, formador das fibras paralelas que acompanham o sentido das folhas cerebelares na camada molecular. Na camada granular, podem ainda ser encontrados interneurônios: as *células de Golgi*.

Organização morfofuncional e conexões com outras regiões do SNC

Ao exame macroscópico, o cerebelo pode ser dividido no sentido anteroposterior em três **lobos**: **anterior**, **posterior** e **floculonodular** (Capítulo 3). Admite-se que essa divisão teria correspondência com a provável história filogenética do cerebelo: o lobo floculonodular corresponderia ao arquicerebelo; o lobo anterior (junto com a úvula e a pirâmide), ao paleocerebelo; e o lobo posterior, ao neocerebelo.

Funcionalmente, o cerebelo costuma ser organizado em três divisões: os **cerebelos vestibular**, **espinhal** e **cortical,** tomando como referência as suas conexões com os núcleos vestibulares, a medula espinhal e o córtex cerebral, respectivamente. As fibras que chegam ao cerebelo a partir dessas estruturas são fibras musgosas, que se dirigem para diferentes porções do córtex cerebelar, em uma disposição que respeita, em linhas gerais, mas não de maneira rígida, as três regiões da organização anteroposterior (Figura 9.3).

As fibras trepadeiras, que têm origem no núcleo olivar inferior e conectam porções deste núcleo com diferentes regiões do córtex cerebelar, obedecem a uma organização diferente não mais anteroposterior, mas longitudinal ou mediolateral. Nessa nova organização, podem-se delimitar três porções: **mediana** (vérmis), **intermédia** e **lateral** (hemisfério), que não são aparentes quando se observa um cerebelo macroscopicamente. Sabe-se que o córtex cerebelar liga-se aos núcleos centrais também de maneira ordenada, que respeita essa mesma organização (para as divisões anteroposterior e longitudinal do cerebelo, veja a Figura 9.3).

Em um resumo das conexões do cerebelo com outras regiões do SNC, podemos dizer que as principais aferências vêm dos núcleos vestibulares, da medula espinhal, da formação reticular (FR), dos núcleos pontinos e do núcleo olivar inferior. Saliente-se que o cerebelo parece receber informações sensoriais de todo tipo, inclusive auditivas e visuais. Por outro lado, ele envia fibras aos núcleos vestibulares, à FR, ao núcleo rubro e ao tálamo.

De um ponto de vista didático, é mais interessante estudar separadamente as conexões e funções dos cerebelos vestibular, espinhal e cortical, o que faremos a seguir.

Conexões e funções do cerebelo vestibular

O cerebelo vestibular ocupa-se, basicamente, em promover o equilíbrio corporal (Figura 9.4). Esta porção do cerebelo, representada pelo lobo floculonodular, recebe fibras originadas nos receptores do labirinto do ouvido interno, as quais o informam sobre a posição e os movimentos da cabeça (aferências que podem ser diretas para o cerebelo ou indiretas; neste último caso, com sinapse nos núcleos vestibulares). O córtex do lobo floculonodular processa essas informações e, pelos axônios das células de Purkinje, comunica-se de volta com os núcleos vestibulares. Esses núcleos, por sua vez, dão origem ao trato vestibuloespinhal, o que torna possível ao cerebelo influenciar neurônios motores da medula, particularmente os do grupo medial, atuantes sobre a musculatura axial, a qual é importante para a manutenção do equilíbrio corporal. Os núcleos vestibulares originam ainda fibras que, viajando pelo fascículo longitudinal medial, participarão dos mecanismos de controle dos movimentos oculares, para os quais o cerebelo contribui.

Conexões do cerebelo espinhal

O cerebelo espinhal (Figura 9.5) supervisiona a manutenção do tônus muscular necessário para manter a postura corporal. Para isso, ele necessita receber informações de todo o corpo, que sobem pela medula por meio dos tratos espinocerebelares anterior e posterior e penetram no cerebelo pelos pedúnculos cerebelares. Essas informações dirigem-se ao córtex cerebelar (lobo anterior e porções do vérmis do lobo posterior), no

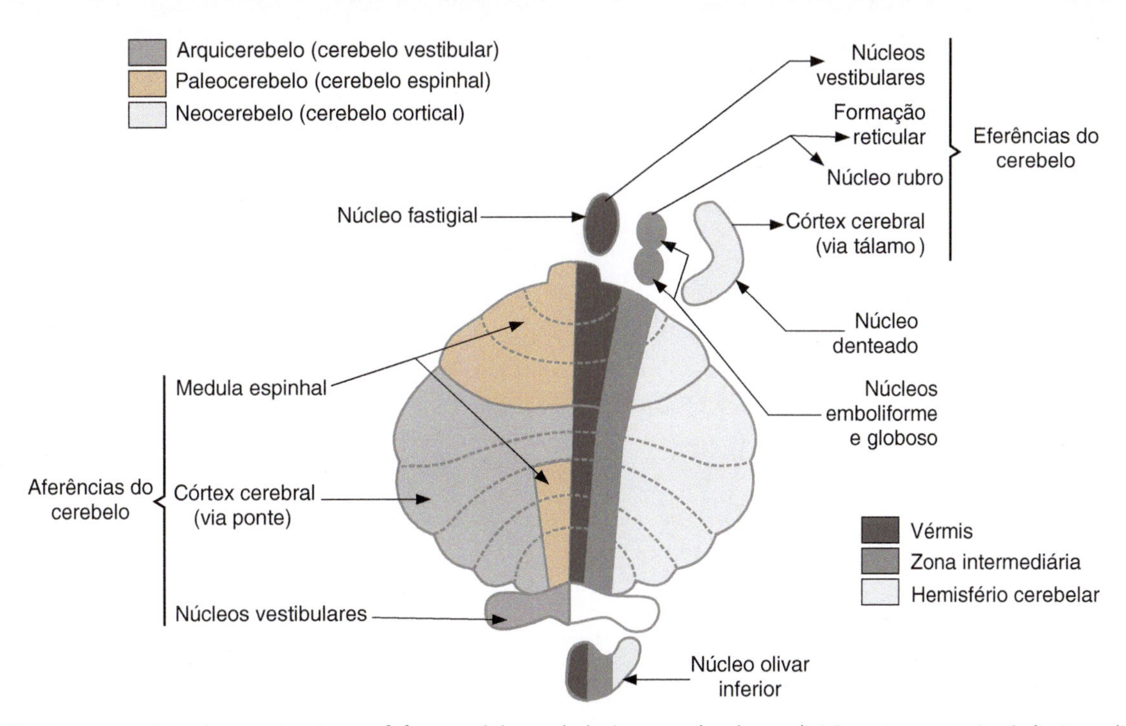

Figura 9.3 Visão esquemática da organização morfofuncional do cerebelo: à esquerda, vê-se a divisão anteroposterior; à direita, a divisão mediolateral. São mostradas, ainda, as conexões cerebelares extrínsecas (veja o texto).

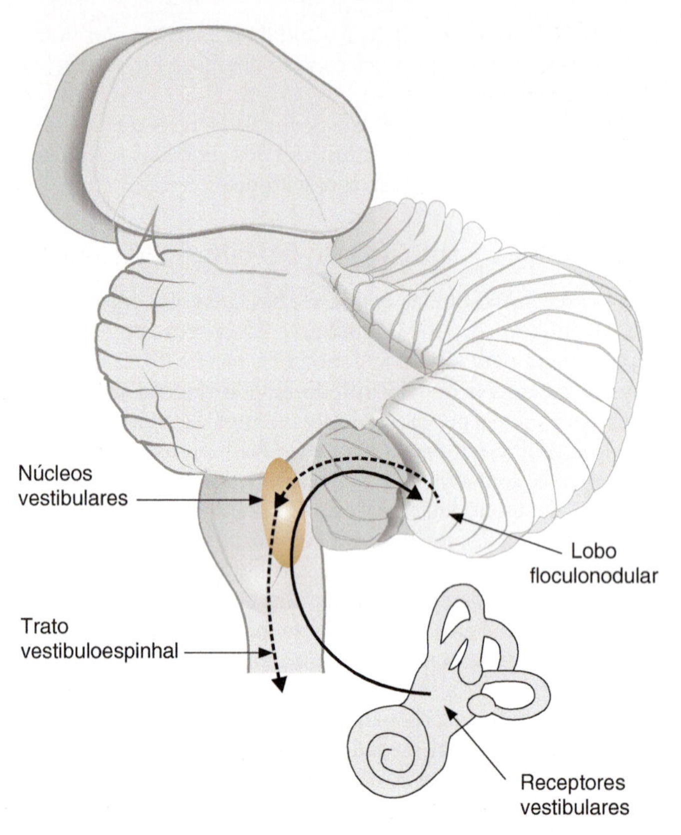

Figura 9.4 As conexões do cerebelo vestibular, em visão esquemática.

qual são processadas e enviadas aos núcleos centrais. Daí saem fibras que se dirigem a áreas do tronco encefálico: núcleos vestibulares, formação reticular e núcleo rubro. Esses núcleos dão origem a tratos descendentes para a medula espinhal e, por meio deles, o cerebelo pode influenciar os neurônios motores da medula (Capítulo 6). O cerebelo participa, dessa maneira, dos mecanismos que mantêm a postura e promovem a locomoção e é importante para a manutenção do tônus muscular e para a coordenação motora.

Conexões do cerebelo cortical

O cerebelo cortical (Figura 9.6) desenvolveu-se, durante a evolução animal, de maneira progressiva, em paralelo ao crescimento do córtex cerebral. Ele é importante na coordenação e no planejamento da motricidade, além de participar de processos cognitivos e emocionais.

Muitas regiões do córtex cerebral enviam fibras ao cerebelo, por meio de uma via que inclui uma sinapse intermediária nos **núcleos pontinos**. Esse trato corticopontino tem origem não só em regiões motoras do córtex cerebral, mas também em áreas com funções sensoriais, e, ainda, em áreas de associação dos lobos frontal, parietal e temporal, além de regiões límbicas.

Os núcleos pontinos enviam fibras para o cerebelo, que, depois de processar essas informações por intermédio dos núcleos denteados, repassam-nas ao tálamo (principalmente ao núcleo ventral anterior – veja o Capítulo 11). Daí, partem fibras cujo destino serão as áreas do córtex cerebral iniciadoras deste circuito.

Por meio deste circuito **córtico-ponto-cerebelo-tálamo-cortical**, o cerebelo pode interagir com muitas áreas do córtex cerebral. Os textos didáticos usualmente enfatizam as conexões com o córtex motor, o mesmo que dá origem ao trato corticoespinhal, responsável pelos movimentos voluntários; contudo, as conexões com outras áreas corticais são também importantes.

Considerações funcionais

O cerebelo tem conexões com muitas regiões do SNC e recebe, inclusive, informações de todas as modalidades sensoriais; contudo, ele tem sido historicamente conhecido por suas funções no controle da motricidade. Neste aspecto, ele atua como coordenador, comparando a todo o momento as ordens emanadas dos centros superiores e os movimentos a

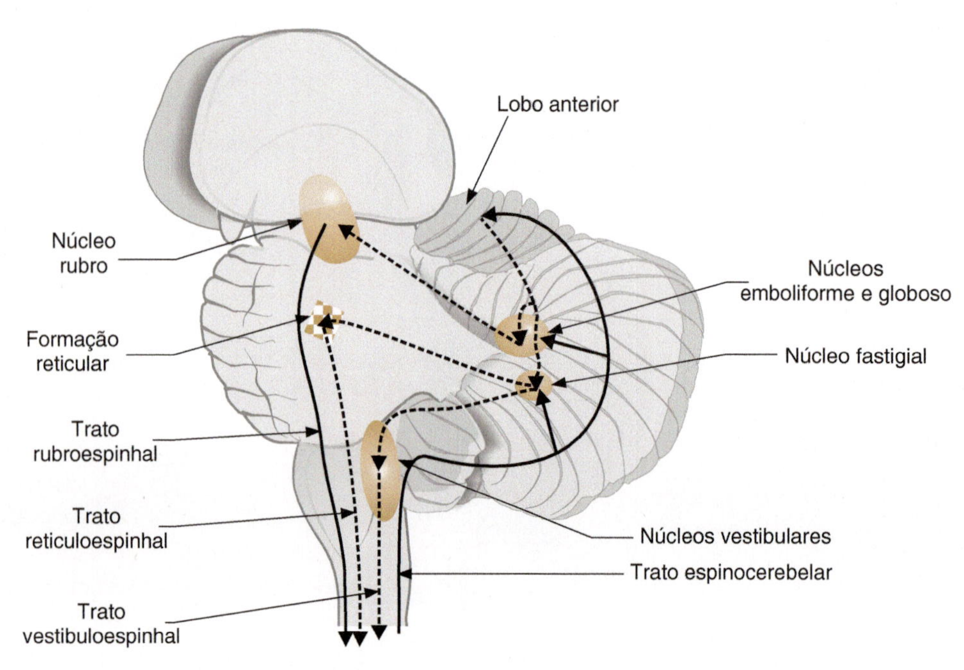

Figura 9.5 As conexões do cerebelo espinhal, em visão esquemática.

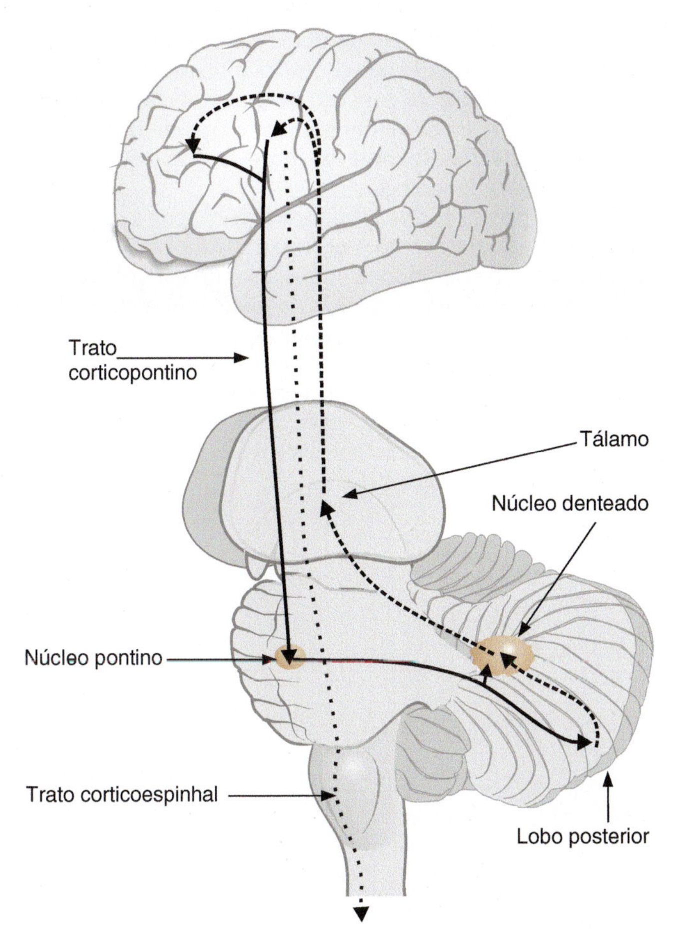

Figura 9.6 As conexões do cerebelo cortical, em visão esquemática.

partir delas executados, providenciando então as correções necessárias para que os movimentos sejam suaves, harmônicos e eficazes. Note-se que as conexões do cerebelo são organizadas de tal modo que o hemisfério cerebelar de um lado interage com o hemisfério cerebral contralateral, mas influencia a musculatura do mesmo lado, ou seja, o cerebelo atua na musculatura ipsilateral. Outro fato notável: apesar da sua importância nos processos motores, o cerebelo não é imprescindível para a ocorrência dos movimentos e as lesões cerebelares não provocam paralisia. Quanto ao controle motor exercido pelo cerebelo, seu papel pode ser mais bem compreendido quando, de maneira esquemática, observamos a sua organização morfofuncional e a sua suposta história filogenética.

O **cerebelo vestibular** corresponderia ao arquicerebelo, o primeiro a aparecer na evolução, já estando presente em animais marinhos muito primitivos, os ciclóstomos. Conforme vimos, esta porção do cerebelo recebe informações sobre a posição e os movimentos da cabeça vindas dos receptores do labirinto e irá integrá-las de maneira a elaborar as ações motoras necessárias à manutenção do equilíbrio ou à posição do corpo em relação ao espaço exterior. Assim, uma lesão nessas porções do cerebelo afeta basicamente o equilíbrio corporal e as funções oculomotoras, conservando-se intactas as demais funções.

O **cerebelo espinhal** (paleocerebelo) torna-se importante na evolução das espécies, no momento em que alguns animais abandonaram o ambiente aquático e passaram a viver em terra firme. Não havendo mais a sustentação proporcionada pelo meio líquido, tornou-se necessário desenvolver ações motoras que se opusessem à gravidade, mantendo a postura e garantindo a locomoção. Assim, o cerebelo espinhal recebe as informações proprioceptivas e exteroceptivas vindas de todo o corpo e coordena as respostas necessárias, que repercutirão na musculatura axial (pelos tratos vestibuloespinhal e reticuloespinhal) e apendicular (pelo trato rubroespinhal). Uma lesão no cerebelo espinhal costuma afetar o tônus postural, tendo como resultado uma hipotonia, a qual poderá fazer com que o indivíduo seja incapaz de sustentar o próprio corpo. Além disso, aparece uma incoordenação motora, a **ataxia cerebelar**.

Já o **cerebelo cortical**, tendo se desenvolvido paralelamente ao aumento ocorrido no córtex cerebral, atinge seu ápice entre os primatas, particularmente na espécie humana. O cerebelo cortical é importante na coordenação dos movimentos (principalmente os movimentos precisos e delicados dos dedos), bem como no próprio planejamento das ações motoras. Uma lesão nas áreas deste órgão poderá causar incoordenação motora evidenciada, por exemplo, durante a marcha ou a execução de ações simples, como a de colocar o dedo na ponta do nariz. Observa-se um *tremor terminal*, que ocorre ao final dos movimentos, até que o objetivo seja alcançado (há uma **dismetria**). Há ainda incapacidade para a realização simultânea e harmônica de um ato motor complexo, como, por exemplo, o de apanhar um objeto no solo. Em uma situação como essa, o paciente realiza isoladamente cada componente da ação motora requerida (como movimentar a cabeça, estender o braço, fletir a perna etc.), assumindo, assim, o aspecto de um boneco de molas em movimento (fenômeno chamado de **decomposição dos movimentos**).

Pelas conexões com o córtex cerebral, o cerebelo participa não só da coordenação na execução dos movimentos, mas também do planejamento das ações motoras, influenciando as regiões do córtex cerebral responsáveis por essa função.

No entanto, a divisão do cerebelo em porções estanques é uma simplificação didática. Ele atua como um todo, e suas diferentes porções são importantes para a realização dos diversos aspectos da função cerebelar. Raramente, na prática clínica, uma lesão acomete somente uma das divisões do cerebelo, portanto é difícil observar-se uma síndrome cerebelar pura.

O cerebelo parece estar envolvido, também, na aprendizagem motora e na memória correspondente: a *memória de procedimentos* (*procedural memory*, em inglês). A disposição das conexões cerebelares (Figura 9.2) parece promover uma condição ideal para que ocorra o pareamento de excitações celulares, importante para que ocorra a aprendizagem.

Ao longo do tempo, vêm se acumulando evidências de que o cerebelo participa não só da motricidade, mas também de processos cognitivos como a percepção visuoespacial ou a linguagem, de algumas funções executivas e até do controle visceral.[2] Por outro lado, estudos envolvendo tecnologias de neuroimagem têm mostrado alterações cerebelares em patologias até então insuspeitadas, como a esquizofrenia, o autismo e a dislexia.

Alguns autores propõem, por sua vez, a existência de uma *síndrome cerebelar afetivo-cognitiva*, que seria aparente em pacientes com processos agudos que afetam o cerebelo. Segundo eles, nesta síndrome observam-se mudanças de personalidade, com a desinibição do comportamento, que pode se tornar desrespeitoso e infantil. Há problemas com

[2] O cerebelo tem conexões com o hipotálamo e também com estruturas límbicas, como a amígdala, o hipocampo e o giro do cíngulo, o que poderia explicar essa função. Estas conexões se fazem com o vérmis cerebelar.

a memória operacional e sintomas de perseveração, de desatenção e de alterações da linguagem, além de deficiências no desempenho visuoespacial. Haveria uma *dismetria do pensamento*, ou seja: assim como na dismetria motora ocorre uma imprecisão e inabilidade na regulação dos movimentos, nesta alteração cognitiva haveria uma falta de correspondência entre a realidade e a realidade percebida, ocorrendo tentativas erráticas de correção dos erros de pensamento e de conduta.

O funcionamento do cerebelo possibilita que novas tarefas motoras possam, depois de alguma prática, ser executadas de modo automático e mais preciso, isto é, sequências de movimentos podem ser feitas mais velozmente, com maior precisão e menos esforço. Supõe-se que ele possa atuar da mesma maneira em habilidades perceptuais e cognitivas, tornando-as também mais rápidas, automáticas e precisas. Todavia, não se sabe ainda como o cerebelo participa desses processos. Como existe uma regularidade nas conexões intrínsecas em todo o córtex cerebelar, que se conecta, no entanto, com diferentes regiões do SNC, supõe-se que o mesmo tipo de computação poderia ser utilizado para a execução das diversas funções agora atribuídas ao cerebelo.

Assim, especula-se que sua função básica seria a de comparar e prever as configurações necessárias para executar determinada tarefa, preparando as outras áreas do sistema nervoso, para que ela possa ser executada de modo automático e preciso. Outros afirmam que a função do cerebelo é a de atuar como um sistema computacional, capaz de detectar, prevenir e corrigir erros, sejam eles nos processos motores ou cognitivos. Sem dúvida, outras pesquisas serão ainda necessárias para que tenhamos uma compreensão mais precisa das funções realmente exercidas pelo cerebelo.

10

Hipotálamo

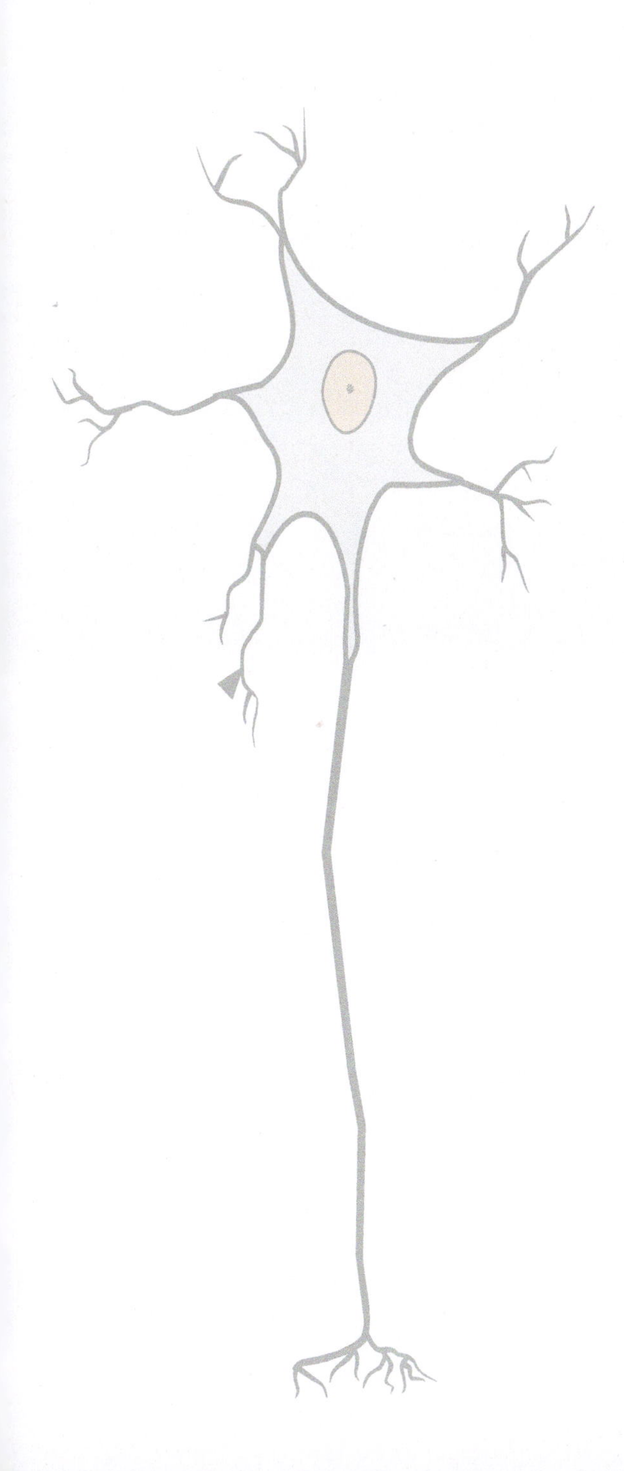

Estrutura e divisões

O **hipotálamo** é uma pequena região da base do cérebro (na espécie humana, pesa cerca de quatro gramas). Situa-se na parede do terceiro ventrículo, abaixo do tálamo, sendo constituído basicamente de substância cinzenta (Figuras 10.1 e 10.2). O hipotálamo não é uma região homogênea, pois nele se localizam muitos núcleos de cito e quimioarquitetura bastante variadas.

Quando observamos a face inferior do encéfalo, a região hipotalâmica é representada pelo quiasma óptico, o túber cinéreo e os corpos mamilares (Figura 3.14). Essas estruturas delimitam três regiões no sentido anteroposterior: **hipotálamos supraóptico**, **tuberal** e **mamilar**. Adiante deles localiza-se a região mais anterior do hipotálamo: a **área pré-óptica.**

No sentido mediolateral, três regiões hipotalâmicas são visíveis: a **periventricular**, constituída por núcleos adjacentes ao terceiro ventrículo; a **medial**, na qual se encontram alguns núcleos bem delimitados e uma **lateral**, em que existem aglomerados neuronais um tanto difusos (Figura 10.2). As áreas lateral e medial são delimitadas pela passagem das fibras do fórnix. Na área lateral, encontram-se as fibras do **feixe prosencefálico medial**, que percorrem longitudinalmente toda a região hipotalâmica. O feixe prosencefálico medial (*forebrain medial bundle*, em inglês) não é, na verdade, um trato bem individualizado, mas sim um conjunto difuso de fibras nervosas que conduzem informações em ambos os sentidos, rostral e caudalmente. Esse importante feixe não só conecta o hipotálamo com regiões como o córtex cerebral e o tronco encefálico, como também é constituído de axônios que apenas atravessam o hipotálamo, sem com ele fazer sinapses.

Conexões

O hipotálamo como um todo tem muitas conexões com outras estruturas do SNC; sendo uma região heterogênea, seus diversos núcleos têm conexões diferentes entre si. No entanto, estudaremos as conexões hipotalâmicas tomando como referência o conjunto de suas estruturas. As principais conexões extrínsecas podem ser vistas na Figura 10.3. Os núcleos do hipotálamo mantêm também numerosas conexões intra-hipotalâmicas que, apesar de sua evidente importância funcional, são ainda pouco conhecidas.

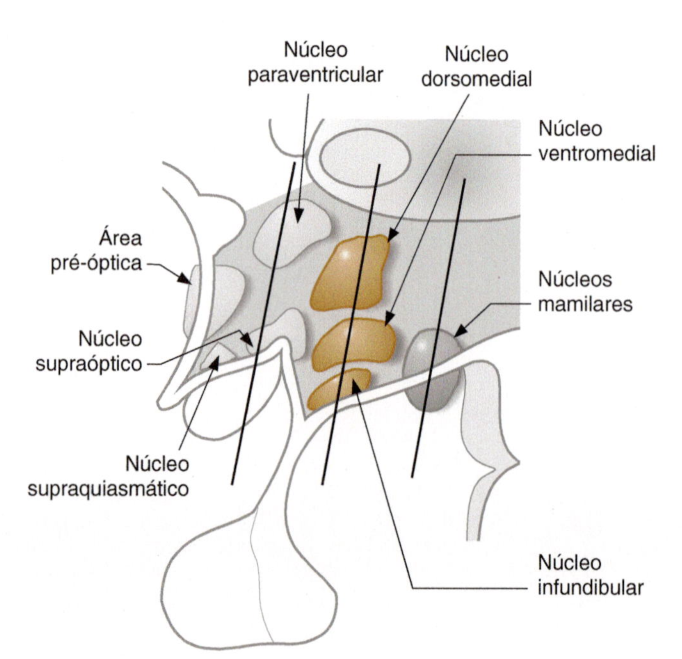

Figura 10.1 Visão esquemática da região hipotalâmica, em que seus principais núcleos são mostrados.

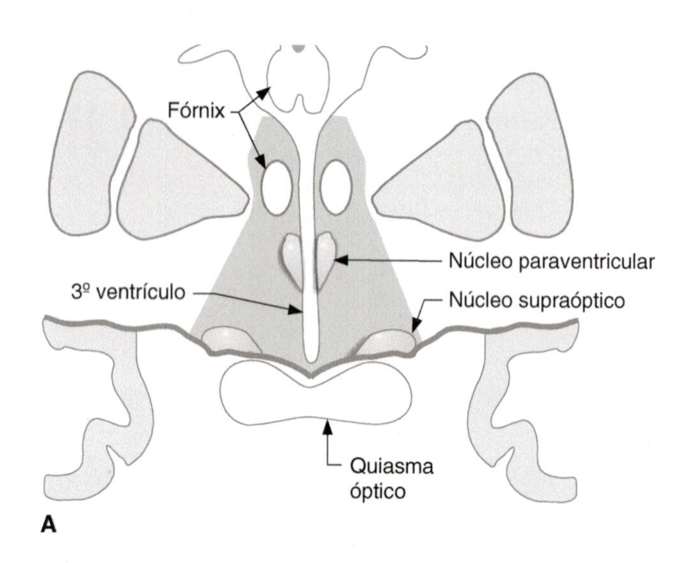

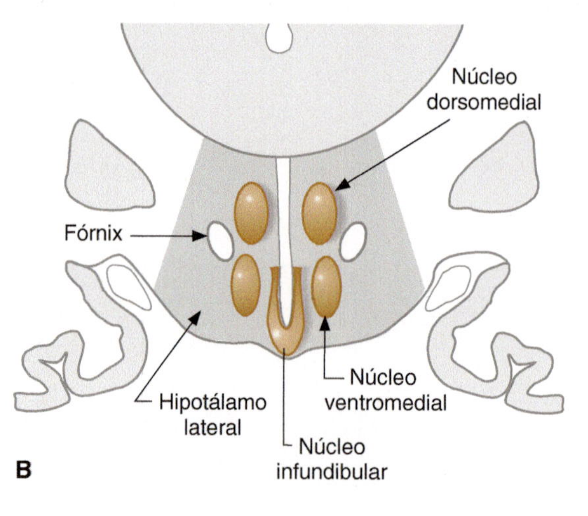

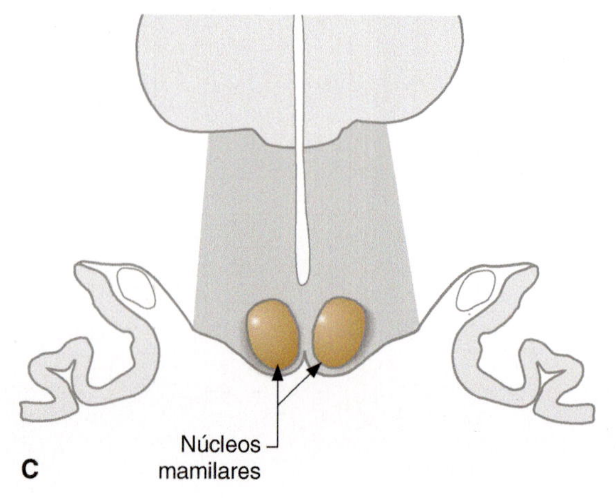

Figura 10.2 Cortes frontais, passando pela região hipotalâmica, em visão esquemática. Os níveis **A**, **B** e **C** estão indicados pelas barras na Figura 10.1.

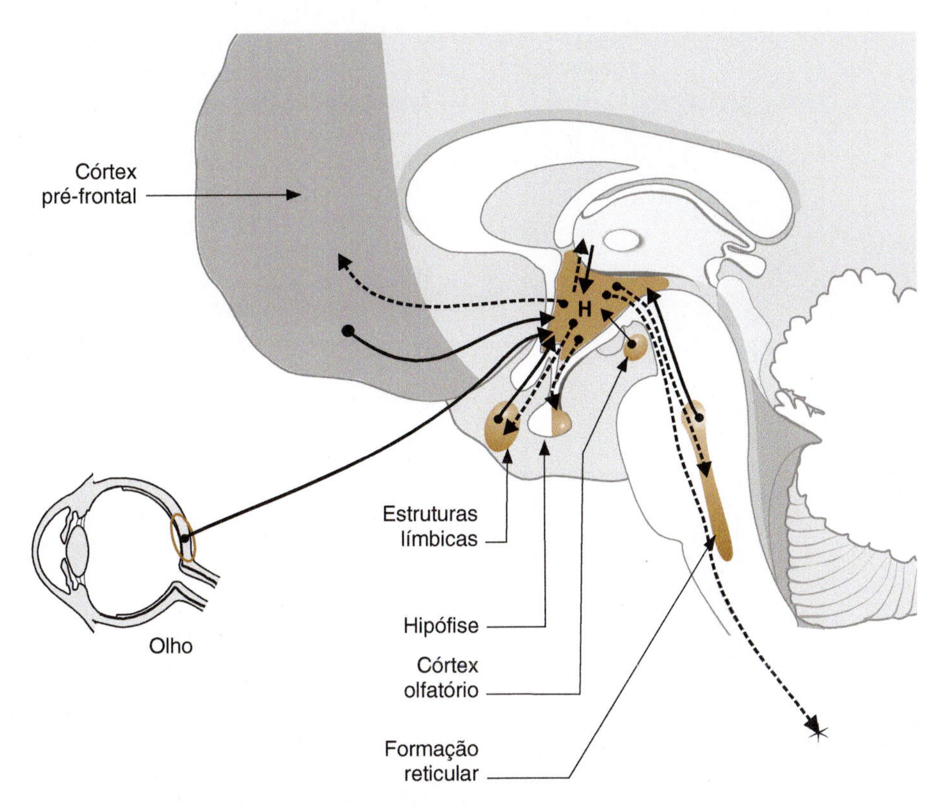

Figura 10.3 As principais conexões aferentes e eferentes do hipotálamo.

Conexões aferentes

O hipotálamo recebe fibras de numerosas **estruturas límbicas**. Essas estruturas se notabilizam, dentre outras funções, pelo controle dos processos emocionais e motivacionais, da função endócrina e do sistema nervoso autônomo (SNA) (Capítulo 14). Ao hipotálamo chegam fibras provenientes da amígdala cerebral, do hipocampo (ligado principalmente aos núcleos mamilares, por meio do fórnix) e da área septal. Também o córtex cerebral, particularmente a **região pré-frontal**, envia fibras ao hipotálamo.

Outro grupo de aferências importantes chega ao hipotálamo vindas da **formação reticular**. Dentre essas projeções, devem-se salientar as vias aminérgicas (Capítulo 8): tanto as fibras noradrenérgicas quanto serotoninérgicas ou dopaminérgicas terminam em núcleos hipotalâmicos.

Além disso, informações relacionadas com diferentes modalidades sensoriais têm acesso ao hipotálamo: a **retina** envia fibras ao núcleo supraquiasmático (trato retino-hipotalâmico); informações sensoriais viscerais chegam a ele pelas projeções originadas no **núcleo do trato solitário** e o **córtex olfatório** também mantém com o hipotálamo uma comunicação direta. Além disso, por via indireta, pela formação reticular ou pelas estruturas límbicas, admite-se que outras informações sensoriais cheguem ao hipotálamo.

Conexões eferentes

A maior parte das conexões mantidas pelo hipotálamo são recíprocas, portanto do hipotálamo saem fibras que se dirigem para **estruturas límbicas**, como o hipocampo, a amígdala e a área septal. Um contingente de fibras importantes forma o trato mamilo-talâmico, ligação dos corpos mamilares ao tálamo. Conexões recíprocas existem também na **formação reticular (FR)**, inclusive com os núcleos que dão origem às vias aminérgicas.

Algumas regiões da FR que recebem influência hipotalâmica enviarão projeções aos **neurônios pré-ganglionares do simpático e do parassimpático**, constituindo, assim, um sistema complexo para o controle do SNA. Além disso, sabe-se que o hipotálamo dá origem a fibras que se dirigem diretamente aos neurônios pré-ganglionares autonômicos situados no tronco encefálico ou na medula espinhal.

Uma importante projeção eferente do hipotálamo se faz com a **hipófise** ou **glândula pituitária**. Os núcleos supraóptico e paraventricular dão origem ao trato hipotálamo-hipofisário, que termina no lobo posterior dessa glândula (a **neuro-hipófise**) (Figura 10.4). Também importantes para a compreensão das relações do hipotálamo com a hipófise, como será discutido mais adiante, são as fibras que saem do núcleo infundibular (ou núcleo arqueado) e áreas adjacentes, terminando em contato com os capilares da eminência mediana (Figura 10.5). Por fim, o hipotálamo tem ligações com o **córtex cerebral**, principalmente com a região pré-frontal.

Considerações funcionais

O hipotálamo, apesar de suas pequenas dimensões, exerce uma gama enorme de funções, em geral relacionadas com a **homeostase**, ou seja, com a manutenção do meio interno do organismo em estado de equilíbrio, dentro dos limites compatíveis com o pleno funcionamento orgânico e a manutenção da vida. Pode-se dizer que ele mantém a homeostase por meio de suas relações com o **sistema endócrino**, com o **sistema nervoso autônomo** e com as estruturas do chamado **sistema límbico**. Abordaremos a seguir, de maneira sintética, as principais funções do hipotálamo, objetivando com isso a compreensão de sua importância funcional.

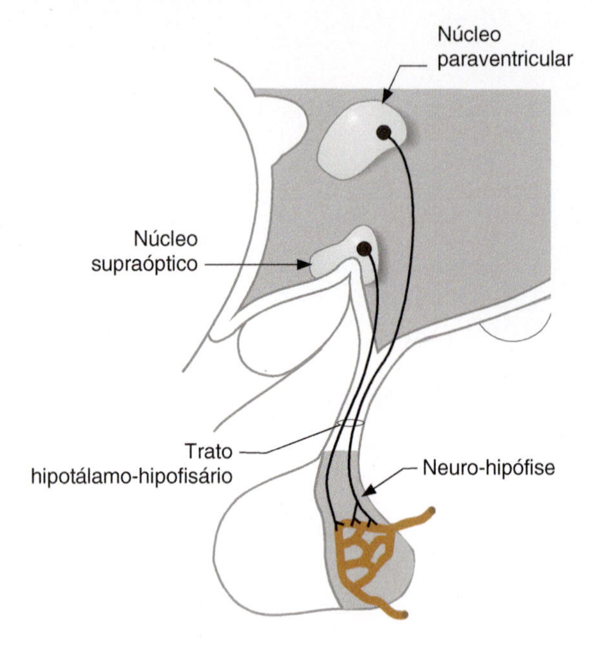

Figura 10.4 As relações entre o hipotálamo e a neuro-hipófise.

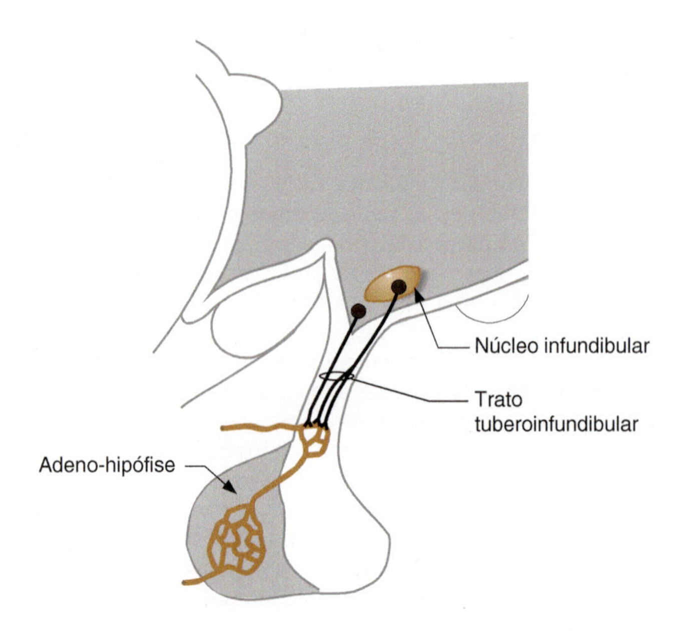

Figura 10.5 As relações entre o hipotálamo e a adeno-hipófise.

Neurossecreção | As relações com a neuro-hipófise

Os **núcleos supraóptico** e **paraventricular** têm alguns neurônios muito grandes, cujas fibras, por meio do trato hipotálamo-hipofisário, chegam ao **lobo posterior da pituitária** ou neuro-hipófise, na qual estabelecem contato com capilares sanguíneos (Figura 10.4). Os neurônios desses núcleos hipotalâmicos lançam o seu produto de secreção na corrente sanguínea, à maneira das células endócrinas, sendo, portanto, diferentes dos neurônios convencionais, cujo produto de secreção, os neurotransmissores, são liberados nas sinapses, nas quais têm apenas ação local. O conhecimento desse fato levou à constatação de que o hipotálamo é, de certa maneira, uma glândula endócrina, nele ocorrendo o fenômeno da **neurossecreção**.

Sabe-se que a porção magnocelular dos núcleos supraóptico e paraventricular produz dois polipeptídios, os hormônios **vasopressina** (hormônio antidiurético) e **ocitocina.** De início, pensava-se que a neuro-hipófise fosse responsável pela produção desses hormônios; somente mais tarde demonstrou-se que, na verdade, eles são produzidos no hipotálamo e liberados na circulação sanguínea na região do lobo posterior da pituitária. A vasopressina age nos túbulos renais promovendo a reabsorção de água, exercendo assim atividade antidiurética.[1] A ocitocina promove contrações na musculatura do útero sendo importante no momento do parto, além de atuar nas células mioepiteliais das glândulas mamárias, causando a ejeção do leite. No processo da amamentação, a estimulação do mamilo da mãe pela sucção do recém-nascido induz o aparecimento de impulsos nervosos, que serão levados ao hipotálamo, no qual ocorre a secreção de ocitocina, a qual agirá provocando a expulsão do leite do seio materno. Temos aí o exemplo de um reflexo cuja via aferente é nervosa, enquanto a via eferente é endócrina.

Controle do sistema endócrino | As relações com a adeno-hipófise

Neurônios hipotalâmicos produzem substâncias que regulam a produção dos hormônios da **pituitária anterior** ou **adeno-hipófise**. Como essa glândula, por sua vez, tem ação coordenadora sobre a maior parte das outras glândulas endócrinas, pode-se dizer que o hipotálamo é capaz de controlar o funcionamento de todo o sistema endócrino.

O núcleo infundibular (**núcleo arqueado**) e áreas hipotalâmicas adjacentes enviam fibras (pelo trato tuberoinfundibular) que fazem contato com capilares da eminência mediana (Figura 10.5). Os neurônios que originam essas fibras são pequenos, diferentes daqueles que originam o trato hipotálamo-hipofisário. No entanto, eles também secretam polipeptídios que, liberados na corrente sanguínea, serão levados até o lobo anterior da hipófise (adeno-hipófise), na qual entram em contato com as células endócrinas aí situadas. Na região da adeno-hipófise, encontramos o **sistema porta-hipofisário**, ou seja, ali os capilares sanguíneos da eminência mediana se juntam em uma única veia formadora de novos capilares, chamados **sinusoides** (Figura 10.5). Esses capilares são diferentes dos capilares cerebrais normais, pois têm paredes fenestradas, o que possibilita uma ampla troca de substâncias entre a corrente sanguínea e o tecido adjacente.

Como se sabe, a adeno-hipófise exerce papel regulador sobre as demais glândulas endócrinas, por meio de hormônios como o tireotrófico, para a tireoide; o adrenocorticotrófico, para as suprarrenais; os gonadotróficos, para as gônadas etc. A produção desses hormônios hipofisários, no entanto, se encontra sob controle hipotalâmico. Para cada hormônio da hipófise o hipotálamo produz um *hormônio de liberação* ou um *hormônio de inibição,* que fará com que as células da adeno-hipófise produzam ou deixem de produzir o hormônio em questão.

Pode-se dizer, portanto: o sistema endócrino está sob controle hipotalâmico e suas diversas funções são também fun-

---

[1] Lesões na base do cérebro podem interferir na produção, no transporte ou na liberação desse hormônio, causando o aparecimento de ***diabetes insipidus,*** uma doença que se caracteriza por grande aumento da produção de urina, o que provoca sede, e consequente aumento da ingestão de água (polidipsia).

ções do hipotálamo. Cabe lembrar, no entanto, que, ao exercer essas funções, ele é influenciado por um grande número de estruturas do SNC, destacando-se as relações com as estruturas límbicas e com a formação reticular. Por outro lado, o hipotálamo é sensível à ação dos hormônios circulantes, os quais regularão, por retroalimentação, sua própria secreção. No hipotálamo, portanto, ocorre uma interação complexa entre o sistema endócrino e o SNC.[2]

Controle do sistema nervoso autônomo

O hipotálamo é o principal centro regulador da atividade autonômica. Estimulações elétricas feitas por meio de eletrodos nele implantados desencadeiam as mais diferentes respostas viscerais, tanto simpáticas quanto parassimpáticas – aliás, respostas simpáticas são mais observadas por estimulação nas regiões posteriores do hipotálamo, enquanto as parassimpáticas o são por estimulação nas regiões hipotalâmicas anteriores.

O controle que o hipotálamo exerce sobre os neurônios pré-ganglionares autonômicos se faz, principalmente, por via indireta, pela formação reticular. Contudo, existem fibras originadas no hipotálamo direcionadas ininterruptamente para a medula espinhal e para alguns núcleos do tronco encefálico, como o núcleo motor do vago, que tem neurônios motores viscerais.

Controle da temperatura corporal

Os mamíferos e as aves são animais homeotérmicos, isto é, têm processos reguladores para a manutenção da temperatura corporal dentro de determinados limites. Para isso, no hipotálamo anterior (área pré-óptica) existem termorreceptores sensíveis à temperatura do sangue que aí circula, refletindo, normalmente, as variações da temperatura corporal. Aliás, a essa região também chegam informações sobre a temperatura da pele.

As respostas adequadas para a manutenção da temperatura dependem de diferentes regiões hipotalâmicas. Estimulações no hipotálamo anterior desencadeiam fenômenos como a vasodilatação periférica e a sudorese, levando à perda de calor. Por outro lado, a estimulação do hipotálamo posterior pode provocar vasoconstrição periférica, tremores musculares (calafrios) e mesmo liberação do hormônio tireoidiano, tudo com vistas à conservação do calor. Portanto, para a regulação da temperatura corporal, o hipotálamo pode lançar mão de ações que envolvem respostas viscerais, endócrinas e da musculatura esquelética. Ele pode até mesmo, por via indireta, influenciar o comportamento voluntário, levando o indivíduo, por exemplo, a vestir um agasalho ou procurar um local ensolarado.

A febre, por outro lado, é uma resposta mediada pelo hipotálamo em resposta a um processo inflamatório. Sabe-se que nesse processo são liberadas substâncias, como as citocinas, que levadas pela circulação chegam ao hipotálamo, no qual provocam mudanças metabólicas nas células endoteliais e perivasculares, que induzirão o desencadeamento da resposta febril a partir da região pré-óptica.

Controle da ingestão de alimentos

Desde meados do século 20, sabe-se que a estimulação do hipotálamo lateral pode levar um animal saciado a se alimentar e que a estimulação do hipotálamo medial (núcleo ventromedial) faz com que um animal faminto pare de se alimentar. Lesões localizadas nessas regiões podem, de maneira inversa, fazer com que o animal pare de se alimentar (apresente afagia) ou aumente exageradamente a ingestão de alimentos (hiperfagia), chegando a ficar obeso. Essas descobertas sugeriam que, no hipotálamo lateral, existiria um *centro da alimentação*, enquanto no hipotálamo medial existiria um *centro da saciedade*.

Hoje, sabemos que essa hipótese é simplista: a regulação da ingestão de alimentos se faz de maneira complexa, com a participação de várias estruturas nervosas e periféricas. A glicose e a insulina dissolvidas no sangue podem atuar diretamente no hipotálamo, provocando respostas orexígenas (geram o ato de comer) ou anorexígenas (geram o ato de parar de comer). Achados mais recentes vieram mostrar que a leptina (um polipeptídio liberado na circulação sanguínea pelas células adiposas no momento em que o suprimento alimentar se encontra em quantidade adequada) atua no hipotálamo medial por meio de receptores específicos (núcleo arqueado e áreas adjacentes), desencadeando alterações metabólicas nas células nervosas e desempenhando um papel importante na regulação da ingestão dos alimentos. A ausência de leptina provoca hiperfagia.

No núcleo arqueado encontram-se neurônios peptidérgicos envolvidos na regulação do comportamento alimentar. Conexões intra-hipotalâmicas ligam esses neurônios ao núcleo paraventricular e ao hipotálamo lateral, estabelecendo circuitos importantes para a regulação da ingestão de alimentos[3] ainda pouco compreendida, apesar dos avanços obtidos nos últimos anos.

Controle da ingestão e da excreção de água

A exemplo da ingestão de alimentos, a ingestão de água também é regulada por mecanismos complexos. O hipotálamo participa dessa regulação, sendo sensível a fatores como a diminuição do volume sanguíneo, o aumento da concentração salina no sangue ou a fatores periféricos, que podem servir de estímulo para a ingestão de água.

O volume sanguíneo (volemia), por exemplo, é um parâmetro importante na regulação da ingestão e da excreção hídricas. Quando a volemia diminui, por desidratação ou por hemorragia, ocorre uma queda na pressão arterial, que é detectada por receptores (barorreceptores) localizados na parede dos grandes vasos. Essa informação é levada ao hipotálamo pelo nervo vago (por intermédio do núcleo do trato solitário). A hipovolemia é também sinalizada pelos rins, que liberarão substâncias no sangue, as quais serão detectadas por uma pequena estrutura localizada junto ao hipotálamo, o órgão subfornicial. Essa estrutura, por sua vez, comunica-se com várias regiões hipotalâmicas, entre elas a área pré-óptica medial (desencadeadora do comportamento de ingestão hídrica) e os núcleos supraóptico e

[2] Além do sistema endócrino, o hipotálamo tem também relações com o sistema imunológico. O hipotálamo influencia o funcionamento desse sistema por intermédio dos hormônios hipofisários e mesmo por via autonômica. Por outro lado, mediadores produzidos pelo sistema imunitário agem diretamente no SNC, indicando a existência de um complexo sistema de interação neuroimunológica.

[3] No núcleo arqueado, o neuropeptídio Y, secretado por alguns neurônios, tem papel importante para desencadear o comportamento alimentar. A leptina, que inibe a ingestão de alimentos, parece regular a produção de neuropeptídio Y neste local. Por outro lado, no hipotálamo lateral são encontrados outros peptídios, como o hormônio concentrador da melanina e a orexina, também mediadores da ingestão de alimentos.

paraventricular (liberadores da vasopressina). A concentração salina do sangue é outro parâmetro utilizado pelo hipotálamo na regulação hídrica: uma região adjacente ao hipotálamo, o órgão vascular da lâmina terminal, tem osmorreceptores que detectam o aumento da concentração salina e se comunicam com os núcleos secretores de vasopressina visando à correção do problema.[4]

Controle dos ritmos circadianos

A maior parte dos nossos parâmetros fisiológicos varia ciclicamente durante as vinte e quatro horas do dia. Têm comportamento cíclico, por exemplo, a temperatura corporal, a secreção dos diversos hormônios, a concentração de neurotransmissores no sistema nervoso, a excreção urinária e até mesmo a atividade corporal traduzida no ciclo vigília/sono. Essas variações são de natureza endógena e continuam a ocorrer em um animal isolado e privado de informações sobre as variações ambientais. Nessas condições, contudo, o período de oscilação é ligeiramente diferente das vinte e quatro horas, donde se origina o termo **ritmo circadiano** (do latim *circa* = cerca, *dies* = dia, isto é, com a duração de, aproximadamente, um dia).

Os ritmos circadianos dependem de um marca-passo, um relógio biológico localizado no **núcleo supraquiasmático do hipotálamo** (a lesão dessa área torna o animal arrítmico). Este núcleo recebe o trato retino-hipotalâmico, portador de informações sobre o ritmo claro/escuro do ambiente, as quais servem para acoplar nossos ritmos internos com aquele ritmo ambiental, que tem a duração das 24 horas do dia.

Os ritmos circadianos exercem um importante papel na regulação homeostática, uma vez que possibilitam respostas antecipatórias às necessidades do organismo. Assim, por exemplo, na espécie humana, a temperatura corporal e a concentração dos hormônios da glândula suprarrenal tendem a se elevar no final da noite, antecipando-se ao início da atividade diária. Dessa maneira, ao despertar, o indivíduo já contará com as condições internas ideais para enfrentar as vicissitudes de um novo dia.

Um ritmo circadiano importante é o de vigília/sono (Capítulo 8). Pesquisas têm demonstrado que regiões hipotalâmicas participam ativamente do controle do sono, em particular um grupo neuronal na área pré-óptica e outro no hipotálamo lateral. Este último parece se relacionar com a **narcolepsia**, distúrbio que provoca incoercíveis ataques de sono durante o dia.

Controle de processos emocionais e motivacionais

O hipotálamo é uma área central dos circuitos em que estão envolvidas as estruturas límbicas (Capítulo 14). Como tal, tem grande participação nos mecanismos reguladores dos processos emocionais e motivacionais. Estimulações feitas com eletrodos no hipotálamo de animais não anestesiados desencadeiam respostas emocionais complexas: ataque (raiva), fuga (medo) etc. Por outro lado, comportamentos voluntários (motivados) também podem ser desencadeados por estimulação hipotalâmica. Um rato, por exemplo, pode ser levado a apertar uma alavanca para acender uma luz infravermelha que lhe dará calor se provocarmos um abaixamento da temperatura do seu hipotálamo anterior. Essas respostas dependem de inter-relações do hipotálamo com estruturas límbicas e com o córtex pré-frontal (Capítulos 13 e 14).

Um aspecto importante da função hipotalâmica é o referente ao controle da reprodução e do comportamento sexual. Sabe-se que existem diferenças sexuais no SNC e no hipotálamo; mais especificamente, em uma região da área pré-óptica encontra-se o núcleo do dimorfismo sexual, que é maior em machos do que em fêmeas. Por outro lado, o hipotálamo de machos e fêmeas parece ter um funcionamento diferente, determinado pela presença ou não de hormônios sexuais masculinos durante o período fetal ou logo após o nascimento.

[4] O órgão subfornicial e o órgão vascular da lâmina terminal são dois dos chamados **órgãos circunventriculares**, pequenas estruturas situadas em regiões adjacentes ao terceiro ventrículo. Nessas regiões, entre as quais se incluem a neuro-hipófise e a glândula pineal, não existe a barreira hematencefálica, portanto nelas há maior facilidade de interação com as substâncias sanguíneas.

11

Tálamo, Subtálamo e Epitálamo

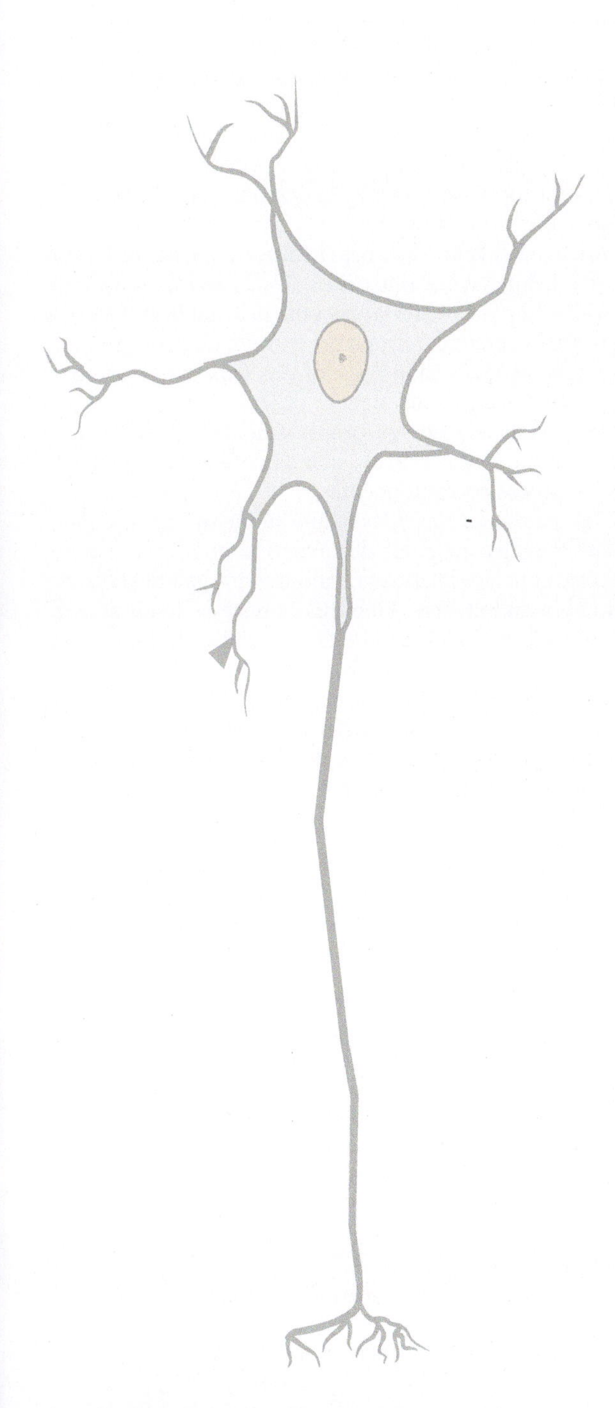

Tálamo

Estrutura e divisões

O tálamo é uma massa bilateral de substância cinzenta, de forma ovoide, situada no interior do hemisfério cerebral, em posição superior ao hipotálamo. Em cortes sagitais medianos do encéfalo, sua superfície medial é facilmente visível na parede do terceiro ventrículo (Figura 3.15). No interior do tálamo, encontramos vários núcleos, isto é, muitos grupamentos neuronais distintos citoarquiteturalmente. Esses núcleos costumam ser reunidos em três grandes grupos: o **anterior**, o **medial** e o **lateral**. Esta divisão toma como ponto de referência uma lâmina de substância branca em forma de Y, a **lâmina medular interna**, a qual fende o tálamo em sentido anteroposterior (Figura 11.1A). No interior da lâmina medular interna podem também ser encontrados grupamentos neuronais, formadores dos **núcleos intralaminares**. Note-se ainda a existência do **núcleo reticular** do tálamo, formado por neurônios situados externamente à massa principal dessa estrutura (Figura 11.1A).

No **grupo nuclear lateral**, distinguem-se vários núcleos importantes: o **pulvinar**, os **corpos geniculados medial e lateral** e o **núcleo ventral,** subdividido em **ventral anterior**, **ventral lateral** e **ventral posterior** (Figura 11.1A). Cada um desses núcleos e grupamentos nucleares tem conexões e funções distintas, conforme veremos a seguir.

Grupos nucleares talâmicos e suas conexões

As principais conexões dos núcleos talâmicos e suas funções estão esquematizadas no Quadro 11.1. A Figura 11.1, por sua vez, mostra a correspondência entre os núcleos talâmicos e suas projeções para o córtex cerebral.

Considerações funcionais sobre o tálamo

O tálamo atua como uma espécie de relé, ou seja, um comutador central das vias que chegam ao córtex. Praticamente toda a informação que chega ao córtex cerebral passa pelo tálamo, que parece executar uma atividade estratégica de modulação no processamento da informação no cérebro. No tálamo ocorrem modificações na informação que atingirá o córtex, embora a natureza exata dessas modificações ainda não seja conhecida.

As conexões do tálamo com o córtex cerebral são vias de mão dupla. Admite-se que no tálamo existam relés de primeira ordem, como as sinapses encontradas no corpo geniculado medial ou no núcleo ventral posterior, dedicadas à transmissão de informação específica (no caso, a audição e a somestesia). Além disso, o tálamo recebe de volta conexões corticotalâmicas, as quais atingem relés de ordem superior. Nessas sinapses no tálamo, ocorrerá um processamento dessas informações, as quais voltarão ao córtex, não necessariamente às áreas anteriormente estimuladas (Figura 11.2). Dessa maneira, o tálamo parece ter um papel importante na mobilização, na associação e na coordenação do funcionamento do córtex cerebral. Portanto, ao contrário do que se pensava antes, o tálamo não é um simples repassador de informações ao córtex, mas interage com ele e participa de forma ativa das funções habitualmente atribuídas ao córtex cerebral.

Quando abordamos as funções talâmicas como um todo, podemos afirmar que o tálamo está envolvido em processos sensoriais, motores, do controle emocional e do controle e da ativação do córtex cerebral.

De início, o tálamo tem papel importante no **processamento das informações sensoriais**. Todas as vias sensoriais, com exceção da via olfatória, passam pelo tálamo, antes de atingir o córtex cerebral. No tálamo, existem núcleos que recebem as informações de cada uma das vias sensoriais e as repassam, de maneira topograficamente ordenada, para uma área cortical especializada no seu processamento (Quadro 11.1). Em geral, essas áreas corticais mandam fibras de volta aos núcleos talâmicos correspondentes.

As vias sensoriais referidas acima também enviam conexões para o núcleo reticular do tálamo, o qual, por sua vez, inerva vários núcleos talâmicos, modulando sua atividade por meio de fibras inibitórias. Além disso, deve-se lembrar: praticamente todo o tálamo recebe fibras vindas da FR, muitas delas colaterais de vias sensoriais.

O tálamo participa também do **controle motor**. O complexo VA-VL, formado pelos núcleos ventral anterior e ventral lateral, recebe informações vindas do globo pálido e do neocerebelo, repassando-as ao córtex motor.

Quadro 11.1 Conexões e funções dos núcleos do tálamo.

Núcleos	Conexões aferentes	Conexões eferentes	Função
Anterior	Hipocampo, corpo mamilar	Giro do cíngulo, amígdala	Emoção, aprendizagem, memória
Dorsomedial	Amígdala, núcleo acumbente (estriado ventral), hipotálamo	Córtex pré-frontal, giro do cíngulo	Funções executivas, memória
Ventral anterior	Globo pálido, cerebelo	Córtex motor e pré-motor	Motricidade (planejamento e execução motores)
Ventral lateral	Cerebelo, globo pálido	Córtex motor e pré-motor	Motricidade (planejamento e execução motores)
Ventral posterolateral	Lemnisco medial	Área cortical somestésica	Sensibilidade somática do corpo
Ventral posteromedial	Lemnisco trigeminal, projeções do núcleo do trato solitário	Área cortical somestésica	Sensibilidade somática da cabeça, gustação, sensibilidade visceral
Corpo geniculado medial	Lemnisco lateral	Córtex auditivo (giro temporal superior)	Audição
Corpo geniculado lateral	Trato óptico	Córtex visual (bordas do sulco calcarino)	Visão
Núcleos intralaminares	Formação reticular	Córtex cerebral (projeção difusa), corpo estriado	Ativação, integração de atividade entre áreas corticais
Núcleo reticular	Córtex cerebral	Outros núcleos talâmicos, formação reticular	Modulação da atividade talâmica

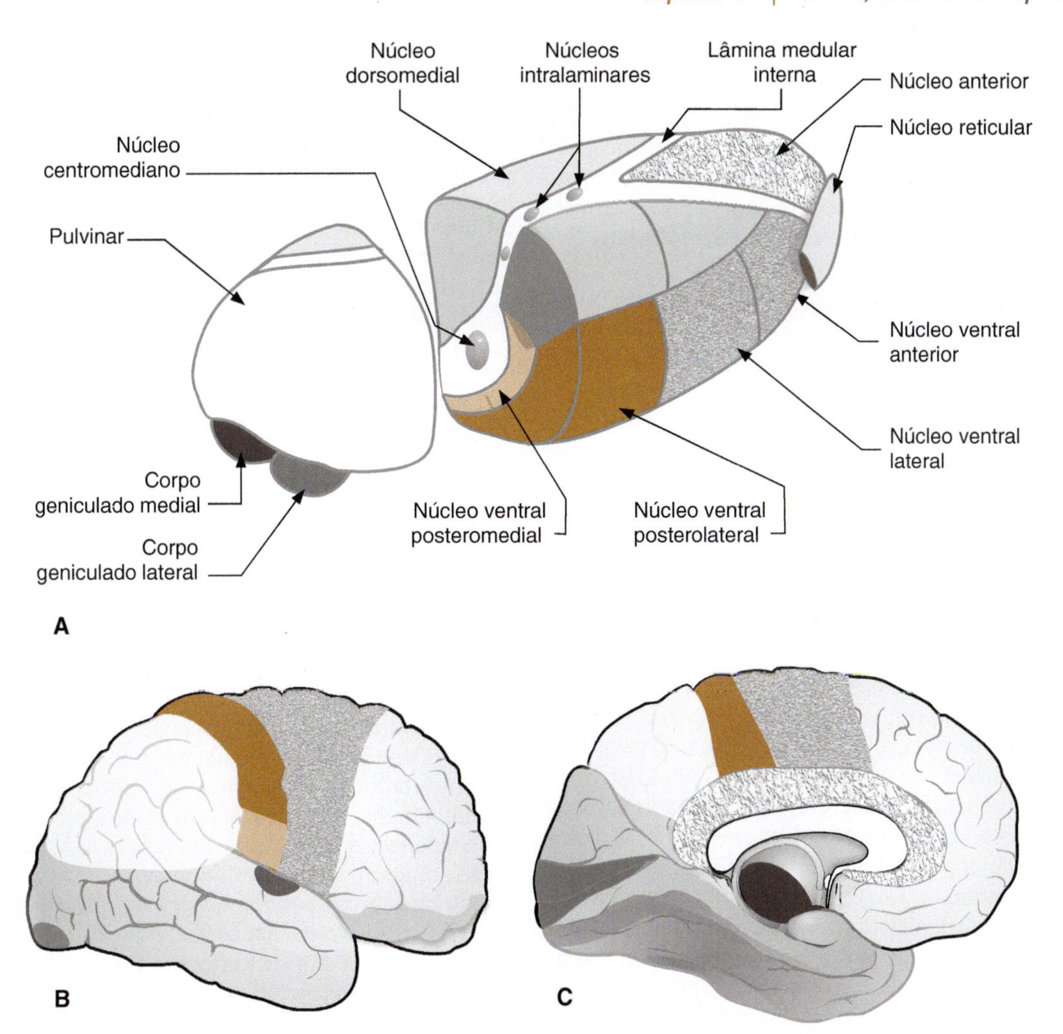

Figura 11.1 Tálamo: divisões e projeções para o córtex cerebral. (**A**) Visão esquemática dos principais núcleos do tálamo. (**B**) Face dorsolateral do hemisfério cerebral, mostrando as áreas de projeção dos núcleos talâmicos. (**C**) Face medial do hemisfério cerebral, mostrando as áreas de projeção dos núcleos talâmicos. Há concordância de coloração entre os núcleos talâmicos e as áreas corticais correspondentes.

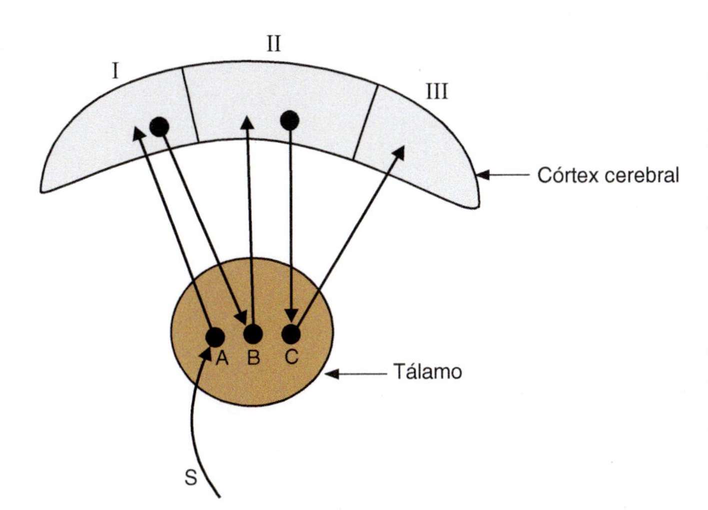

Figura 11.2 Diagrama mostrando as relações do tálamo com o córtex cerebral. As fibras que chegam ao tálamo trazendo, por exemplo, informações sensoriais, atuam em relés de primeira ordem (**A**), os quais transmitirão essas informações a uma área cortical (*I*). Depois, conexões corticotalâmicas irão atuar em relés de ordem superior (**B** e **C**), possibilitando uma interação mais ampla com outras áreas do córtex cerebral (*II* e *III*).

As conexões que ligam os núcleos da base ao tálamo merecem uma menção especial, pois são um pouco diferentes das ligações já abordadas. O tálamo recebe fibras do globo pálido e da substância negra, que são inibitórias, diferentemente das fibras que chegam com as informações sensoriais. Além disso, essas conexões fazem parte de circuitos complexos entre o córtex cerebral, o corpo estriado e novamente o córtex, nos quais alguns núcleos talâmicos estão envolvidos. Esses circuitos são importantes em diferentes processos funcionais, os quais vão do controle da motricidade ao planejamento comportamental e serão mais bem estudados nos próximos capítulos.

O tálamo participa de **processos emocionais** e **motivacionais**, e, portanto, do próprio controle do comportamento (Capítulos 13 e 14). Nessas funções, estão envolvidos os núcleos dorsomedial e anterior, interpostos em circuitos de que participam estruturas límbicas e o córtex pré-frontal.

Por fim, o tálamo exerce papel na **ativação** e na **integração de atividades do córtex cerebral** por intermédio, por exemplo, dos núcleos intralaminares, dotados de projeção difusa para extensas áreas do córtex cerebral, o que lhes permite promover a coerência do funcionamento dessas regiões.

Subtálamo

A região subtalâmica ocupa um território intermediário entre o hipotálamo e o mesencéfalo, não podendo ser vista a partir de cortes sagitais medianos do encéfalo. Ela compreende grupamentos neuronais e feixes de fibras, sendo o **núcleo subtalâmico** sua estrutura mais importante (Figura 3.21). Este núcleo tem papel importante nos circuitos existentes entre o córtex cerebral e os núcleos da base, que são fundamentais não só para a regulação da motricidade, mas também para a coordenação do comportamento e da cognição (Capítulos 12 e 14).

Epitálamo

O epitálamo é formado por duas estruturas: a **habênula** e o **corpo pineal**.

A habênula situa-se superiormente ao tálamo e é constituída pelos **núcleos habenulares,** localizados sob os trígonos das habênulas, visíveis de cada lado do corpo pineal (Figura 3.7). Os núcleos habenulares participam de circuitos límbicos (Capítulo 14) e recebem fibras aferentes do corpo estriado e de regiões límbicas, como a área septal. Eles enviam fibras para a formação reticular (principalmente para os neurônios dopaminérgicos e serotoninérgicos) e para o hipotálamo. Há evidências de que, por meio dessas conexões, a habênula pode ter ação supressora da atividade motora, quando ocorrem condições adversas. A habênula parece participar do processamento de informações aversivas, como a dor e o estresse. Animais submetidos a essas circunstâncias, muitas vezes, adotam como estratégia de defesa o *congelamento*, ou seja, ficam totalmente imobilizados, um comportamento que parece ser mediado pelos circuitos que passam pela habênula. Especula-se que uma diminuição dos movimentos, às vezes ocorrida na esquizofrenia ou na depressão, poderia ser decorrente de uma ativação habenular.

O **corpo pineal** (Figura 3.7) é um órgão de natureza endócrina, responsável pela secreção do hormônio **melatonina**, liberado na circulação sanguínea apenas no período noturno, na ausência de luz. A pineal, por sua vez, tem uma história evolutiva interessante. Nos peixes e anfíbios, ela tem estrutura semelhante à de um olho, ou seja, aparece como um órgão oco, situado logo abaixo do osso craniano, no qual são encontradas células fotorreceptoras, tal como na retina. Esse "terceiro olho" serve para captar as variações de luminosidade da natureza, isto é, a variação cíclica dos dias e das noites, dado utilizado para regular os ritmos internos do organismo. Nas aves, sabe-se que a pineal pode funcionar como um verdadeiro relógio biológico, apresentando função rítmica mesmo quando isolada do animal.

Já nos mamíferos, a pineal adquire estrutura compacta, na qual encontramos células secretoras, os pinealócitos. Eles produzem a melatonina segundo um ritmo circadiano (neste caso, durante o período noturno), sinalizando às células do organismo que aquele momento faz parte do período escuro na natureza, o que serve para sincronizar os ritmos fisiológicos com o ritmo ambiental.

A pineal dos mamíferos não tem fotorreceptores, sendo sua atividade rítmica regulada por um circuito nervoso complexo portador de informações do núcleo supraquiasmático do hipotálamo, por meio da inervação que chega a ela pelo SN simpático. A melatonina, liberada na circulação geral, atua então como um transdutor químico das informações originadas no núcleo supraquiasmático, participando assim da regulação dos ritmos circadianos (Capítulo 10).

A melatonina tem sido prescrita para ressincronizar o relógio biológico de viajantes vítimas do *jet lag* (fenômeno desencadeado pelo deslocamento rápido para regiões distantes, com fuso horário muito diferente do ponto de partida, o que acarreta desacoplamento dos ritmos internos). Alguns a recomendam também para combater a insônia ou até como agente antienvelhecimento, por sua ação antioxidante, ao que parece, muito poderosa.

12

Núcleos da Base

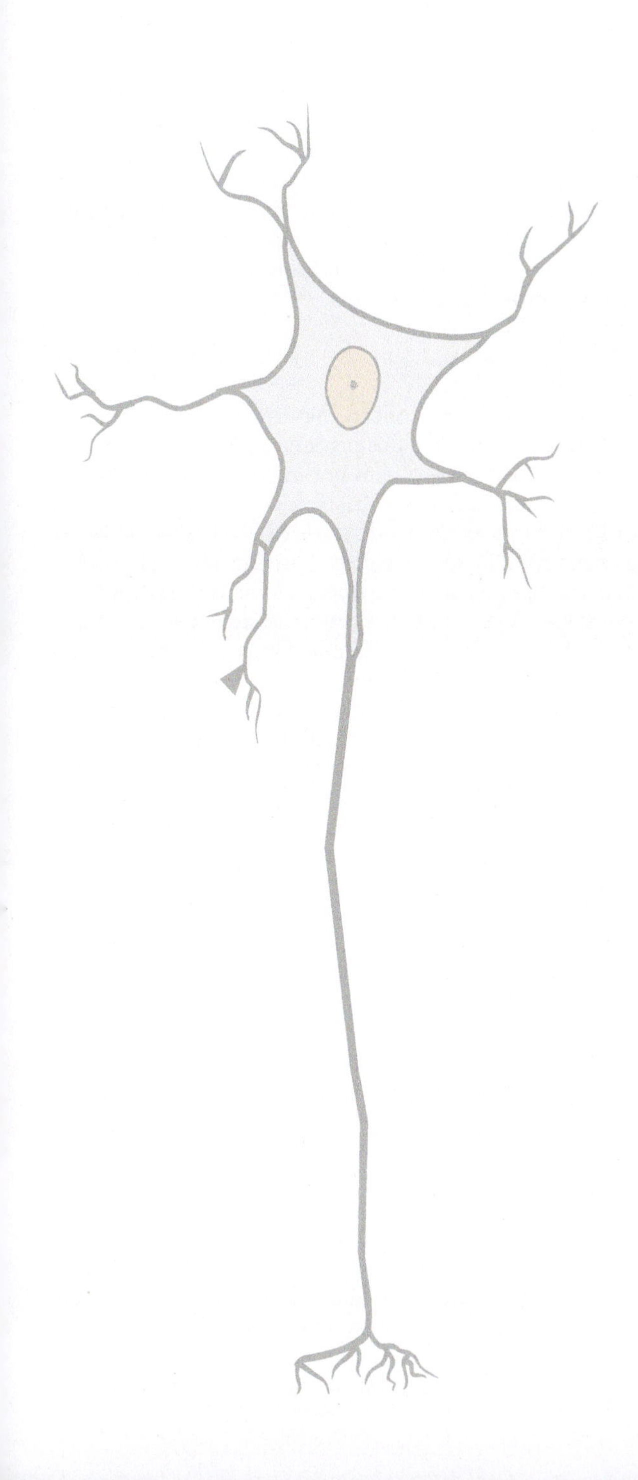

Introdução

Os núcleos da base[1] são massas de substância cinzenta encontradas no interior do centro branco medular dos hemisférios cerebrais. Macroscopicamente, podemos localizar facilmente em cortes do cérebro ou em imagens computadorizadas os **núcleos caudado**, **putâmen** e **globo pálido** (os quais, em conjunto, levam o nome de **corpo estriado**) e, ainda, o **claustro** e o **núcleo amigdaloide** (ou **amígdala cerebral**) (Figuras 3.20 a 3.22). Muitos autores incluem entre os núcleos da base a substância negra e o núcleo subtalâmico, porque eles têm um íntimo relacionamento anatômico e funcional com o corpo estriado. Contudo, essas estruturas situam-se no mesencéfalo e, portanto, não são propriamente núcleos da base do cérebro.

Neste capítulo, examinaremos em mais detalhes o corpo estriado, enquanto a amígdala será considerada no Capítulo 14, dedicado às estruturas límbicas. Note-se que, na porção basal do cérebro, são encontradas outras regiões de substância cinzenta, cuja visualização não é tão evidente, macroscopicamente. Neste capítulo, abordaremos, dessas estruturas, a **substância inominada** e o **núcleo basal de Meynert**, por seu interesse funcional.

O **claustro**, mencionado anteriormente é uma fina camada de substância cinzenta situada externamente ao putâmen e internamente ao córtex da ínsula. Ele tem conexões recíprocas com vastas áreas do córtex cerebral e especula-se que participaria no processamento de informações multissensoriais e que seria importante na percepção consciente dos objetos. Contudo, apesar de despertar interesse crescente, trata-se de uma região ainda bastante desconhecida.

Corpo estriado

Estrutura e divisões

O corpo estriado compreende os núcleos caudado, putâmen e globo pálido. Ele pode ser dividido em um núcleo *estriado*, constituído pelo núcleo caudado e o putâmen, os quais são similares do ponto de vista histológico e de origem embrionária, e em um *pálido*, representado pelo globo pálido. Neste, por sua vez, distinguem-se duas regiões: os globos pálidos externo e interno (ou lateral e medial). O pálido e o putâmen situam-se lado a lado, formando uma estrutura macroscópica: o **núcleo lentiforme**, separado do núcleo caudado pela cápsula interna (Figuras 3.20, 3.2 e 12.1).

O termo *estriado* se deve ao fato de que, em muitos animais, um grande número de fibras mielinizadas atravessa o caudado e o putâmen sob a forma de estrias visíveis à macroscopia. Na espécie humana, podem ser vistas pontes de substância cinzenta ligando a cabeça do núcleo caudado ao putâmen, o que dá um aspecto estriado à perna anterior da cápsula interna (Figura 12.2). O termo *pálido* aplicado ao globo pálido se deve ao grande número de fibras mielinizadas que convergem para esta região, conferindo-lhe uma cor mais clara.

[1] Note-se que preferimos a designação *núcleos da base*, em vez da frequentemente encontrada *gânglios da base*, uma vez que se reserva o termo *gânglio* para agrupamentos neuronais situados fora do SNC.

A divisão que acabamos de descrever está sintetizada no esquema seguinte:

Corpo estriado	Núcleo caudado	Putâmen	Estriado
	Núcleo lentiforme	Globo pálido	Pálido

O uso de técnicas neuroanatômicas mais precisas demonstra que áreas de substância cinzenta situadas mais ventralmente no hemisfério cerebral tinham as mesmas características morfológicas encontradas nas estruturas do corpo estriado até então conhecidas. Essa descoberta fez com que os limites do corpo estriado fossem estendidos até mais inferiormente, daí surgindo o conceito de um corpo estriado ventral. Desde então, considera-se que existem também um **estriado ventral** e um **pálido ventral**.

O estriado ventral é representado basicamente pelo **núcleo acumbente** (*nucleus accumbens*), massa de substância cinzenta situada logo abaixo da cabeça do núcleo caudado (Figura 12.1), ligando essa estrutura ao putâmen. Já o pálido ventral, é constituído por aglomerados de neurônios separados do globo pálido dorsal pelas fibras da comissura anterior. Esses neurônios estão situados dentro de uma região conhecida como **substância inominada** (Figura 12.2), assim denominada porque seus primeiros estudiosos não lhe atribuíram, à época, um nome específico.

Conexões e funções

O corpo estriado tem função importante no controle da motricidade, da cognição e dos processos emocionais e motivacionais. Suas estruturas atuam por meio de circuitos fechados, dos quais participam também o córtex cerebral e o tálamo (Figura 12.3). Praticamente todo o córtex cerebral envia fibras para o estriado, não só as regiões com função sensoriomotora, mas também as áreas de associação e as áreas límbicas (Capítulos 13 e 14). As fibras corticoestriadas vêm de praticamente todo o cérebro, enquanto as fibras que retornam ao córtex se dirigem principalmente a áreas do lobo frontal.

Os circuitos referidos têm dois núcleos de entrada aferente, o estriado e o núcleo subtalâmico, e dois núcleos de saída, o globo pálido interno e a substância negra (reticulada) (Figura 12.4). O globo pálido externo, por sua vez, participa nas comunicações intrínsecas do corpo estriado, enquanto a substância negra compacta (juntamente com a área tegmentar ventral) modulam a atividade estriatal por meio da inervação dopaminérgica.

A Figura 12.5 mostra um modelo esquemático desses circuitos, constituídos por dois componentes funcionais distintos: uma **via direta** e uma **via indireta**. A via direta desinibe o tálamo, o que por sua vez ativa o córtex cerebral. A via indireta, ao contrário, tem ação inibidora sobre o córtex cerebral. Normalmente, existe predominância de inibição sobre o córtex e o circuito direto atua, quando necessário, por meio de um mecanismo de desinibição. Dessa maneira, o corpo estriado parece ser configurado funcionalmente para a seleção de respostas.

Durante muito tempo, acreditou-se que a função do corpo estriado fosse essencialmente motora, pois se observava que lesões dessa estrutura tinham como consequência o aparecimento de movimentos anormais. O corpo estriado era considerado como o centro do *sistema extrapiramidal*, que controlaria a motricidade em paralelo com o *sistema piramidal*,

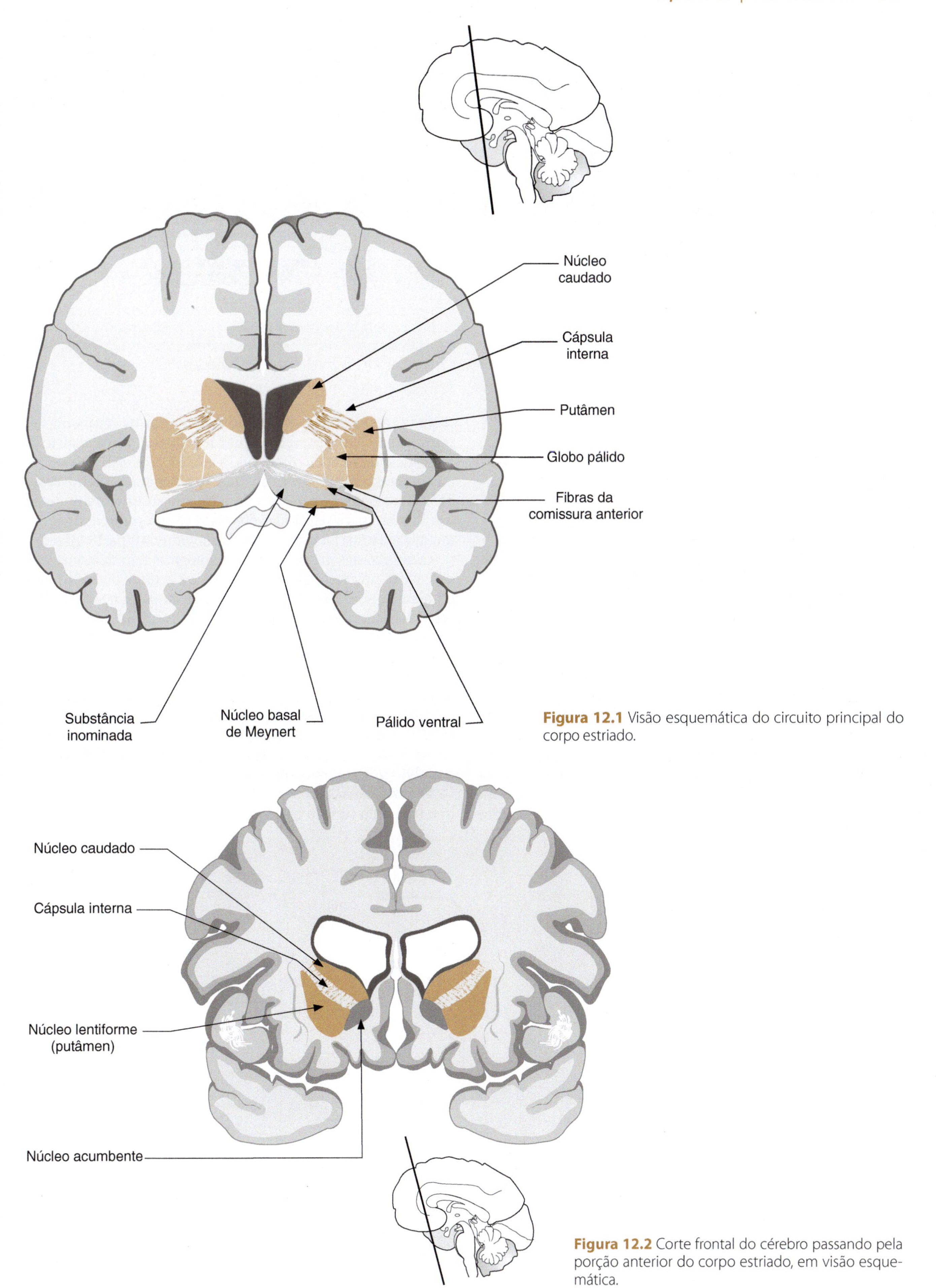

Figura 12.1 Visão esquemática do circuito principal do corpo estriado.

Figura 12.2 Corte frontal do cérebro passando pela porção anterior do corpo estriado, em visão esquemática.

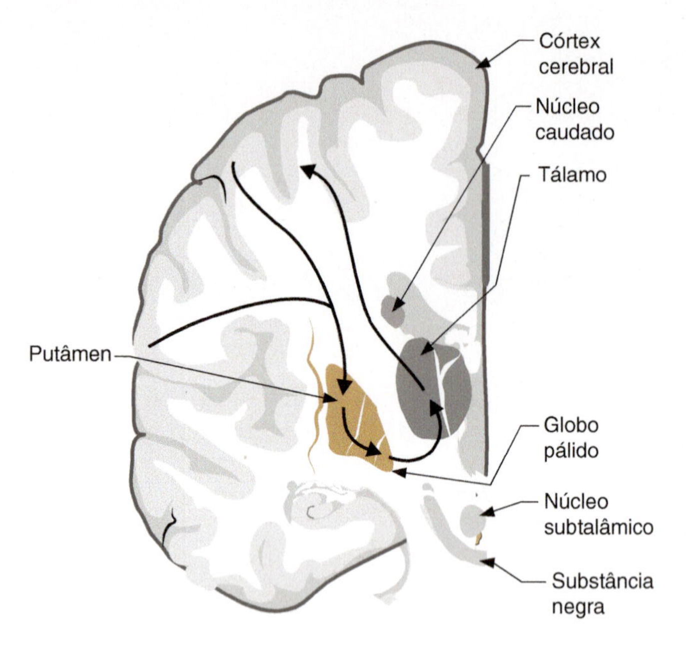

Figura 12.3 Corte frontal do cérebro, em visão esquemática, passando pela região da substância inominada.

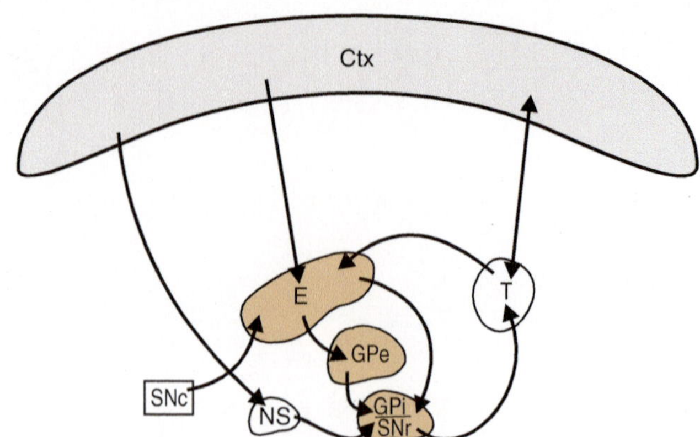

Figura 12.4 Diagrama mostrando as conexões do corpo estriado. Ctx = córtex cerebral; E = estriado; GPe = globo pálido externo; GPi = globo pálido interno; NS = núcleo subtalâmico; SNc = substância negra compacta; SNr = substância negra reticulada e T = tálamo.

comandado pelo córtex cerebral e responsável pelos movimentos voluntários. Hoje, sabemos que suas funções são muito mais amplas, o que está de acordo com as conexões que tem com extensas regiões do córtex cerebral.

As alças ou os circuitos paralelos que se originam e retornam ao córtex (Figura 12.6) podem selecionar os sinais mais salientes e providenciar a desinibição da fonte desses sinais. Ao mesmo tempo em que desinibem um determinado canal, os circuitos corticostriados mantêm a inibição em canais próximos ou circundantes envolvidos em programas competitivos desnecessários. Apenas se executa o programa selecionado, enquanto os demais são cancelados. Esse tipo de mecanismo tem sido usado em sistemas artificiais de controle (robôs): sistemas competitivos submetem separadamente propostas (excitatórias) a um mecanismo central de seleção, o qual exerce controle inibitório sobre todos os competidores por meio de ligações recorrentes (de retorno). Após análise da relevância dos dados recebidos, o seletor promove a desinibição do competidor vitorioso, que, dessa maneira, tem acesso aos mecanismos efetuadores. Esse tipo de arquitetura pode ser usado tanto para selecionar objetivos comportamentais gerais quanto para tarefas específicas ou movimentos particulares.

O avanço das pesquisas neurobiológicas tem demonstrado que existe no cérebro um contínuo de circuitos paralelos, que regulam a atividade cortical. Esses circutos têm origem em áreas corticais delimitadas, passam pelo corpo estriado e retornam ao córtex, por meio de sinapses no tálamo. Os circuitos que se originam e circulam em áreas adjacentes são independentes e sua atividade tem a função de inibir e/ou facilitar a atividade do córtex que lhe deu origem (Figura 12.6). Esses circuitos recorrentes, ainda que paralelos e independentes, sofrem um controle de áreas coordenadoras, para que possa haver a integração necessária que possibilite o alcance dos objetivos gerais do organismo.

Dentro dessa perspectiva, o circuito mais conhecido é o que tem uma função na motricidade geral e que liga o corpo

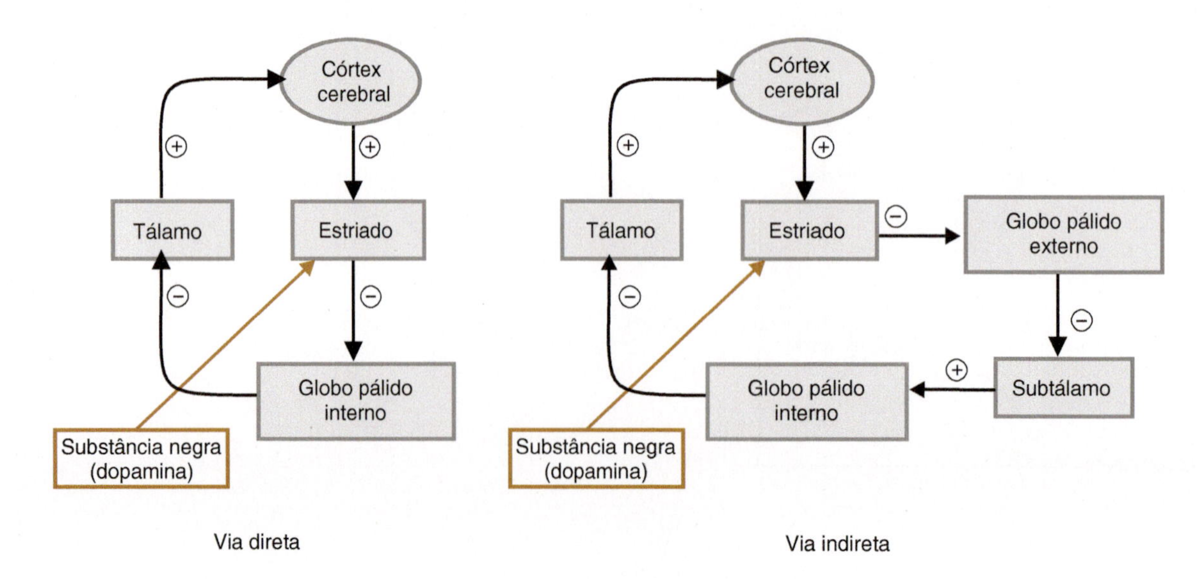

Figura 12.5 Esquema das vias direta e indireta dos circuitos do corpo estriado.

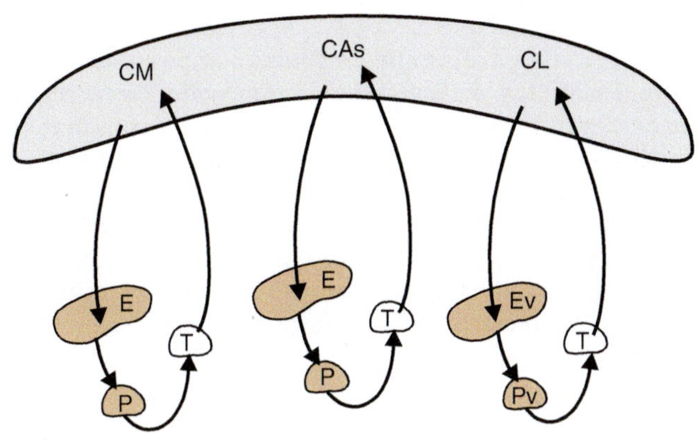

Figura 12.6 Diagrama mostrando os circuitos paralelos reentrantes do corpo estriado e o córtex cerebral. CAs = córtex de associação; CL = córtex límbico; CM = córtex motor; E = estriado; Ev = estriado ventral; P = pálido; Pv = pálido ventral e T = tálamo.

estriado às áreas motoras do córtex cerebral (giro pré-central e região pré-motora). Por meio dele, o corpo estriado pode atuar como um filtro, selecionando os programas motores que devem ser executados, conforme as interações com o córtex cerebral. Disfunções nesse circuito levam ao aparecimento de movimentos involuntários (hipercinesias) ou à dificuldade de execução de movimentos (hipocinesias) e à rigidez motora.

Outros circuitos existentes, por sua vez, têm organização semelhante, mas ligam o corpo estriado com diferentes áreas do córtex cerebral. Um circuito do córtex pré-frontal dorsolateral, por exemplo, está envolvido com as funções executivas (Capítulo 13). Suas disfunções podem levar ao aparecimento de ações repetitivas (perseverações), inflexibilidade comportamental e problemas com a memória operacional. Outro circuito, relacionado ao córtex pré-frontal orbital, parece estar envolvido no controle e na mudança da prescrição comportamental e suas alterações provocam mudanças na personalidade, labilidade emocional e desinibição comportamental. Ainda outro circuito, que liga o corpo estriado com a porção anterior do giro do cíngulo está ligado a processos emocionais e motivacionais (Capítulo 14), e sua disfunção pode levar à diminuição da motivação, com sintomas como apatia e acinesia voluntária.

Um achado importante do estudo desses circuitos é que não apenas as áreas do isocórtex participam deles, mas também as áreas límbicas: o hipocampo, as regiões olfatórias e a própria amígdala cerebral. Trata-se então de um modelo abrangente do modo de funcionamento de todo o córtex cerebral. No entanto, enquanto o neocórtex tem ligações com o estriado dorsal, os circuitos de que participam as estruturas límbicas têm sua sinapses no corpo estriado ventral, ou seja, passam pelo núcleo acumbente e pelo globo pálido ventral (Figura 12.6). O córtex do cíngulo anterior e o córtex pré-frontal orbital também fazem conexões com o corpo estriado ventral e as disfunções desses circuitos provocam alterações motivacionais e emocionais.[2]

Os circuitos do corpo estriado com diferentes áreas corticais têm a mesma arquitetura básica, portanto devem exercer o mesmo tipo de processamento computacional, ainda que as funções envolvidas sejam diferentes. O mesmo tipo de arquitetura funcionaria em diferentes níveis de uma hierarquia funcional: poderia atuar, por exemplo, na seleção de uma estratégia comportamental global, na seleção das ações necessárias para se atingir determinado objetivo ou na seleção de movimentos necessários para determinada ação. Portanto, as funções das diferentes áreas corticais seriam selecionadas de uma maneira semelhante.

Em relação às conexões do corpo estriado, observa-se uma situação semelhante à que observamos no cerebelo cortical. Em ambos os casos, existe um circuito reentrante, que vai do córtex cerebral a uma dessas estruturas e depois retorna ao córtex, utilizando-se de um relé talâmico.

Considerando então os distúrbios decorrentes do mau funcionamento dos núcleos da base, eles podem ser interpretados, à luz do que vimos até o presente momento, como defeitos do processo de seleção de atividades na interação com o córtex cerebral. A **doença de Parkinson**, por exemplo, tem como sintomas o aparecimento de hipertonia, rigidez muscular, dificuldade na iniciação de movimentos e lentidão ao executá-los, além de tremores nos braços e nas mãos. Já na **coreia,** outra síndrome neurológica relacionada com o corpo estriado, o distúrbio se caracteriza pelo aparecimento de movimentos involuntários (lembrando uma dança), além de hipotonia.[3] Em ambas as patologias verificam-se falhas no papel do corpo estriado como portão seletivo supressor das ações conflitantes e seletor dos movimentos que devem ser executados para se chegar a um determinado objetivo. Em outras palavras, os circuitos que passam pelo corpo estriado facilitam as ações voluntárias mediadas pelo córtex, inibindo comportamentos desnecessários, os quais poderiam interferir na ação desejada.

Sabe-se que o corpo estriado está envolvido em outros processos, além do controle motor, e que funções cognitivas e comportamentais fazem parte do repertório funcional dessas estruturas. Modernas técnicas de neuroimagem têm mostrado alterações na atividade do corpo estriado em síndromes psiquiátricas como o transtorno obsessivo-compulsivo (TOC), a síndrome de Tourette ou o transtorno do déficit de atenção e hiperatividade (TDAH). Deve-se lembrar que no TOC ocorrem pensamentos e ações incontroláveis, que tendem a se repetir indefinidamente, causando grande sofrimento a seu portador. Na síndrome de Tourette, ocorrem movimentos involuntários, os *tiques nervosos*, e também pensamentos incoercíveis. Na hiperatividade, aparecem demandas atencionais e comportamentais que competem de maneira desagregadora com a tarefa a ser executada em determinado momento. Tudo isso vem a indicar que os circuitos que passam pelo corpo estriado estão relacionados com a habilidade de suprimir pensamentos, demandas atencionais ou ações conflitantes que possam interferir em uma tarefa em curso. Eles parecem ter a função de direcionar o comportamento voluntário, focalizando a ação e inibindo pensamentos ou comportamentos que possam competir com a atividade almejada.

As vias que passam pelo estriado ventral são importantes para mobilizar os comportamentos adequados, em face das necessidades do organismo na presença de determinados estímulos ambientais, ou seja, elas têm papel relevante na seleção ou na escolha dos comportamentos motivados, regulados por uma recompensa.

---

[2] Vale lembrar que os núcleos talâmicos envolvidos nos circuitos dos corpos estriados dorsal e ventral são diferentes. Os núcleos ventral anterior e ventral lateral do tálamo recebem as fibras do pálido dorsal, enquanto o núcleo dorsomedial atua como relé nas conexões com o pálido ventral.

[3] A doença de Parkinson se deve à degeneração de neurônios dopaminérgicos na substância negra, os quais desempenham ação moduladora nos circuitos estriatais. Admite-se que os sintomas da coreia também sejam decorrentes de uma alteração em neurotransmissores, possivelmente o GABA (ácido gama-amino-butírico) e a acetilcolina, presentes em interneurônios do corpo estriado.

Esses circuitos também parecem estar alterados em transtornos neuropsiquiátricos como a esquizofrenia, a depressão e a demência. É sabido, também, que nos pacientes acometidos de parkinsonismo e de coreia costumam ocorrer sintomas psiquiátricos, além de depressão e perda cognitiva.

É de interesse observar o papel da dopamina na regulação dos circuitos integrados pelo corpo estriado. De maneira geral, a substância negra envia fibras dopaminérgicas para os circuitos envolvidos com as áreas isocorticais, enquanto a área tegmentar ventral supre de dopamina as regiões envolvidas nos circuitos com as áreas límbicas. A dopamina pode ter ações excitatórias ou inibitórias nesses circuitos, dependendo dos receptores farmacológicos encontrados em diferentes regiões. Ela parece ativar a via direta e inibir a via indireta dos circuitos corticoestriatais. Admite-se que, usualmente, a dopamina tem efeito facilitador para as ações iniciadas pelo córtex.

Sabemos que tanto o excesso quanto a deficiência de dopamina nas terminações desses circuitos pode acarretar problemas; desse modo seu nível deve estar dentro de uma faixa ideal. Muitos fármacos de uso médico atuam na regulação da atividade dopaminérgica nessas regiões, sendo úteis, por exemplo, no tratamento dos distúrbios da motricidade na doença de Parkinson, no controle antipsicótico nos portadores de esquizofrenia ou na atenuação dos sintomas no TDAH.

Substância inominada e núcleo basal de Meynert

Um corte frontal do cérebro, feito ao nível do trígono olfatório, evidencia, mesmo macroscopicamente, uma área de tecido nervoso situada inferiormente ao núcleo lentiforme, que se estende até a base do cérebro (Figura 12.2). Esta região de estrutura heterogênea, composta de células e fibras nervosas, é a **substância inominada**. Nessa região encontramos vários grupamentos neuronais, alguns pertencentes ao corpo estriado ventral, outros considerados parte da amígdala cerebral e ainda outros cuja característica é conter neurônios que utilizam a acetilcolina como neurotransmissor. Neste último grupo, destaca-se um conjunto neuronal bastante evidente, com células grandes, o **núcleo basal de Meynert** (NBM). Esse núcleo recebe aferências de estruturas límbicas e tem ampla projeção para praticamente todo o córtex cerebral, o qual ele provê de inervação colinérgica. Essa projeção faz parte do sistema colinérgico ativador do córtex cerebral (Capítulo 8). O NBM mantém conexões também com a amígdala cerebral e o corpo estriado ventral.

Na **doença de Alzheimer**, ocorre uma degeneração precoce e muito evidente dos neurônios do NBM. Os pacientes com esse tipo de demência perdem progressivamente a memória, tornam-se desorientados e incapazes de raciocínio abstrato, sendo, por fim, tão afetados em suas faculdades mentais, que perdem a capacidade de cuidar de si próprios e nem mesmo reconhecem os amigos ou os parentes próximos. O desaparecimento de neurônios no NBM no curso da doença de Alzheimer sugere seu envolvimento nos processos da memória e da aprendizagem, além da manutenção dos níveis de alerta. Alguns fármacos facilitadores da transmissão colinérgica têm sido utilizados na tentativa de manter por mais tempo as funções cognitivas nos pacientes acometidos da doença de Alzheimer, uma patologia cada vez mais frequente em todo o mundo, devido ao envelhecimento progressivo da população, decorrente do aumento da expectativa de vida das últimas décadas.

13

Córtex Cerebral

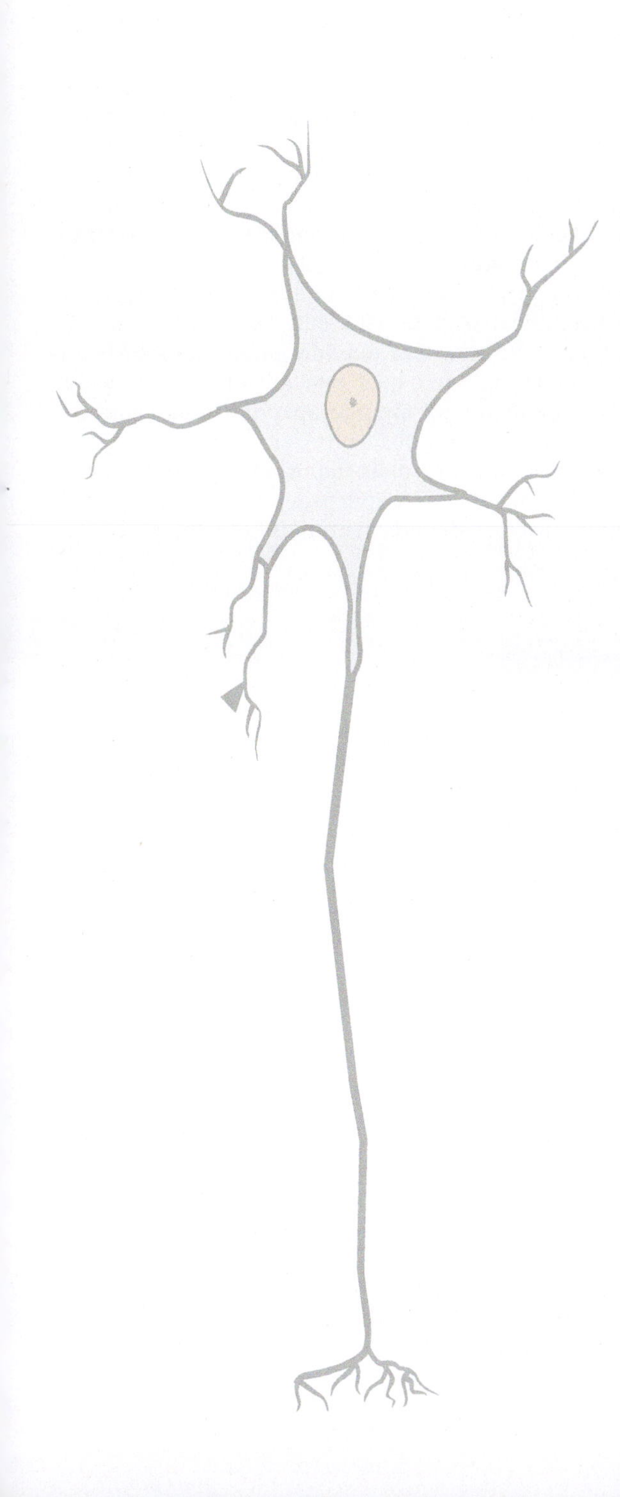

Conceito e estrutura

O **córtex cerebral** é uma camada de substância cinzenta que envolve os hemisférios cerebrais. Na espécie humana, ele ocupa cerca de 2.000 cm^2 e contém em torno de 20 bilhões de neurônios. A superfície do cérebro é marcada por numerosos sulcos e giros que aumentam significativamente a quantidade de córtex, sem aumento correspondente ao volume do crânio. Em termos filogenéticos, o córtex cerebral é uma aquisição relativamente recente, tendo havido uma grande expansão desta estrutura, principalmente na evolução dos mamíferos (Figura 2.3). No entanto, parece haver também uma correspondência entre a quantidade de córtex e o tamanho do animal. Assim, dentro de uma mesma ordem de mamíferos, animais maiores tendem a ser **girencefálicos**, isto é, apresentam sulcos e giros na superfície do cérebro, enquanto os animais pequenos são, geralmente, **lisencefálicos**, pois a superfície de seus cérebros é lisa.

Na maior parte do córtex cerebral, seis camadas de células podem ser visualizadas ao microscópio (Figura 13.1) De fora para dentro, são elas: 1) camada molecular; 2) camada granular externa; 3) camada piramidal externa; 4) camada granular interna; 5) camada piramidal interna; e 6) camada das células fusiformes (ou camada multiforme). Estas camadas são denominadas de acordo com o tipo celular predominante. A camada molecular é pobre em células. Nas camadas granulares, há predomínio de células pequenas, de forma estrelada, as **células granulares**. Elas são interneurônios corticais, que recebem informações que chegam ao córtex, repassando-as a outras células aí presentes. Nas camadas piramidais, encontra-se um grande número de células de forma piramidal, as quais originam fibras eferentes do córtex cerebral. As **células piramidais** têm uma árvore dendrítica dirigida para as camadas mais superficiais do córtex, e têm um axônio descendente, o qual terminará em outras regiões do próprio córtex ou em estruturas subcorticais. As **células fusiformes** também originam fibras eferentes, ou seja, seus axônios deixam o córtex cerebral.

Além da organização em camadas, o córtex cerebral se organiza também em colunas de células. Os neurônios corticais costumam ter dendritos apicais, distribuídos em paliçada, promovendo um contato mais efetivo com células dispostas no mesmo plano vertical. Além disso, os estudos eletrofisiológicos demonstraram que podem ser identificadas no córtex colunas ou *cilindros* de células em que as respostas funcionais são semelhantes, diferindo das respostas encontradas em colunas ou em cilindros adjacentes.

O córtex cerebral também tem fibras nervosas agrupadas em feixes paralelos à superfície do cérebro (estrias corticais) (Figura 13.1). Ao contrário do que ocorre no córtex cerebelar, no qual existe um padrão constante de interconexões entre as diversas células ali presentes, no córtex cerebral há uma enorme diversidade de circuitos intracorticais, complexos e ainda pouco conhecidos.

Sabe-se que os neurônios que originam fibras eferentes do córtex geralmente utilizam como neurotransmissor um aminoácido excitatório, o **glutamato**, sendo, portanto, fibras glutamatérgicas. Por outro lado, os interneurônios corticais podem ser excitatórios ou inibitórios. Os primeiros usam também o glutamato, enquanto os últimos são GABAérgicos, ou seja, têm o **ácido gama-aminobutírico** como neurotransmissor, o qual está, no entanto, frequentemente acompanhado por um neuropeptídio como cotransmissor. O conhecimento dos neurotransmissores do córtex tem se tornado cada vez mais importante. Existem sugestões, por exemplo, de que a epilepsia poderia estar relacionada com a ausência de interneurônios GABAérgicos nesse local.

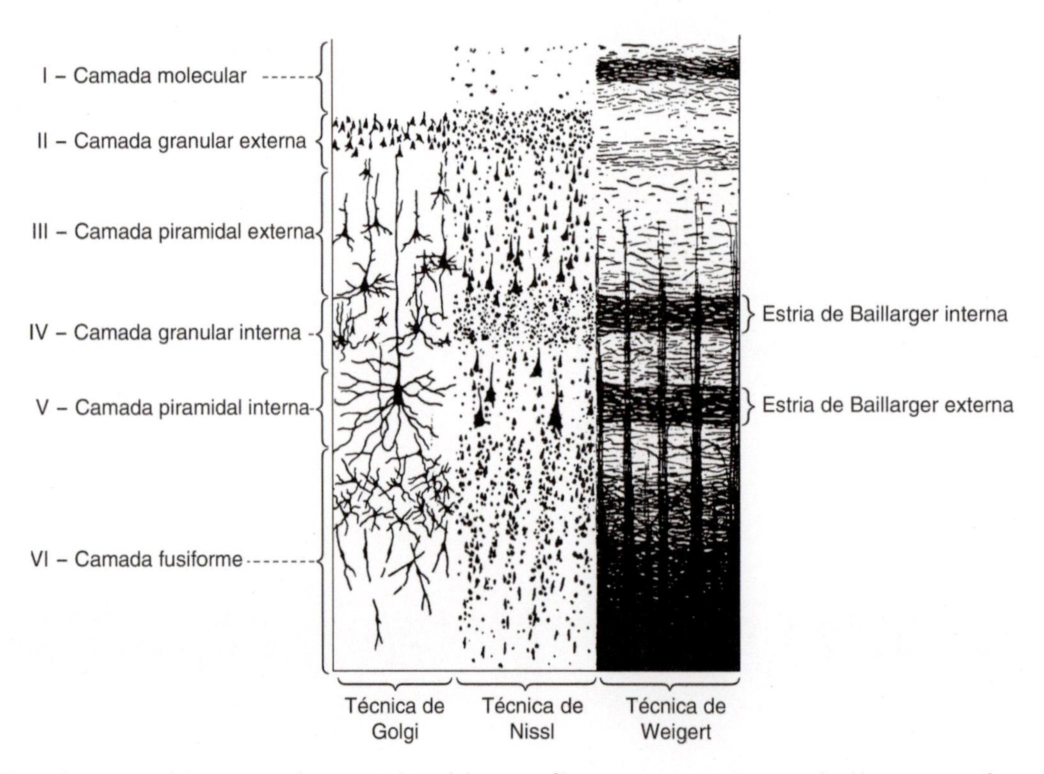

Figura 13.1 Desenho esquemático mostrando as camadas celulares e as fibras nervosas no córtex cerebral humano, conforme são visualizadas por meio de diferentes técnicas histológicas.

Conexões

As diferentes áreas do córtex cerebral ligam-se a outras regiões do próprio córtex e a numerosas estruturas subcorticais. As conexões intracorticais se fazem com áreas adjacentes ou distantes por meio das fibras de associação. Dentro de um mesmo hemisfério, é possível visualizar, mesmo por dissecção grosseira, vários feixes de fibras que conectam diferentes partes do córtex cerebral entre si. A muitos feixes foram dados nomes, como é o caso, por exemplo, do fascículo *uncinado* ou arqueado, que liga os lobos frontal e temporal e tem relevância em processos relacionados com a linguagem.

A maior parte do córtex dos lobos frontal, parietal e occipital está ligada à porção simétrica do hemisfério oposto pelas fibras do **corpo caloso**, que é a maior comissura do telencéfalo. As regiões temporais dos dois hemisférios estão ligadas por outro feixe de fibras importante, a **comissura anterior**.

O córtex cerebral recebe um grande número de fibras aferentes sensoriais (veja capítulos anteriores e depois, em particular, o Capítulo 15). A maior parte delas chega ao córtex a partir de núcleos do tálamo, o qual manda projeções excitatórias para as porções específicas do córtex relacionadas com cada modalidade sensorial. O tálamo se encarrega também de encaminhar ao córtex muitas fibras inespecíficas, não relacionadas com os processos sensoriais. O córtex recebe ainda influências modulatórias, como é o caso das projeções catecolaminérgicas e serotoninérgicas, vindas da formação reticular (Capítulo 8) e fibras colinérgicas, que chegam ao córtex provenientes de áreas como o núcleo basal de Meynert (Capítulo 12).

As conexões eferentes do córtex cerebral são também muito amplas. Fibras corticofugais se dirigem, por exemplo, para a medula espinhal, para a ponte, para diferentes regiões do tronco encefálico, para o corpo estriado, para o tálamo etc. (conforme já referido em capítulos anteriores). Algumas conexões aferentes e eferentes de áreas corticais específicas serão novamente abordadas nos itens que se seguem.

Grande parte das fibras direcionadas ao córtex ou que dele saem passam pela **cápsula interna** (Figuras 3.20 e 3.21). Como na cápsula interna estão agrupadas as fibras relacionadas com a sensibilidade e a motricidade de todo o corpo, uma lesão nessa região pode provocar uma extensa sintomatologia, com prejuízos sensoriais e motores na metade contralateral do corpo. É o que acontece, frequentemente, nos acidentes vasculares cerebrais, ou acidentes vasculares encefálicos, conhecidos popularmente por *derrames cerebrais*.

Classificações

O córtex cerebral não é homogêneo nem quanto à estrutura nem no que diz respeito às funções. Em razão disso, no seu estudo, costumam ser utilizadas classificações que levam em conta diferentes aspectos de sua morfologia, da sua função ou da sua evolução. Em uma **classificação anatômica**, divide-se o córtex em regiões denominadas lobos, os quais tomam, em geral, o nome do osso que a eles se sobrepõe. Assim, temos os lobos frontal, parietal, occipital, temporal e da ínsula. Em cada um desses lobos, por sua vez, são encontrados sulcos e giros com nomenclatura própria (Capítulo 3).

Embora a classificação anatômica seja largamente usada, por meio dela podemos localizar apenas de maneira imprecisa as diferentes regiões funcionais do córtex cerebral. Para uma localização mais exata, utiliza-se de preferência uma **classificação citoarquitetural**, cuja base é a estrutura microscópica do córtex cerebral. A maior parte do córtex tem, conforme já observamos, seis camadas de células, sendo as áreas em que elas estão presentes classificadas como **isocórtex**. Em outras áreas, classificadas como **alocórtex**, as seis camadas típicas não são encontradas (atenção: o prefixo *iso* vem do grego e significa *igual*; o prefixo *alo*, de mesma origem, significa *diferente*).

Analisando o isocórtex, pode-se subdividi-lo em numerosas sub-regiões, com base em diferenças no aspecto e na espessura das diferentes camadas corticais. Já notamos, por exemplo, que as células granulares geralmente recebem as fibras que chegam ao córtex, enquanto as células piramidais conduzem impulsos para fora dele. Assim, é legítimo esperar, por exemplo, que as áreas com função sensorial tenham as camadas granulares bem desenvolvidas, enquanto nas áreas efetuadoras do córtex haja maior espessura das camadas piramidais, o que, na verdade, acontece.

Existem várias classificações citoarquiteturais, porém a mais conhecida é a classificação de **Brodmann**, que divide o córtex em cinquenta e duas regiões diferentes, cada uma designada por um número (Figura 13.2). As classificações citoarquiteturais são mais precisas e possibilitam delimitar áreas com conexões e funções distintas, por isso a classificação de Brodmann é frequentemente usada em estudos fisiológicos e clínicos.

Outra maneira de se classificar o córtex leva em conta aspectos **filogenéticos**. De acordo com essa classificação, o alocórtex seria mais antigo em termos evolutivos, e poderia ser subdividido em um **arquicórtex**, presente no hipocampo, e em um **paleocórtex**, basicamente na região do úncus. Todo o restante do córtex constituiria, então, o **neocórtex**, correspondente, na espécie humana, a 95% do córtex cerebral. Muitos, contudo, têm questionado a validade desta classificação, pois os três tipos de córtex poderiam ter aparecido simultaneamente durante a filogênese. É inegável, entretanto, a grande expansão do isocórtex nos mamíferos mais evoluídos.

Por fim, pode-se abordar o córtex a partir de um ponto de vista fisiológico. Em uma primeira **classificação funcional**, o córtex costumava ser dividido em **áreas de projeção** e **áreas de associação**. As áreas de projeção são aquelas que recebem as aferências sensoriais ou dão origem às fibras formadoras dos tratos descendentes motores. Em suma, as áreas de projeção são aquelas que originam ou recebem as fibras de projeção. As áreas de associação, por sua vez, são aquelas não diretamente relacionadas nem com a motricidade nem com a sensibilidade. Sua denominação deve-se ao fato de os estudiosos do sistema nervoso acreditarem, de início, que essas áreas se associavam a outras áreas do próprio córtex. Essa classificação funcional, embora esquemática e incompleta, pode ainda ser usada como ponto de partida para designar as diferentes áreas corticais.

Ao estudarmos alguns aspectos do funcionamento do córtex, usaremos a classificação funcional mostrada na chave a

Córtex cerebral	Áreas de projeção (áreas primárias)	Sensoriomotoras
	Áreas de associação	Áreas de associação unimodais (áreas secundárias)
		Áreas de associação supramodais (áreas terciárias)
	Áreas límbicas	

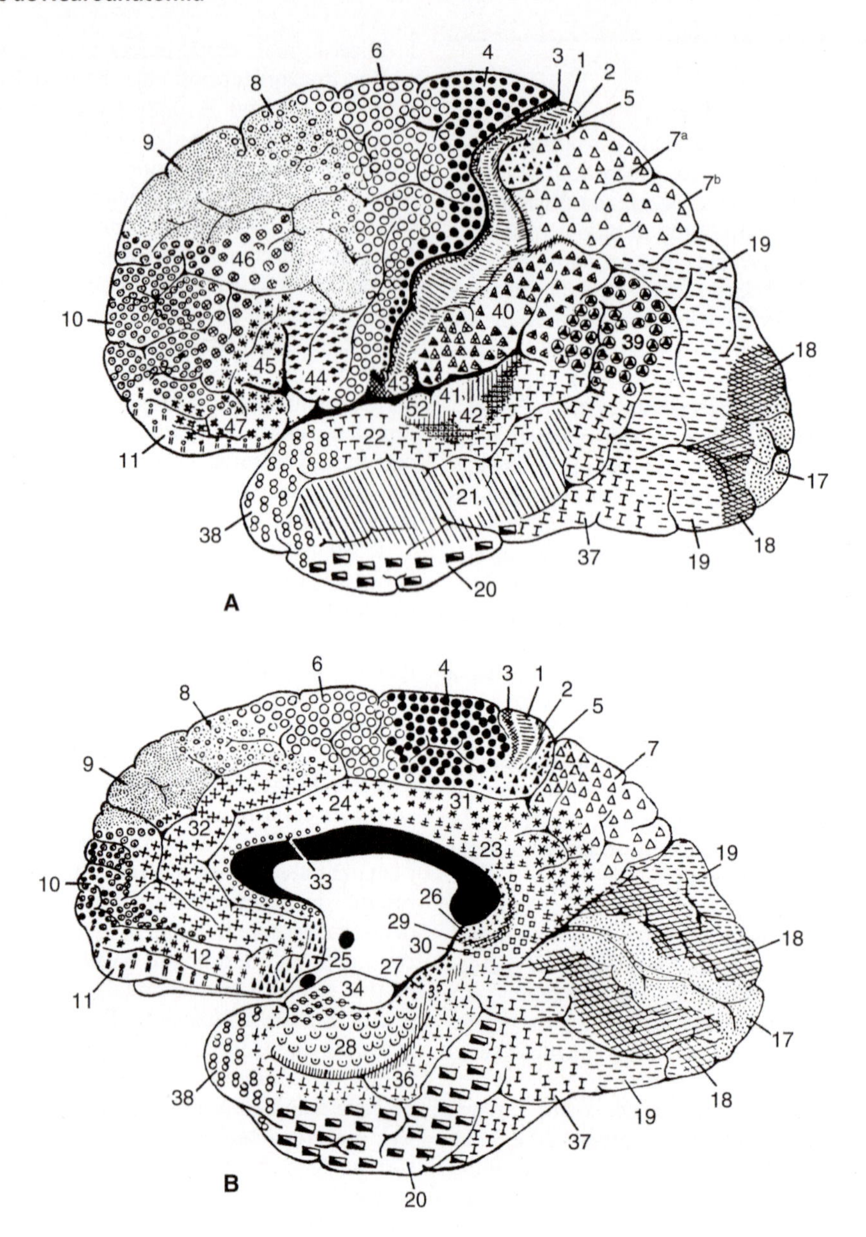

Figura 13.2 Áreas citoarquitetônicas do córtex cerebral, segundo esquema de Brodmann. As diferentes áreas são indicadas por números e símbolos diferentes.

seguir, cujas regiões podem ser vistas na Figura 13.3. Essa classificação será mais bem explicitada nos próximos itens (as áreas límbicas serão estudadas no Capítulo 14).

Considerações funcionais

O córtex cerebral assemelha-se a um mosaico do ponto de vista funcional, pois diferentes regiões estão associadas a diferentes conexões e funções. Ao longo dos anos, muito foi discutido a respeito da possibilidade ou não de se localizarem funções em áreas corticais restritas. Hoje, contudo, está estabelecido que existe certa especialização funcional dentro de regiões do córtex cerebral, embora essa especialização não se faça em termos absolutos. Assim, por exemplo, uma área essencialmente motora pode estar relacionada também com a função sensorial e vice-versa. Além disso, diferentes áreas contribuem para a realização de uma mesma função, sem contar que estruturas subcorticais também estão usualmente envolvidas no processo. Desta maneira, não se pode falar em *centros corticais* como se pensava antes, mas sim em *sistemas* funcionais, envolvendo várias áreas participantes em circuitos cerebrais, cujo funcionamento dá-se de maneira integrada. A classificação funcional descrita no item anterior será adotada a seguir, ao examinarmos as funções do córtex cerebral.

Áreas de projeção

Estas áreas, também chamadas de **áreas primárias** do córtex cerebral, são aquelas diretamente relacionadas ou com a motricidade ou com a sensibilidade.

Área motora primária

Localiza-se, na espécie humana, basicamente na região do giro pré-central, correspondendo à área 4 de Brodmann (Figuras 13.2 a 13.4). Nesta região, as camadas piramidais

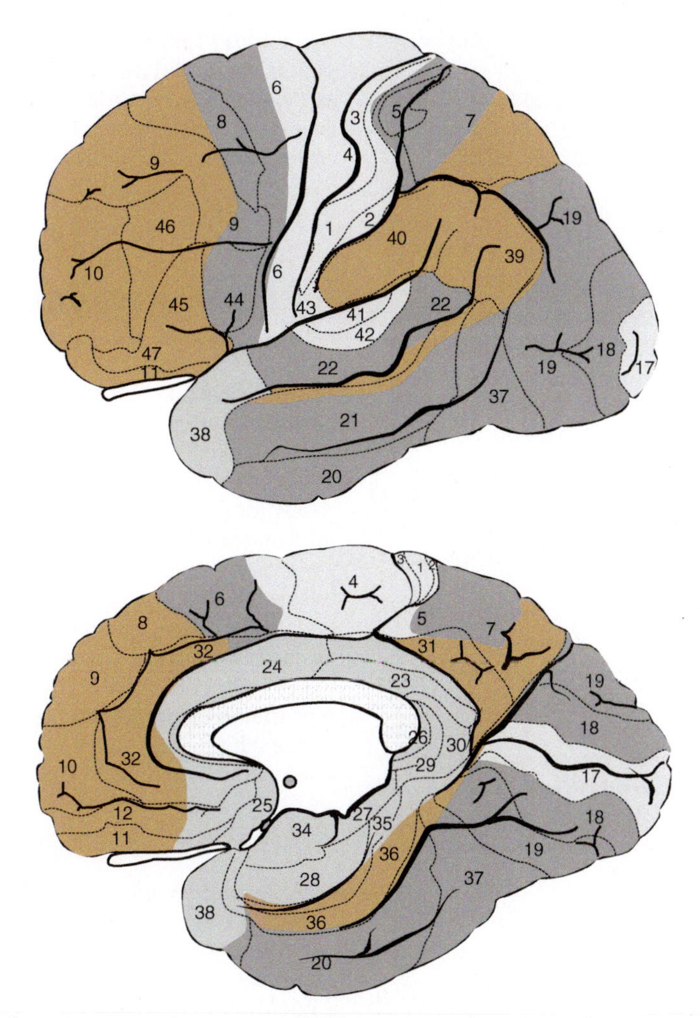

Figura 13.3 Áreas funcionais do córtex cerebral humano: primárias, secundárias, terciárias e límbicas.

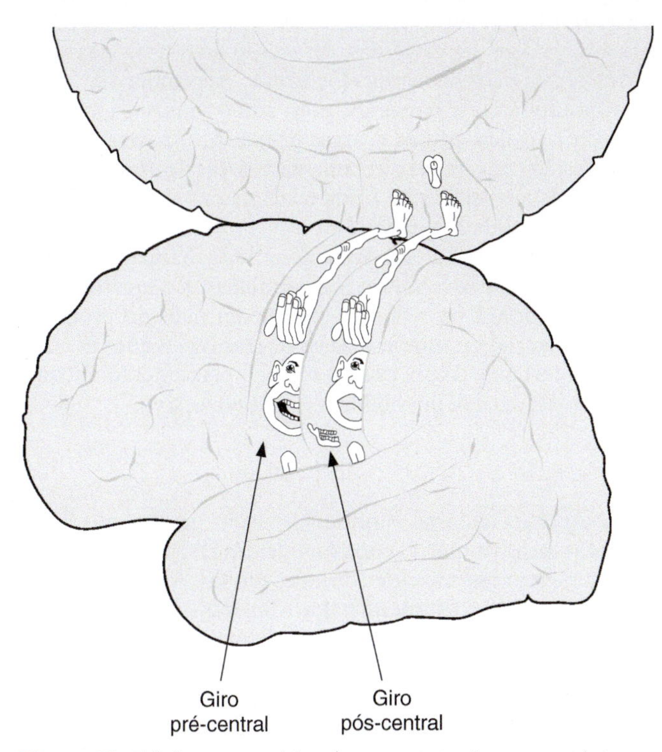

Figura 13.4 Visão esquemática da representação somatotópica no córtex do giro pré-central (homúnculo motor) e do giro pós-central (homúnculo sensorial).

estão bem desenvolvidas, principalmente a camada piramidal interna, aí se encontrando as células piramidais gigantes ou **células de Betz**, as quais contribuem para a formação dos tratos corticoespinhal e corticonuclear.

Estímulos elétricos aplicados nessa região provocam o aparecimento de movimentos em partes específicas da metade contralateral do corpo. Sabe-se que estímulos aplicados na porção mais baixa do giro produzem movimentos da língua; os aplicados em um ponto mais acima produzirão movimentos da face; na região adjacente, movimentos do braço, e assim sucessivamente, até chegar à face medial do hemisfério, cujas estimulações provocarão movimentos da perna e do pé (Figura 13.4).

Observa-se, dessa maneira, na área motora primária, uma **somatotopia**, ou seja, para cada parte do corpo existe uma região correspondente no córtex cerebral. Pode-se delinear, na superfície do córtex, um "homúnculo" motor distorcido, pois suas porções não têm correspondência com o tamanho das diferentes porções do corpo. A representação para o tronco é relativamente pequena, enquanto a representação para a face e para os dedos, por exemplo, é extensa (Figura 13.4). A correspondência se faz não com o tamanho, mas com a capacidade para realizar movimentos precisos, a qual varia em cada parte do corpo. Esta capacidade, por sua vez, será determinada pelos hábitos e necessidades comportamentais de cada espécie. No caso da espécie humana, são privilegiados os movimentos das mãos e da face. Lesões da área motora primária terão como resultado paralisias nas porções correspondentes da metade contralateral do corpo.

Note-se que à área motora primária chegam também fibras sensoriais, vindas da porção correspondente do corpo. Essas informações serão importantes para o controle motor.

Área somatossensorial primária (área somestésica)

Situa-se no giro pós-central, correspondendo às áreas 1, 2 e 3 de Brodmann (Figuras 13.2 a 13.4). A essa região, chegam as fibras originadas de neurônios situados nos núcleos ventral posterolateral e ventral posteromedial do tálamo, portadoras das informações sensoriais somáticas da metade contralateral do corpo e da cabeça. A exemplo da área motora, também na área somestésica existe uma somatotopia (Figura 13.4). O "homúnculo" sensorial cortical também é distorcido, pois as porções do corpo que têm maior sensibilidade têm uma representação mais extensa no córtex cerebral.

Estímulos elétricos aplicados no córtex somestésico de um indivíduo acordado farão com que ele tenha sensações mal definidas (parestesias), algo como uma *sensação de formigamento* na porção correspondente do corpo, no lado oposto. Lesões nesta área provocarão deficiências sensoriais como a incapacidade de sentir ou de localizar estimulações táteis, além da perda do sentido de posição e da *discriminação de dois pontos*, ou seja, da capacidade de distinguir se uma pequena região da pele está sendo estimulada em um ou dois pontos, simultaneamente.

Área visual primária

Localiza-se nas bordas do sulco calcarino no lobo occipital, correspondendo à área 17 de Brodmann (Figuras 13.2 e 13.3). A essa área, chegam as informações visuais por meio das fibras do trato geniculocalcarino, originadas no corpo geniculado lateral. O córtex visual primário de cada hemisfério cerebral recebe informações procedentes do campo visual contralateral. Cada ponto do campo visual encontra um correspondente no córtex visual; por isso, costuma-se dizer que nele existe uma **retinotopia**, pois cada ponto da retina se projeta para uma parte específica do córtex: as porções periféricas da retina para as regiões mais anteriores, as porções centrais para o polo occipital, as porções superiores para a borda superior e as porções inferiores para a borda inferior do sulco calcarino.

Estimulação elétrica na área 17 faz com que o indivíduo relate estar vendo pontos luminosos ou "clarões" nas regiões correspondentes do campo visual. Lesões dessa área resultarão em cegueira parcial ou total, dependendo da extensão da lesão.

Área auditiva primária

Situa-se no giro temporal transverso anterior, correspondendo às áreas 41 e 42 de Brodmann (Figuras 13.2 e 13.3). Ela recebe as informações auditivas vindas por meio das fibras oriundas do corpo geniculado medial. Sons de diferentes frequências excitarão partes diferentes do córtex auditivo, o que torna possível afirmar que na área auditiva primária existe uma **tonotopia**: sons mais graves são representados anterolateralmente, enquanto sons mais agudos são representados posteromedialmente.

Estimulações na área auditiva primária provocam sensação auditiva mal definida, relatada frequentemente como "zumbidos". Lesões nesta área dificilmente provocam surdez, pois as vias auditivas, apesar de cruzarem a linha média como as demais vias sensoriais, têm um grande componente ipsilateral, ou seja, fibras que não se cruzam e que irão atingir o córtex auditivo do mesmo lado. Assim, uma surdez cortical só é possível por lesão bilateral.

Outras áreas primárias

A **área olfatória** na espécie humana localiza-se na porção mais anterior do giro para-hipocampal e do úncus (Figura 15.6). A **área gustativa** situa-se em uma porção intermediária do córtex da ínsula (Figura 15.7) Finalmente, admite-se que os impulsos originados nos receptores **vestibulares** atingem o córtex em uma porção inferior do giro pós-central, que conflui com regiões da ínsula.

Estudos recentes realizados em animais têm mostrado que informações de múltiplas modalidades sensoriais podem chegar a cada córtex primário ou secundário (informações auditivas e somestésicas chegam ao córtex visual, por exemplo). Isso poderia ser feito por meio de conexões intracorticais ou mesmo por uma integração por via talâmica, o que seria importante para uma interpretação integrada dos estímulos sensoriais recebidos em um determinado momento. Contudo, não se sabe até que ponto isso ocorre no córtex humano e qual a verdadeira extensão da sua importância.

Áreas de associação

As áreas de associação ocupam a maior parte da superfície do cérebro humano. Ao longo do processo evolutivo, nota-se que o aumento da superfície cortical se faz, basicamente, pela expansão do córtex de associação, sendo a espécie humana a que o tem em maior quantidade. Essa grande extensão de córtex possibilita o aparecimento, no homem, de funções não encontradas em outras espécies, caso da linguagem verbal e do fenômeno da autoconsciência. As áreas de associação, por sua vez, podem ser divididas, de acordo com uma classificação sugerida pelo neuropsicólogo russo Alexander Luria, em áreas secundárias e terciárias, pois, como vimos, as áreas de projeção são denominadas áreas primárias. As **áreas secundárias** estão conectadas diretamente às áreas de projeção e são **unimodais**, ou seja, estão ainda relacionadas com uma determinada modalidade sensorial ou com a motricidade. As **áreas terciárias** são áreas integradoras, conectadas basicamente com as áreas secundárias e com as áreas límbicas; são **multimodais** ou **supramodais**, ou seja, não se ocupam mais do processamento sensorial ou motor, mas estão envolvidas com as atividades superiores, como, por exemplo, o pensamento abstrato ou os processos que possibilitam a simbolização.

Áreas de associação unimodais

As áreas secundárias (unimodais) estão, geralmente, justapostas às áreas primárias correspondentes (Figura 13.3) e com elas interagem por meio de conexões diretas. A **área somestésica secundária** corresponde, aproximadamente, à área 5 de Brodmann, situada no lóbulo parietal superior, logo atrás da área somestésica primária. A **área auditiva secundária** corresponde à área 22 de Brodmann, que circunda a área auditiva primária. Já a **área visual secundária** é mais extensa e abrange as áreas 18 e 19, no lobo occipital, e ainda as áreas 20, 21 e 37 de Brodmann, no lobo temporal (Figura 13.2). As áreas secundárias sensoriais recebem aferências principalmente das áreas primárias e repassam estas informações a outras regiões do córtex cerebral.

Lesões das áreas sensoriais secundárias não causam déficits simples, mas resultam em **agnosias** (do grego *agnosis* = "desconhecimento"). Por exemplo: lesão da área visual secundária não provoca cegueira, mas produz **agnosia visual**, ou seja, o indivíduo será capaz de enxergar um objeto posto diante dos seus olhos, digamos um relógio, mas não conseguirá reconhecer o objeto como sendo um relógio. Como as outras modalidades sensoriais estão intactas, o indivíduo poderá reconhecer o relógio por meio do tato ou da audição. Sintomas análogos serão produzidos por lesões nas demais áreas secundárias, existindo, portanto, **agnosias auditivas** e **somestésicas**.

Na verdade, existem especializações em diferentes regiões das áreas unimodais. Por exemplo, há subregiões dentro do córtex unimodal visual envolvidas no processamento de diferentes aspectos da informação visual, como a forma ou a posição de um determinado objeto. Assim, uma lesão pode prejudicar a capacidade de distinguir a forma ou a cor dos objetos, enquanto uma lesão em outra região pode impedir a percepção de movimentos pela visão, embora permaneçam a acuidade visual e a percepção das cores.

As áreas corticais secundárias parecem ser importantes em uma segunda etapa no processo de decodificação sensorial. Elas recebem as informações já processadas nas áreas primárias e interagem, por sua vez, com as áreas terciárias e com as áreas corticais límbicas, responsáveis, por exemplo, pelo processamento da memória. Atualmente, com técnicas especiais de neuroimagem, pode-se demonstrar *in vivo* que, por exemplo, quando se estimula um indivíduo com luz branca, há um aumento do metabolismo na área visual primária. No entanto, quando a estimulação é feita com a apresentação de uma cena visual complexa, ocorre, adicionalmente, uma ativação metabólica nas áreas secundárias, evidenciando o seu papel no processamento da informação visual mais complexa.

Outro aspecto relevante a respeito das áreas secundárias refere-se a sua **assimetria funcional** nos dois hemisférios cerebrais. Lesões nessas áreas no hemisfério esquerdo geralmente provocam sintomatologia diversa daquela provocada por lesões no hemisfério direito. Por exemplo, lesões na área auditiva secundária do lado esquerdo podem levar a dificuldades na percepção dos sons da linguagem (afasia), enquanto lesões na mesma região no lado direito provocarão, com maior probabilidade, distúrbios na percepção de sons musicais (amusia).

Da mesma forma que as áreas sensoriais de projeção têm áreas unimodais justapostas, a área motora primária tem uma região cortical adjacente, considerada uma **área motora secundária** (Figura 13.3). Essa região corresponde a uma parte das áreas 6, 8 e 44 de Brodmann, recebe aferências de várias áreas unimodais e supramodais e envia fibras, preferencialmente, para a área motora primária.

Admite-se que a área motora secundária seja importante para o planejamento motor. Antes do início de um movimento voluntário é possível registrar uma alteração da atividade elétrica nessa região. Por outro lado, sabe-se que ocorre um aumento do fluxo sanguíneo na "área motora suplementar" (parte da área 6 na face medial do hemisfério) quando se pede a um indivíduo para "pensar" em um movimento sem, no entanto, executá-lo. Note-se que uma porção da área motora secundária faz parte da chamada "área de Broca", importante para a linguagem e que será discutida adiante.

Áreas de associação supramodais

Existem, basicamente, duas áreas terciárias (supramodais). A primeira compreende uma região na confluência dos lobos temporal e parietal: trata-se da **área temporoparietal**. A segunda situa-se na porção mais anterior do lobo frontal, a **região pré-frontal** (Figura 13.3). Estas regiões não podem ser associadas a uma modalidade sensorial específica e nem à função motora. Ao mesmo tempo que promovem uma integração sensoriomotora, elas parecem também estar envolvidas nos processos nervosos ditos superiores, como o controle do comportamento, a linguagem, além de outros processos, como a atenção e a memória. Nelas, juntamente com as regiões límbicas (Capítulo 14), ocorre a fusão entre as funções de controle do meio interno e as de interações com o meio externo.

As áreas terciárias, de acordo com a classificação de Luria, ocupam o topo da hierarquia nas funções corticais. Elas são encarregadas de integrar de forma mais complexa as informações que chegam das áreas sensoriais primárias e secundárias e, em seguida, de produzir as estratégias comportamentais adequadas, enviando instruções às áreas motoras secundária e primária.

As regiões corticais terciárias não estão maduras nos primeiros anos de vida e precisam da interação da criança com o meio ambiente para que se estabeleçam nelas as conexões necessárias, as quais lhes possibilitam assumir a plenitude das suas funções. Admite-se que estas áreas não estarão em pleno funcionamento antes do final da segunda década de vida.

A **área temporoparietal** equivale às áreas 39, 40 e parte da área 7 de Brodmann (Figuras 13.2 e 13.3). Acredita-se que, na área temporoparietal, ocorra uma integração entre as diferentes modalidades sensoriais, o que seria importante para o processo de simbolização e o aparecimento da linguagem. Esta região parece ser ainda importante para a percepção e a atenção espacial. Em termos de conexões, a área temporoparietal recebe fibras das regiões sensoriais secundárias (unimodais) e interage ainda com a área pré-frontal e o córtex do lobo límbico.

Neurônios situados nesta região respondem à estimulação por mais de uma modalidade sensorial e podem mesmo estar envolvidos em aspectos complexos da motricidade. Existem evidências de que alguns deles alteram a sua atividade somente na presença de estímulos relevantes para o animal. Por exemplo, na presença de comida, mas somente quando o animal está com fome.

A importância da integridade funcional dessa região pode ser aquilatada quando se examinam suas disfunções. Lesões na **área temporoparietal do hemisfério esquerdo** podem levar a problemas com a linguagem. Descreve-se o aparecimento de uma síndrome (síndrome de Gerstmann), caracterizada pela dificuldade de discriminar os próprios dedos (agnosia dos dedos), dificuldade de fazer cálculos (discalculia) e com a percepção espacial, acarretando uma incapacidade na discriminação esquerda/direita. A assimetria funcional é evidente, pois uma lesão equivalente no **hemisfério direito** costuma provocar uma sintomatologia diferente: há desorientação espacial generalizada, com problemas na atenção e na manipulação do espaço extrapessoal e até mesmo distúrbio na percepção do próprio esquema corporal. Nesses casos, o paciente tende a negligenciar todos os estímulos vindos do hemiespaço contralateral (esquerdo), deixando de considerar, às vezes, porções da própria metade esquerda do corpo como fazendo parte do seu eu corporal. Em geral, estes pacientes não têm consciência da própria doença (anosognosia), negando que necessitem de cuidados especiais.

A **área pré-frontal** é extremamente bem desenvolvida no cérebro humano, correspondendo a cerca de um terço da superfície total do córtex (na verdade, parece que a maior parte do córtex pré-frontal dos primatas não tem porções homólogas em outros mamíferos). Ela ocupa porções nas superfícies medial, inferior (orbital) e dorsolateral dos hemisférios cerebrais (Figuras 13.2 e 13.3).

O córtex pré-frontal é complexo quanto a sua citoarquitetura, nele havendo porções isocorticais, localizadas principalmente na face dorsolateral (áreas 9, 10, 12, 45 a 47 de Brodmann) e não isocorticais, estas distribuídas mais nas faces medial e orbital (áreas 11, 13, 25 e 32 de Brodmann). A organização citoarquitetônica do córtex pré-frontal revela, portanto, a existência de uma transição gradual entre o córtex não isocortical presente nas regiões medial e orbital e o isocórtex da região dorsolateral. Para outros detalhes sobre as regiões medial e orbital do córtex pré-frontal, veja o Capítulo 14.

Na região dorsolateral, podem ser observadas duas porções que se mesclam gradativamente com as duas outras regiões pré-frontais: a primeira porção, mais dorsal, se desenvolve a partir da região pré-frontal medial; a segunda, mais ventral, se desenvolve a partir do córtex orbitofrontal. De maneira correspondente a essa organização citoarquitetural, também há diferenciação em relação às suas conexões intrínsecas. A porção dorsal comunica-se preferencialmente com o córtex pré-frontal medial, enquanto a porção ventral recebe aferentes principalmente do córtex orbitofrontal. Configuram-se, desse modo, duas redes nervosas: uma dorsal, outra ventral. Esta recebe e processa muitas informações, provenientes de praticamente todas as áreas sensoriais unimodais; aquela, por sua vez, recebe informações mais elaboradas do córtex terciário temporoparietal. Há muitas interconexões entre as duas redes, ligadas também à amígdala e ao hipotálamo.

Importantes, também, são as fibras colinérgicas e catecolaminérgicas moduladoras, distribuídas por toda a região pré-frontal. Essa região tem conexões recíprocas, principalmente com o núcleo dorsomedial do tálamo, enquanto suas conexões eferentes são feitas para as áreas corticais motoras, corpo estriado e cerebelo.

Tomado como um todo, o córtex pré-frontal ocupa posição central e está integrado em muitas redes nervosas cerebrais de larga escala, por meio das quais ele recebe e envia informações, executando papel integrador no controle do comportamento. Assim sendo, muitos neurônios da área pré-frontal respondem à estimulação de mais de uma modalidade sensorial e parecem estar envolvidos com aspectos motivacionais – por exemplo, só respondem a um estímulo que esteja ligado a uma recompensa. Por outro lado, alguns dos seus neurônios também podem ter participação na iniciação de certos movimentos motivados.

Quanto às suas funções, o córtex pré-frontal tem desempenho extremamente importante em um conjunto de operações denominadas **funções executivas**: elas se referem à capacidade de planejar, executar e monitorar (modificando, se necessário) as estratégias de comportamento mais adequadas para fazer frente às diferentes situações do cotidiano, bem como planejar as ações futuras de curto e longo prazo. Tais funções incluem também a manutenção da atenção voluntária, a tomada de decisão e a seleção e flexibilização de ações, além de providenciar a distribuição de tarefas ao longo do tempo. Além disto, o córtex pré-frontal parece se ocupar da **memória operacional**, a qual nos permite não só manter na consciência mas também modificar as informações que são necessárias para realizar uma tarefa específica.

Sugere-se que o córtex pré-frontal codifique, represente e armazene conhecimentos sobre comportamentos, incluindo as consequências de fazer ou deixar de fazer certas coisas em um ambiente ou situação complexa. Ele apreenderia modos de ação ou de comportamento em situações fora da rotina, um conhecimento que torna possível construir as escolhas e estratégias mais apropriadas em cada momento, a partir de regras estruturadas ao longo da experiência. Para isso, teria ainda a habilidade de adiar objetivos ou flexibilizar sua escolha.

Para muitos pesquisadores, a região pré-frontal pode ser considerada uma zona de confluência de dois eixos funcionais: o primeiro, relacionado com o comportamento motivado e os processos emocionais; o segundo, relacionado com a memória operacional, a atenção e os aspectos cognitivos das funções executivas.

As lesões ou disfunções que ocorrem na região pré-frontal costumam ocasionar dois tipos de síndromes. O primeiro, decorrente de lesões nas regiões orbitofrontais e mediais, é conhecida como **síndrome da desinibição pré-frontal** e caracteriza-se por impulsividade e perda das capacidades de julgamento, de previsão e de *insight*. O paciente não observa regras sociais e exibe comportamentos inadequados (como urinar ou se masturbar em público), pois é incapaz de projetar as consequências das próprias ações ao longo do tempo. Já o segundo tipo de síndrome costuma ser causado pela alteração do funcionamento das regiões pré-frontais da face dorsolateral do hemisfério, tendo como consequência o comprometimento das funções executivas em seus aspectos mais cognitivos. Tem como características deficiência na memória operacional, incapacidade de concentração e de fixação voluntária da atenção. Os pacientes são, portanto, facilmente distraídos, além de incapazes de distribuir as tarefas ao longo do tempo, de modo a atingir um objetivo final. Esses pacientes têm ainda dificuldade de mudar as estratégias comportamentais, tendendo a insistir em um comportamento já iniciado (perseveração), ainda que ele não seja mais eficiente.

Vale lembrar que, na primeira metade do século XX, quando as substâncias psicotrópicas não estavam ainda disponíveis, foi preconizada a secção dos lobos frontais, ou **lobotomia pré-frontal**, para o tratamento de alguns pacientes psiquiátricos. Este tratamento, que valeu o prêmio Nobel de Medicina (em 1949) para seu idealizador, o neurologista português Egas Moniz, foi posteriormente abandonado, já que podia acarretar sérios problemas colaterais para os pacientes a ele submetidos.

Áreas relacionadas com a linguagem e a assimetria da função cortical

A linguagem verbal é um fenômeno complexo, que parece depender de processos neurais situados tanto no córtex cerebral quanto em estruturas subcorticais. De maneira esquemática, no entanto, pode-se considerar que duas áreas corticais apresentam maior relevância para o processamento da linguagem. Elas se situam, respectivamente, no lobo frontal e na junção temporoparietal. É importante notar que em mais de 95% das pessoas, estas áreas estão localizadas no hemisfério cerebral esquerdo.

A primeira área relacionada com a linguagem é mais anterior e situa-se nas porções triangular e opercular do giro frontal inferior (Figura 13.5), sendo conhecida como **área de Broca**, pois foi descrita, em meados do século XIX, pelo neurologista francês Paul Broca. A segunda, mais posterior, localiza-se na região temporoparietal e é conhecida como **área**

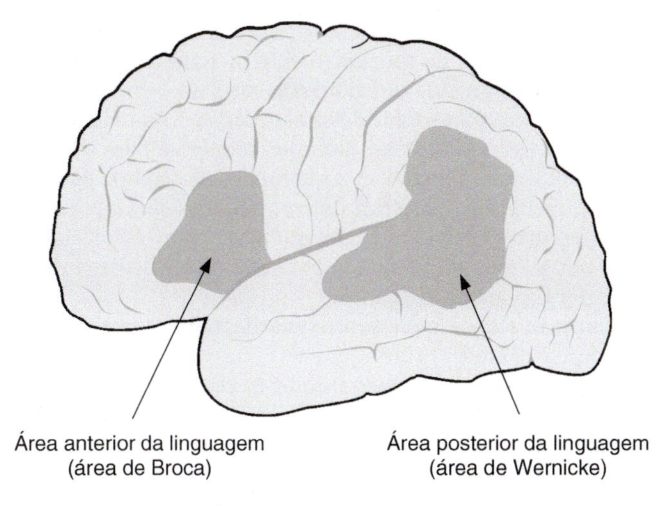

Figura 13.5 Áreas da linguagem do córtex cerebral.

de Wernicke (Figura 13.5), em homenagem ao médico alemão Carl Wernicke, que a descreveu em 1874.

A área de Broca está relacionada com a expressão da linguagem, enquanto a área de Wernicke se ocupa, basicamente, com sua percepção. Lesões nessas áreas provocam o aparecimento de **afasias**. Os pacientes afásicos são incapazes de se comunicar por meio da linguagem verbal embora os mecanismos periféricos, tanto sensoriais quanto motores, necessários para esta comunicação estejam funcionalmente intactos.

Há dois tipos fundamentais de afasias: No primeiro tipo, quando há lesão na área de Broca, o paciente é capaz de compreender a linguagem falada ou escrita, mas não consegue se expressar de maneira adequada, utilizando-se, geralmente, apenas de monossílabos. A área de Broca está envolvida no planejamento dos movimentos necessários para a emissão das palavras, e de sua lesão decorre então uma afasia de expressão ou **afasia motora**. Já a lesão na área de Wernicke resultará em uma **afasia de percepção** ou **afasia sensorial**, ou seja, a incapacidade de reconhecimento da palavra escrita ou falada, o que irá refletir-se também na maneira de o paciente se expressar por meio da linguagem - neste caso, o paciente falará fluentemente, mas utilizando uma "salada de palavras" sem nenhum sentido.

Na verdade, o tema é bem complexo, existindo numerosas classificações para os diferentes tipos de afasias encontradas na prática clínica. Além disso, regiões subcorticais e outras áreas do próprio córtex parecem envolvidas nos processos da linguagem.

A interpretação da linguagem ocorre no cérebro de maneira complexa, provavelmente análoga à que ele utiliza para a interpretação de objetos ou faces. Inicialmente há um reconhecimento da palavra como categoria, depois daquela palavra específica e finalmente do seu significado, à medida que a informação vai sendo processada a partir dos córtices unimodais (auditivo ou visual) até a área de Wernicke.

Quando se descobriu que as áreas da linguagem, na maior parte das pessoas, situam-se apenas no hemisfério esquerdo do cérebro, criou-se o conceito de que este seria o **hemisfério dominante**, enquanto o hemisfério direito exerceria um papel secundário. Mais tarde, ficou evidente que, na verdade, não existe dominância, mas uma **assimetria da função cerebral** - o hemisfério direito é aparentemente mais capaz que o esquerdo em outras habilidades, como, por exemplo, a percepção espacial e a manipulação do espaço extrapessoal.

Um aspecto evidente da assimetria da função cerebral diz respeito à preferência manual. A maioria das pessoas é destra, o que sugere um predomínio do hemisfério esquerdo sobre as funções motoras. Durante muito tempo, acreditou-se que, nas pessoas canhotas (cerca de 10% da população humana), haveria uma inversão na dominância quanto à linguagem, ou seja, o hemisfério direito se encarregaria dessas funções. Descobriu-se, no entanto, que, na maioria dos canhotos (70% deles), as áreas da linguagem localizam-se também no lado esquerdo. Nos 30% restantes, ocorre uma divisão meio a meio, pois em 15% as áreas da linguagem estão do lado direito e nos restantes 15% elas existem bilateralmente.

Na realidade, a assimetria funcional parece ser uma característica de todas as áreas de associação. As áreas secundárias do córtex já apresentam uma certa assimetria funcional, mais evidente na fisiologia das áreas terciárias.

Com relação à assimetria entre os hemisférios cerebrais, ela existe não apenas em aspectos funcionais, mas também na própria morfologia macroscópica (p. ex., o assoalho do sulco lateral, o *plano temporal*, é mais desenvolvido do lado esquerdo na maioria das pessoas, refletindo, possivelmente, uma especialização dessa área em relação à linguagem verbal).

Modelo das redes nervosas e funções corticais

O conceito de que existem áreas corticais especializadas ou dedicadas a funções específicas (tais como a linguagem, a atenção espacial ou a memória operacional) vem sendo mais recentemente substituído pelo modelo das redes nervosas dedicadas. A ideia é: o processamento computacional no cérebro é feito por **circuitos nervosos** (ou **redes distribuídas**), os quais envolvem diferentes regiões corticais. As funções cognitivas (tais como a percepção, a atenção, a memória ou a inteligência) exigem o envolvimento de diferentes circuitos interagindo entre si. Segundo esse ponto de vista, todas as funções de que participa o córtex cerebral são produtos de operações ocorridas no interior de circuitos e produtos das interações entre redes, que envolvem não só diferentes regiões corticais, mas também estruturas subcorticais.

O novo modelo de redes nervosas supera, de certa forma, a antiga oposição entre os teóricos localizacionistas, que advogavam a existência de centros nervosos corticais, e os holistas ou distributivistas, que afirmavam poderem todas as áreas corticais assumir qualquer das funções atribuídas ao córtex cerebral.

Os defensores do modelo das redes nervosas afirmam que as representações funcionais são constituídas de circuitos de neurônios associados pela experiência, a qual pode ser a da espécie ou a do organismo individual. Os córtices primários, sensoriais ou motor representariam uma forma de conhecimento da espécie (o **conhecimento filogenético**). Seus circuitos já estão formados no nascimento, pois a informação estaria contida no material genético, por causa da repetição decorrida durante os milhões de anos de evolução animal. Desta maneira, surgiria uma espécie de memória adaptativa, herdada dos ancestrais biológicos, contendo os elementos básicos da sensação e do movimento. A informação filogenética providenciaria a formação da conectividade geral do sistema nervoso, característica de cada espécie e sobre a qual se desenvolverão os novos circuitos, mais específicos, formados a partir das experiências e do conhecimento de cada organismo.

As áreas secundárias, por sua vez, iriam se comprometer em circuitos que se desenvolvem a partir das experiências individuais. Essas experiências estimulam a plasticidade nervosa, promovendo a formação de novas conexões e a construção de circuitos cada vez mais complexos que começam, inclusive, a interagir entre si. Em seguida, são estruturados circuitos cujo centro se encontra nas áreas terciárias, em que a área de abrangência é ainda maior, envolvendo vários dos circuitos desenvolvidos anteriormente.

As redes organizam-se hierarquicamente, mas os neurônios situados em uma região cortical de associação podem participar de mais de um circuito e, portanto, influenciar em mais de uma função, já que existe um grau bastante grande de interconexão direta entre as regiões corticais que, além disso, podem se comunicar pelas estruturas subcorticais, como o tálamo.

Já outras estruturas, como o corpo estriado, o cerebelo, o hipocampo e a amígdala têm papel importante nas interações entre os múltiplos circuitos que dão suporte às diferentes funções usualmente atribuídas ao córtex cerebral, mas que, na verdade, decorreriam do funcionamento integrado dos circuitos também relacionados a regiões não corticais.

Um aspecto importante dessa abordagem é que as áreas cerebrais participantes desses circuitos cooperam para a execução das múltiplas funções, mas a computação cerebral pode ser feita também pela competição entre as informações circulantes em diferentes redes, de maneira que sairá "vencedora" aquela mais compatível ou adequada às necessidades do organismo em determinada circunstância.

Outro aspecto de interesse no estudo das funções cerebrais pela abordagem das redes neurocognitivas é que ela parece promissora no entendimento de algumas disfunções, tais como o transtorno do déficit de atenção e hiperatividade (TDAH), as doenças de Parkinson e de Alzheimer, a esquizofrenia e mesmo o envelhecimento cerebral: todas elas parecem estar relacionadas a problemas de coordenação ou de desconexão no funcionamento de redes neurocognitivas que suportam as diferentes funções cerebrais.

14

Lobo Límbico

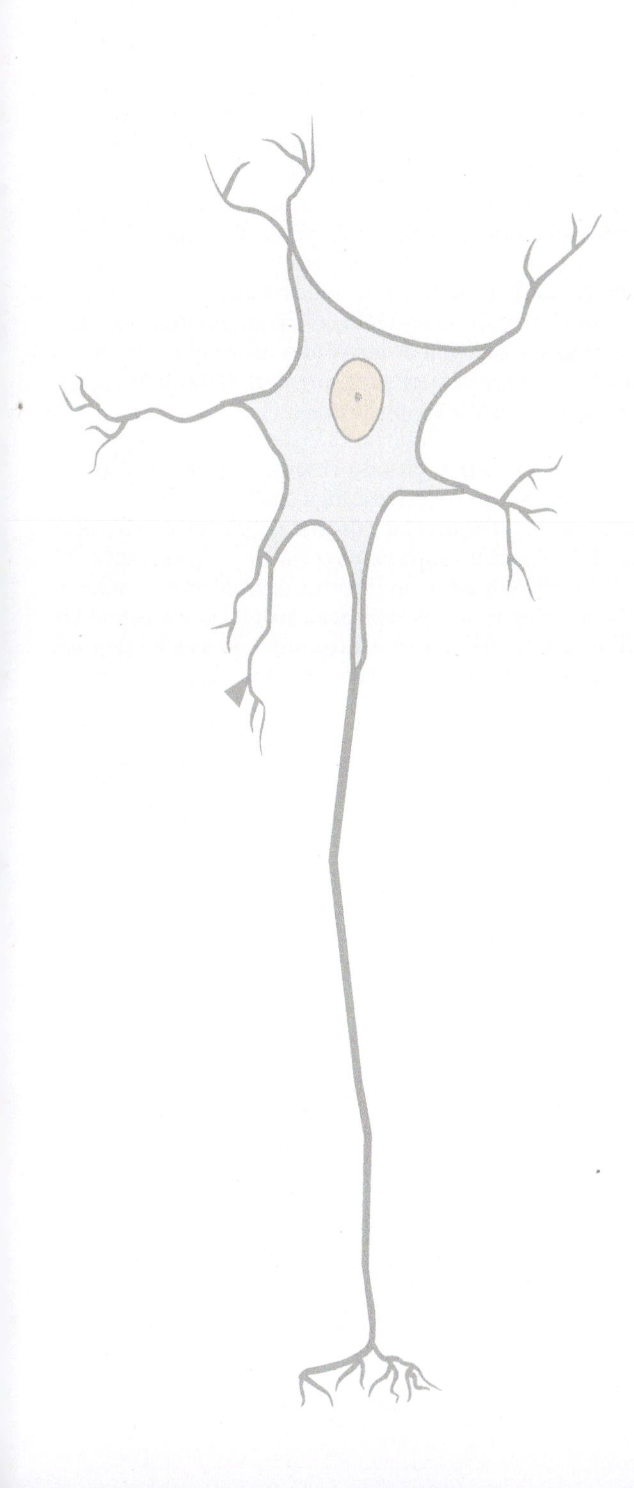

Introdução

O **lobo límbico** (*limbo* = "borda, contorno") é constituído, tradicionalmente, pelo anel de estruturas corticais situadas nas faces medial e inferior do cérebro, as quais contornam as estruturas do diencéfalo e do tronco encefálico (Figura 14.1). De início, pensava-se que estas estruturas tivessem função olfatória; em conjunto, eram chamadas de **rinencéfalo** (*rino* deriva do latim e significa "nariz").

Em 1937, contudo, o neuroanatomista norte-americano James Papez sugeriu que o lobo límbico poderia estar envolvido com os processos emocionais e não com a olfação. Ele demostrou, também, que havia um circuito interligando diferentes porções desse lobo, passando por núcleos do tálamo e do hipotálamo (mais tarde, o circuito seria denominado *circuito de Papez*). Ao longo do século 20, muitas evidências experimentais se acumularam, mostrando que, de fato, as estruturas límbicas tinham relação com os processos emocionais, mas outras estruturas, não pertencentes ao lobo límbico, também participavam dos mesmos processos. Daí, surgiu o conceito de *sistema límbico*, a fim de designar o conjunto dessas estruturas, que se estendem do telencéfalo ao tronco encefálico, todas em relação de proximidade sináptica com o hipotálamo. Além disso, verificou-se que o chamado sistema límbico tinha outras funções, pois suas estruturas estavam envolvidas não só com os processos emocionais e motivacionais, mas também com a memória, a aprendizagem e, ainda, com os controles visceral e neuroendócrino.

Foi ficando claro, porém: o sistema límbico (cujos componentes são discutíveis, pois variam de autor para autor) inclui um conjunto muito heterogêneo de estruturas, as quais nem sempre atuam em conjunto, como sugere a designação de sistema (por isso, muitos autores passaram a sugerir que esse conceito fosse abandonado, preferindo falar apenas de *estruturas límbicas*).

Assim sendo, em nossa abordagem dessas estruturas, vamos deixar de lado o conceito de sistema límbico e focar nosso interesse nas diversas regiões do lobo límbico, que deve ser ampliado para incluir estruturas como a **ínsula**, a **amígdala** e as **partes do córtex pré-frontal** (medial e orbital). O lobo límbico, assim constituído, contém as regiões do córtex cerebral não isocorticais (Capítulo 13), ou seja, que apresentam citoarquitetura um pouco distinta das seis camadas celulares típicas encontradas nas regiões que revestem a maior parte do cérebro. Essas áreas, consideradas como mais antigas do ponto de vista evolutivo, em conjunto com as regiões subcorticais a elas relacionadas, são importantes para as funções emocionais e motivacionais. Nesse contexto, é preciso levar em conta que as emoções, bem como a cognição, derivam de atividades distribuídas em muitos circuitos e redes relacionadas, envolvendo tanto o córtex cerebral quanto estruturas subcorticais.

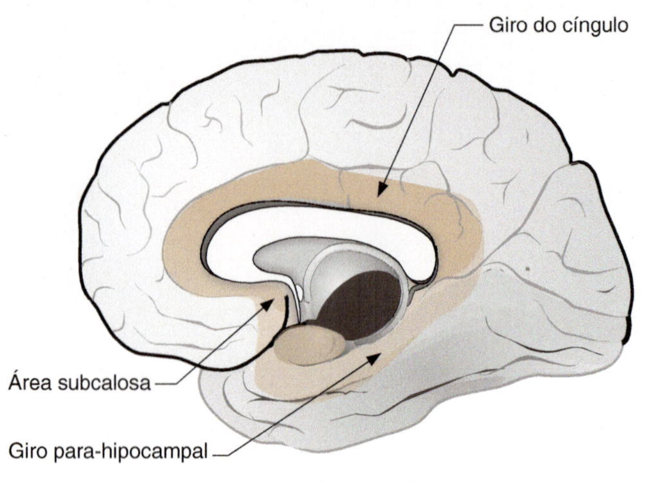

Figura 14.1 O lobo límbico.

Em resumo, o anel do lobo límbico deve incluir a região do **septo** (área subcalosa), o **giro do cíngulo**, o **giro para-hipocampal**, o **hipocampo**, o **núcleo amigdaloide** (amígdala), **parte da ínsula** e as porções **medial** e **orbital do córtex pré-frontal** (Figura 14.2). As partes anterior e ventral da ínsula são alocorticais, têm continuidade com o córtex orbitofrontal e, apesar de, tradicionalmente, não pertencerem ao lobo límbico, podem e devem ser consideradas como integrantes do mesmo (Figura 14.3). Também o núcleo amigdaloide, mais especificamente o **complexo basolateral da amígdala**, deve ser incluído no lobo

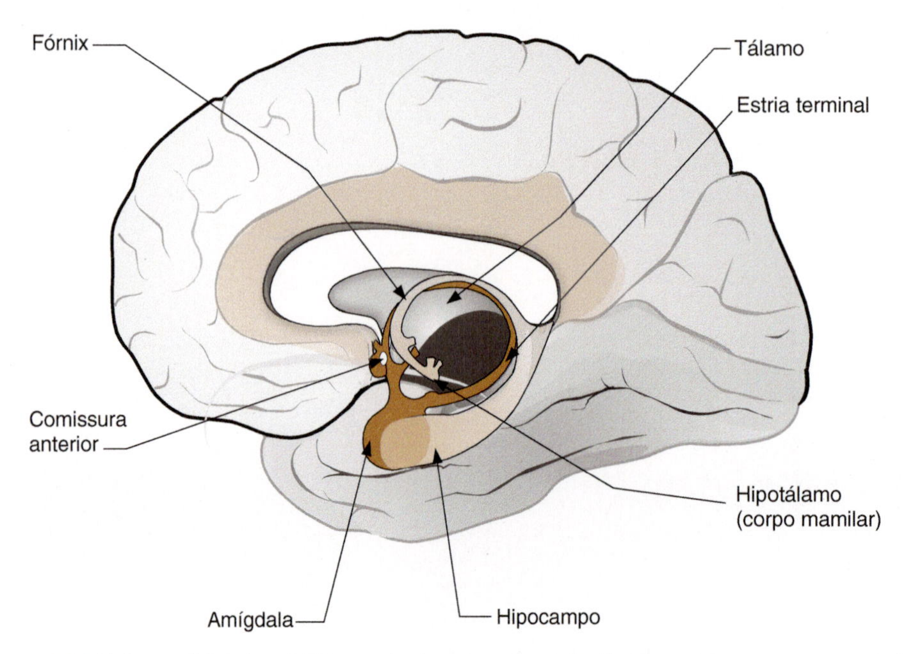

Figura 14.2 Visão medial do hemisfério cerebral mostrando o lobo límbico, o hipocampo e a amígdala.

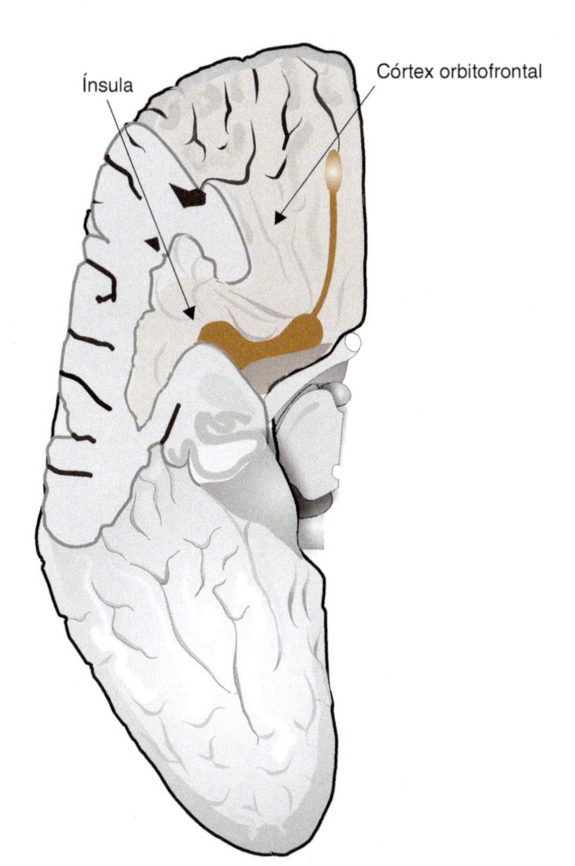

Figura 14.3 Visão inferior do hemisfério cerebral, em que parte do lobo frontal foi retirada para se mostrar a ínsula e sua continuidade com o córtex orbitofrontal (Adaptado de Heimer, L. *et al. Anatomy of Neuropsychiatry*. Academic Press, New York, 2008).

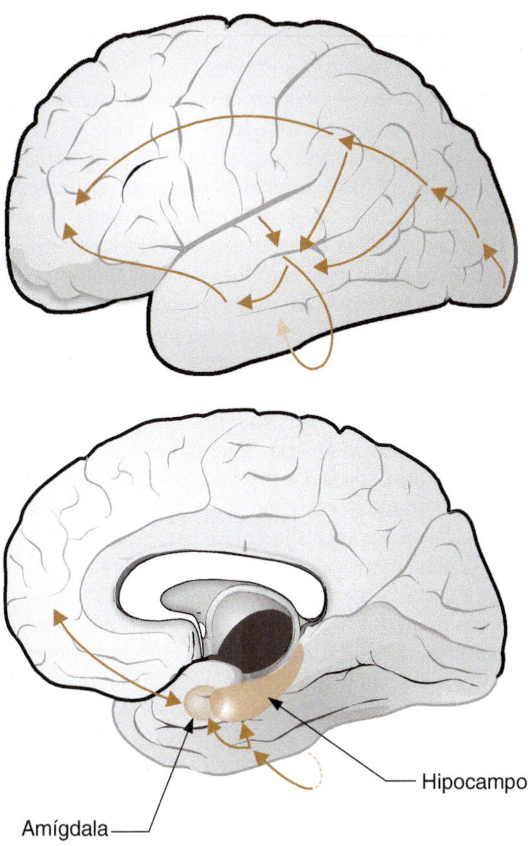

Figura 14.4 Projeção das áreas sensoriais auditiva e visual até o hipocampo e a amígdala. Veem-se também as ligações dessas áreas com o córtex pré-frontal.

límbico, pois tem, como veremos, muitas características corticais, tanto do ponto de vista citoarquitetural e de neurotransmissores quanto por seus padrões de conexões.

O lobo límbico é constituído, portanto, por áreas corticais antigas do ponto de vista filogenético. O **hipocampo**, por exemplo, é uma invaginação cortical para o interior do corno inferior do ventrículo lateral e tem apenas três camadas de células, sendo classificado como arquicórtex. O **giro do cíngulo** e o **giro para-hipocampal**, por sua vez, são classificados como mesocórtex, pois têm uma estrutura intermediária entre as áreas presumidamente mais antigas (alocórtex) e o isocórtex, predominante no cérebro dos mamíferos.

Tomadas em conjunto, essas estruturas recebem informações multissensoriais, somáticas e viscerais. As informações auditivas e visuais, por exemplo, podem chegar à amígdala e à formação hipocampal, passando pelo giro para-hipocampal (Figura 14.4). Por outro lado, as estruturas límbicas têm a capacidade de atuar nos mecanismos efetuadores somáticos e viscerais, como veremos nos itens seguintes.

Estrutura, conexões e funções das regiões do lobo límbico

Como já foi dito, as estruturas do lobo límbico estão envolvidas nos processos emocionais e motivacionais, no fenômeno da memória e da aprendizagem e no controle do sistema nervoso autônomo e das interações neuroendócrinas. Veremos, a seguir, como se dá esse envolvimento, estudando-as em separado.

Hipocampo

O **hipocampo** é uma formação cortical no lobo temporal que aparece como uma eminência de cerca de cinco centímetros, visível no assoalho do ventrículo lateral (Figura 3.24). Chama-se de **formação hipocampal** o conjunto formado pelo hipocampo propriamente dito, o giro denteado, o subículo e parte do giro para-hipocampal (área 28 de Brodmann) (Figura 14.5).

As aferências a essa região chegam por intermédio dos giros para-hipocampal e denteado. O hipocampo,[1] pelo fórnix, emite a maioria das fibras eferentes da formação hipocampal, dotada de relações com numerosas estruturas: área septal, amígdala, partes do tálamo e do hipotálamo, corpo estriado ventral, além de áreas da formação reticular. Existem também conexões comissurais ligando os hipocampos dos dois hemisférios cerebrais.

Muitos dados experimentais mostram que existem diferentes regiões funcionais no hipocampo: sua porção posterior parece estar envolvida com os processos cognitivos de aprendizagem e memória – particularmente os associados a navegação, exploração do ambiente e locomoção –, ao passo que sua porção anterior faz parte dos circuitos do lobo temporal envolvidos com a emoção e o comportamento motivado. Essas duas porções são separadas por uma região de transição, a qual pode fazer uma ligação entre os conhecimentos espa-

[1] Aí, existem três regiões adjacentes chamadas CA1, CA2 e CA3 (a sigla CA refere-se ao *corno de Ammon*, nome anteriormente atribuído ao hipocampo).

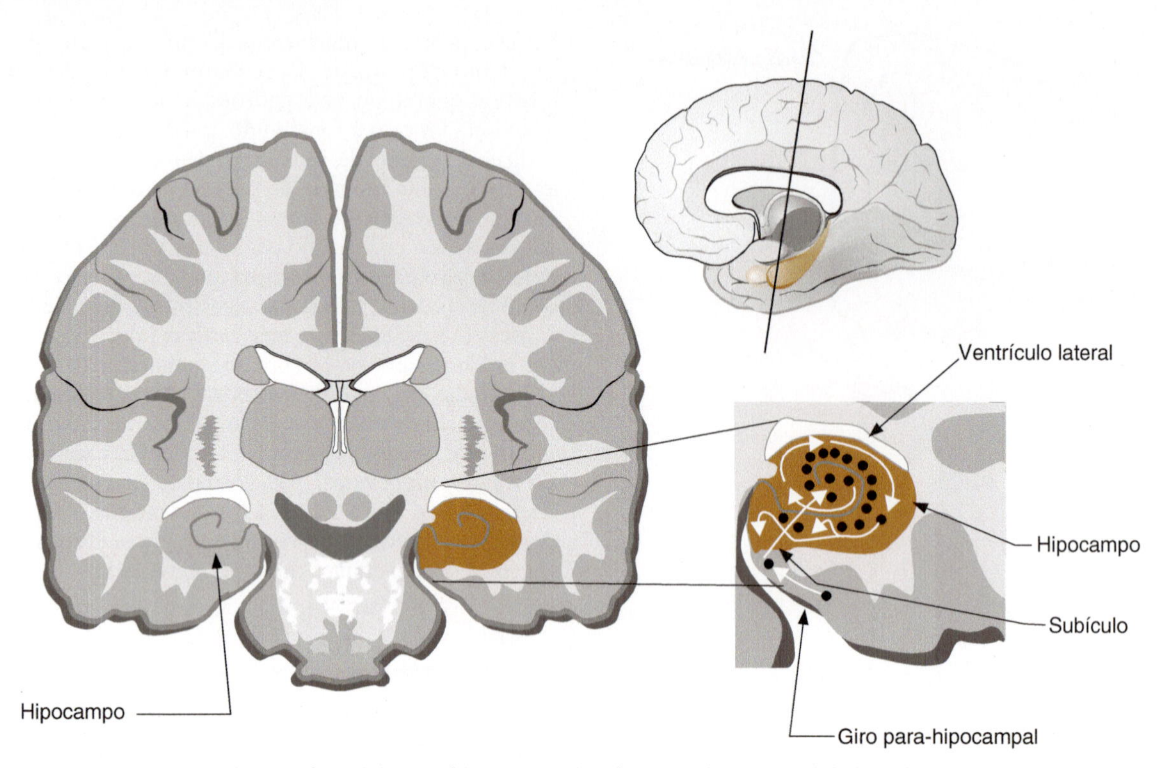

Figura 14.5 Visão esquemática de corte frontal do encéfalo, mostrando a formação hipocampal. O desenho superior mostra a localização do corte.

cial e cognitivo com a motivação e as ações importantes para a sobrevivência do organismo.

O hipocampo posterior se conecta com porções do giro do cíngulo, as quais processam informações visuoespaciais, aspectos da memória e elementos da exploração ambiental. Pelo fórnix, liga-se aos núcleos mamilares do hipotálamo e ao núcleo anterior do tálamo, os quais também parecem se envolver na memória e na navegação espacial, mandando fibras de volta para a formação hipocampal. Esse circuito provavelmente processa e registra um mapa cognitivo para a orientação e a navegação espacial. Já o hipocampo anterior tem conexões com regiões do córtex olfatório e também com a amígdala e a ínsula. Por meio dessas conexões (que envolvem a região do septo), têm origem projeções que chegam ao hipotálamo e podem influenciar os processos neuroendócrinos, emocionais e motivacionais. A porção anterior pode ser, assim, considerada como um hipocampo "quente", intimamente relacionado com as emoções, atuando na regulação das respostas de estresse e parecendo estar envolvido nos transtornos de ordem afetiva, como a depressão.

Desde meados do século 20, sabe-se que uma lesão bilateral do hipocampo acarreta **amnésia** (perda da memória) que é global, ou seja, envolvendo todas as modalidades sensoriais. Curiosamente, esta amnésia é anterógrada, ou seja, há uma incapacidade de aprender ou memorizar novos eventos a partir da instalação da lesão, permanecendo a capacidade de recordar eventos anteriores a ela.

Na literatura neuropsicológica, é clássica a história de um paciente conhecido pelas iniciais HM. Nele, foi feita uma ressecção bilateral da porção medial dos lobos temporais, com o objetivo de controlar ataques epilépticos muito violentos. HM melhorou da epilepsia, mas perdeu a capacidade de adquirir novos conhecimentos a partir dessa época, embora tivesse conservado a memória do que havia sido aprendido antes da cirurgia. Curiosamente, novas habilidades motoras ainda podiam ser aprendidas, revelando que diferentes tipos de aprendizagem e memória dependem de estruturas e circuitos neurais diferentes.

A formação hipocampal é, portanto, importante para o armazenamento de novos conhecimentos na chamada **memória declarativa** ou memória explícita, a memória do *saber o quê*. (Há outros tipos de memória, como a que é implícita, e se relaciona com habilidades motoras [a memória de procedimento], dependente, nesse caso, do funcionamento de outras estruturas, como o corpo estriado e o cerebelo.)

Sabe-se que a memória declarativa está ligada ao hipocampo posterior e não ao anterior. Com técnicas de neuroimagem funcional, verifica-se, por exemplo, que taxistas, ao recordarem rotas complexas de uma cidade, que constituem uma lembrança espacial, ativam o hipocampo posterior direito. Por outro lado, a lembrança de material verbal ativa também o hipocampo posterior, mas do lado esquerdo.

Como vimos, as estruturas ligadas ao hipocampo anterior estão envolvidas em várias funções relacionadas com a emoção e a motivação, mas essas funções são também importantes no fenômeno da memória. Esse papel é mais claro, como veremos, no modo como a amígdala modula a lembrança dos eventos emocionais. A conexão entre hipocampo e amígdala explica como a emoção influencia a memória declarativa. As lesões específicas no hipocampo anterior (e não no posterior) alteram preferencialmente as respostas ao estresse e o comportamento emocional.

As conexões corticais intrínsecas do hipocampo são muito semelhantes em toda a sua extensão. Portanto, o mesmo tipo de processamento ou computação deve ser feito em toda essa estrutura. Autores sugerem que o processamento das emoções pode envolver a comparação de múltiplos objetivos com a iniciação de ações corretivas. O mesmo tipo de processamento poderia ser usado para viabilizar a navegação espacial nos vertebrados.

Um antigo dogma da neurobiologia afirmava que novos neurônios não são formados depois do nascimento. No entanto, descobertas mais recentes vieram demonstrar que no hipocampo ocorre alguma renovação de neurônios ao longo de toda a vida, o que deve ser importante para a execução de suas funções.

A exemplo do que acontece em outras áreas cerebrais, hoje sabemos que, no processo de envelhecimento normal, não existe uma perda neuronal significativa no hipocampo. Contudo, na doença de Alzheimer ocorre uma acentuada diminuição de neurônios na formação hipocampal, que pode levar a um isolamento funcional de suas estruturas, o que explicaria a deficiência de memória, uma das características mais evidentes dessa doença.

Amígdala

A **amígdala** cerebral é uma região de substância cinzenta situada no interior do lobo temporal, à frente e acima do hipocampo (Figura 14.2). Por tradição, é descrita com a forma de uma amêndoa, donde deriva seu nome. Trata-se de uma região heterogênea e complexa, formada por sub-regiões com diferentes conexões e características estruturais. Não há unanimidade quanto ao modo como ela pode ser subdividida, mas admite-se que uma das suas partes, a **centromedial**, é mais primitiva e se liga ao sistema olfatório (Figura 14.6). Outra parte, a **basolateral** ou corticobasolateral, seria mais recente (é ela que apresenta o formato de amêndoa que deu nome à estrutura) e parece ser uma extensão do córtex cerebral, embora não tenha as camadas celulares características do mesmo. Nessa perspectiva, a amídala centromedial poderia ser considerada, por outro lado, como equivalente ao corpo estriado ventral. Alguns autores propõem ainda que a amígdala se estenderia medialmente de maneira a incluir uma área da substância inominada conhecida como núcleo leito da estria terminal.

A maior parte das informações sensoriais, inclusive a dor, chega à porção basolateral da amígdala, algumas já modificadas por sua passagem pelas áreas secundárias e terciárias do córtex cerebral. Conexões com a região pré-frontal do córtex cerebral também são importantes. A região basolateral manda fibras para a região centromedial da amígdala (Figura 14.7).

A amígdala centromedial, por sua vez, tem conexões recíprocas com as áreas olfatórias do córtex, participa das respostas emocionais e se projeta para o hipotálamo e para áreas da formação reticular do tronco encefálico (Figura 14.7). A amígdala tem sido relacionada com muitas funções emocionais, dentre as quais o medo é a mais bem conhecida e estudada. Outros exemplos são os comportamentos agressivo, maternal, sexual e ingestivo (os atos de beber e comer). Ela está também envolvida nos mecanismos de recompensa e suas implicações na motivação.

O complexo amigdaloide, portanto, parece exercer um papel central nos processos emocionais e motivacionais. O registro da atividade dos neurônios nessa região, tanto em animais quanto em pacientes humanos, mostra que ocorre uma ativação da amígdala em situações com significado emocional, como encontros agressivos ou de natureza sexual. A estimulação da amígdala em pacientes humanos provoca reações de ansiedade, medo, raiva e sensações viscerais. Por outro lado, os ansiolíticos atuam na amígdala para exercer sua ação.

A amígdala participa ainda de processos cognitivos, como a atenção, a percepção e a memória explícita. Isto se dá por meio do processamento pela mesma do significado emocional dos estímulos externos. A amígdala pode atuar liberando hormônios e neuromoduladores, os quais, por sua vez, alteram o processamento cognitivo no córtex cerebral. Projeções da amígdala que chegam ao hipocampo podem salientar a memória de eventos com conteúdo emocional.

Lesões na amígdala ou sua desconexão provocam dissociação entre os processos sensoriais e emocionais. Essa dissociação aparece, por exemplo, na **síndrome de Kluver e Bucy**, provocada inicialmente em macacos *Rhesus* pela ablação dos polos temporais, mas que pode aparecer em pacientes humanos com lesão nessa região. Nessa síndrome, consequência da desconexão entre a amígdala e o córtex temporal, os animais não

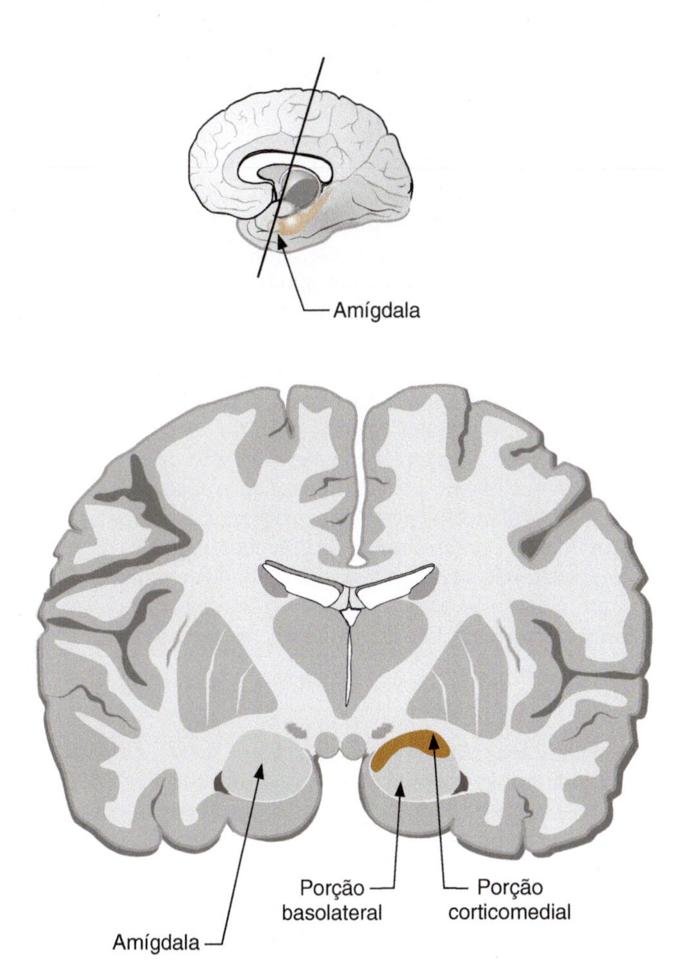

Figura 14.6 Visão esquemática de corte frontal do encéfalo, mostrando a região da amígdala. O desenho menor mostra a localização do corte.

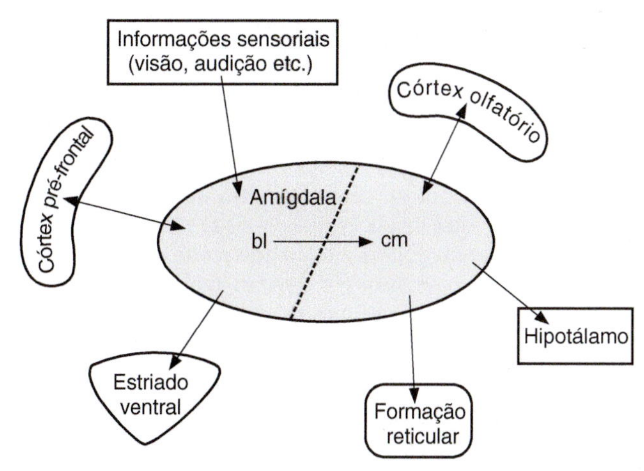

Figura 14.7 Diagrama mostrando as principais conexões da amígdala. bl = amígdala basolateral; cm = amígdala centromedial.

reagem mais com o comportamento normal de fuga ou agressão na presença do tratador ou de outros animais (como, por exemplo, serpentes) que usualmente provocam intensas reações emocionais. Apresentam, também, depois da lesão, comportamento sexual inadequado, tentando a cópula de maneira indiscriminada, inclusive com animais de outras espécies. Os macacos operados deixam de distinguir objetos comestíveis dos não comestíveis, passando a levar tudo à boca e se alimentando daquilo que antes era rejeitado. Acredita-se que esses distúrbios comportamentais sejam decorrentes do fato de os portadores dessa síndrome não serem mais capazes de fazer a associação correta entre os estímulos recebidos do ambiente e os sentimentos e atitudes adequados para a ocasião.

Lesões na amígdala podem levar a problemas no processamento de faces e outros sinais sociais. Registros por eletrodos mostram que seus neurônios respondem de modo diferente para faces diferentes e são sensíveis a estímulos sociais de aproximação ou abordagem. Pacientes com lesão amigdaliana não são capazes de reconhecer faces ameaçadoras, não confiáveis ou que expressem medo e por isso não reagem da maneira adequada para garantir a sua segurança.

Existem duas vias de acesso pelas quais a amígdala pode processar estímulos como a de expressões faciais de medo. A primeira é uma via tálamo-amigdaliana direta, que pode, de modo grosseiro, detectar estímulos com potencial de perigo. A segunda é tálamo-cortical-amigdaliana, que torna possível uma análise mais detalhada dos estímulos e pode mediar aprendizados como o condicionamento do medo. Experimentos em animais demonstraram que uma lesão na amígdala impede o condicionamento de respostas de medo, que são vitais para a sobrevivência do organismo.

Assim, pode-se concluir: a amígdala é importante para conferir significância emocional às experiências cotidianas. Nela, ocorre a interação entre as informações vindas do meio externo, configurando a realidade ambiental, e as informações vindas do meio interno, configurando as necessidades do organismo em determinado momento. Por suas projeções eferentes, a amígdala pode desencadear respostas autonômicas e comportamentais, bem como interferir nos próprios processos ideacionais.

Córtex do cíngulo e córtex pré-frontal medial

O **giro do cíngulo** é a região cortical na face medial do hemisfério cerebral que circunda o corpo caloso (a palavra *cingulum*, do latim, significa "cinto") (Figura 14.1). Trata-se de uma região heterogênea do ponto de vista estrutural, pois diferentes regiões, com conexões e funções distintas, podem ser localizadas no córtex do cíngulo.

A **região anterior** (por muitos considerada uma área pré-frontal) tem uma porção ventral e outra dorsal. A primeira, ventral anterior, está ligada às emoções e tem conexões com a amígdala e o córtex orbitofrontal, tendo como núcleos talâmicos de referência o anterior e o dorsomedial. A região dorsal anterior, por sua vez, relaciona-se com o processamento da dor e da atenção, além da seleção de respostas motoras com base na presença ou na expectativa de recompensa. Ela tem conexões com os córtices pré-motor e motor, além das regiões pré-frontal dorsolateral e parietal.

Saliente-se que o córtex motor dos primatas tem relação próxima com o lobo límbico, particularmente com essa região do cíngulo anterior (área 24 de Brodmann). Nessa área do sulco do cíngulo, há uma representação motora completa das regiões do corpo, e nela têm origem fibras corticoespinhais.

A **região posterior** tem papel no processamento visuoespacial e tem conexões com o córtex pré-frontal dorsolateral, recebendo também fibras do pulvinar e dos núcleos laterais do tálamo. Finalmente, a **região retroesplenial**, localizada atrás do corpo caloso, tem sido relacionada com a memória, tendo conexões com o lobo temporal medial (hipocampo) e o córtex pré-frontal dorsolateral.

A estimulação elétrica no giro do cíngulo e no giro para-hipocampal em pacientes humanos provoca alterações no humor e sensação de familiaridade (*déjà vu*). Lesões cingulares podem provocar apatia, mutismo e mudanças da personalidade. Existem também evidências de que o córtex do cíngulo possa estar envolvido precocemente em patologias como a doença de Alzheimer, a esquizofrenia, a depressão e o transtorno obsessivo-compulsivo.

Abaixo do córtex do giro do cíngulo encontra-se o fascículo do cíngulo, um feixe interligando diferentes regiões desse giro, mas que também tem fibras que se dirigem a outras regiões, levando informações límbicas. Ele tem sido alvo de psicocirurgias – as cingulotomias – para tratamento de dor crônica e de problemas psiquiátricos, como a depressão e o transtorno obsessivo-compulsivo. Curiosamente, pacientes submetidos a esse tratamento para a dor relatam continuar a senti-la, embora ela não os incomode mais.

O **córtex pré-frontal medial** é estruturalmente heterogêneo e pode fazer parte do lobo límbico, devido a sua estrutura e conexões. Ao que parece, essa região é, na verdade, uma área de confluência do córtex do cíngulo, da região orbitofrontal e do córtex pré-frontal dorsolateral. O córtex pré-frontal medial recebe aferentes das regiões corticais secundárias sensoriais e motoras e tem projeções para o estriado ventral (núcleo acumbente), a amígdala, o hipotálamo e o tronco encefálico (área cinzenta periaquedutal). Seu núcleo talâmico de referência é o dorsomedial. Ele participa de processos cognitivos e emocionais e tem relação com o controle visceral, os mecanismos de recompensa e a motivação e a tomada de decisão.

Lesões dessa área podem levar à apatia e à ausência de iniciativa. Ela parece atuar como uma estação central, integrando vários circuitos ou redes nervosas e, a exemplo do que ocorre com o giro do cíngulo, também tem regiões funcionais distintas. As regiões dorsais do cíngulo e do córtex pré-frontal medial parecem estar envolvidas na avaliação de situações de conflito, de medo e de ansiedade, enquanto as regiões ventrais têm papel regulador na geração de respostas emocionais, pois podem inibir o processamento de emoções negativas na amígdala, quando isso se faz necessário. Os dados empíricos sugerem que a distinção básica entre as regiões dorsal e ventral são as funções de avaliação e de regulação, respectivamente.

Região septal

A região do **septo verdadeiro** (*septum verum*, em latim) é constituída por grupamentos neuronais localizados em posição anterior à comissura anterior (área subcalosa) (Figura 14.1) (não se deve confundir essa região com o septo pelúcido, uma fina membrana, constituída por glia e fibras, e que delimita medialmente o corno anterior do ventrículo lateral).

A região septal tem relações com o hipocampo, o estriado ventral, o hipotálamo e a formação reticular. Conecta-se, ainda, com a amígdala e o córtex pré-frontal medial. O septo ocupa, assim, uma posição nodal, integrando informações cognitivas vindas do córtex pré-frontal e do hipocampo com informações afetivas, vindas da amígdala e hipotálamo e mandando fibras para regiões hipotalâmicas e da formação reticular que podem influenciar reações comportamentais e viscerais.

Esta região também recebe fibras dopaminérgicas, e sua estimulação geralmente provoca sensações agradáveis – ela foi uma das primeiras "áreas de recompensa" descritas no cérebro.

Ínsula

A **ínsula** é o quinto lobo cortical (Capítulo 3), se escondendo na profundidade do sulco lateral do cérebro (Figura 3.17 e 14.3). Nesse lobo, encontramos regiões distintas: sua porção posterior tem isocórtex e recebe projeções vindas do tálamo, bem como dos córtices de associação dos lobos parietal, temporal e occipital (essa região parece ter um papel na integração somatossensorial, vestibular e motora); já sua região anterior não é isocortical e tem conexões recíprocas com outras regiões límbicas, como o cíngulo anterior, os córtices pré-frontais ventromedial e orbital, a amígdala e o estriado ventral. Ela parece integrar as informações viscerais e autonômicas nas funções emocionais e motivacionais.

A ínsula abriga, ainda, em uma região intermediária, o **córtex gustativo primário**, o qual processa também as sensações viscerais. Ela processa as informações visceroceptivas que se tornam conscientes, como as originadas no intestino, nas vias respiratórias, no sistema cardiovascular ou na distensão da bexiga urinária. Também o toque sensual, as cócegas, a estimulação peniana, a estimulação sexual, o frio e o calor são percebidos na ínsula. Além disso, ela participa de respostas motoras viscerais e é importante na percepção da dor (lesões da ínsula levam a assimbolia da dor) e suas conotações emocionais.

Essas experiências sensoriais integradas na ínsula constituem uma interocepção consciente, um mapeamento neural dos estados corporais importantes para a manutenção da homeostase. São estados corporais com valor hedônico, ou seja, detêm características que são agradáveis ou desagradáveis. A interocepção que ocorre na ínsula parece ser, na verdade, a base para os sentimentos subjetivos das emoções.

Estudos de neuroimagem mostram ativação conjunta da ínsula anterior e do cíngulo anterior em sujeitos quando são tomados de sentimentos emocionais. Incluem-se aí, entre outros, amor materno ou romântico, raiva, medo, tristeza, excitação sexual, aversão, insegurança, empatia, ou admiração. Não só aqueles sentimentos subjetivos, mas também a atenção, a escolha cognitiva e as intenções, além da sensação de movimentos e da percepção do eu parecem ser integrados nessas regiões insulares.

Nesse contexto, a ínsula anterior pode ter um papel proeminente na detecção dos estímulos "salientes", enquanto o cíngulo anterior se encarregaria de facilitar a atenção e dirigir recursos da memória operacional quando um evento importante é detectado, possibilitando rápido acesso ao sistema motor.

Além disso, existem também indicações de que a ínsula esteja implicada na empatia (capacidade de entender as emoções de outros, compartilhando seus sentimentos). Sensações dolorosas chegam à ínsula posterior, mas a ínsula anterior é ativada quando alguém presencia a experiência dolorosa de um outro ser humano significativo para o observador.

Quanto aos estudos clínicos, eles envolvem a ínsula em distúrbios como ansiedade, depressão, transtorno do pânico, demência frontotemporal etc. Ela parece estar também envolvida nos processos conscientes envolvidos na drogadicção. As sensações interoceptivas relacionadas ao consumo de drogas ilícitas se tornam conscientes na região anterior da ínsula e são importantes na motivação para consumi-las. Note-se que a ínsula recebe inervação dopaminérgica que pode mediar alguns dos efeitos de gratificação provocados por aquelas substâncias.

Região orbitofrontal

A região orbitofrontal abrange toda a superfície ventral dos lobos frontais (Figura 14.3). As porções mais posteriores do córtex orbitofrontal têm citoarquitetura mais antiga e mais semelhante a outras regiões do lobo límbico, enquanto aquele situado mais anteriormente já tem aparência isocortical e se funde com o córtex pré-frontal dorsolateral.

A região orbitofrontal recebe informações de todas as modalidades sensoriais, que chegam a partir de áreas unimodais secundárias; há também aferências vindas do córtex olfatório primário. Além disso, na porção lateral do córtex orbitofrontal, existe uma área gustatória secundária, a qual recebe fibras vindas da ínsula. Outras conexões são feitas com o hipotálamo, regiões corticais olfatórias, hipocampo, amígdala e os corpos estriados ventral e dorsal. Existem também conexões intrínsecas entre diferentes porções da região orbitofrontal e com os córtices pré-frontal medial e do cíngulo.

Ao receber esse conjunto de informação sensorial, o qual lhe possibilita, inclusive, discriminar entre faces e expressões faciais, o córtex orbitofrontal parece ter a função de identificar quais estímulos sensoriais estão ligados a uma gratificação, tendo, dessa forma, valor afetivo ou emocional. Além disso, ele identifica quando se modifica a situação e um estímulo neutro passa a ser importante ou um estímulo anteriormente recompensado passa a não gerar consequências. Neurônios nessa região respondem, por exemplo, a um sabor ou a um odor, mas somente quando o animal está faminto, deixando, inclusive, de responder, à medida que ocorre a saciação.

Macacos com lesão orbitofrontal não conseguem aprender a discriminar entre estímulos que levam a uma recompensa de outros, que são neutros. Tornam-se também incapazes de mudar seu comportamento quando ocorrem mudanças na situação experimental: um estímulo anteriormente recompensado deixa de sê-lo, ou vice-versa. Em pacientes humanos, por sua vez, pode-se observar euforia, impulsividade, irresponsabilidade e ausência de emotividade. Alguns dos distúrbios emocionais podem ser atribuídos a uma incapacidade de identificar estímulos relevantes ou de modificar o comportamento, quando a situação ambiental se modifica.

Outras considerações anatomofuncionais

O avanço do conhecimento anatomofuncional das estruturas límbicas levou o neuroanatomista sueco-americano Lennart Heimer e seus colaboradores a sugerirem a existência no cérebro de sistemas anatomofuncionais (por eles chamados de **macrossistemas**), os quais constituiriam a base do funcionamento do córtex cerebral e teriam em comum um modelo padrão de circuito. Segundo o esquema proposto, as áreas corticais enviam usualmente projeções glutamatérgicas para estruturas subcorticais que utilizam, por sua vez, o GABA (ácido gama-aminobutírico) como neurotransmissor. Como exemplos dessas estruturas, teríamos o corpo estriado, partes da amígdala ou a região septal.

Essas estruturas, por sua vez, são responsáveis por projeções que podem retornar ao córtex – passando por um relé talâmico – ou vão para centros efetuadores somáticos e autonômicos, situados no tronco encefálico (formação reticular) e no hipotálamo (Figura 14.8). Nesse contexto, haveria uma caudalização progressiva na organização das projeções dos macrossistemas: o corpo estriado retorna mais informações ao córtex, enquanto a amígdala e o septo atuam mais nos mecanismos efetuadores, principalmente nos viscerais.

Como se observa, a ocorrência desses circuitos se dá tanto nas regiões de neocórtex quanto nas áreas mais antigas, como o córtex límbico. Isso reforça a ideia de que não é necessário o conceito de sistema límbico como uma unidade funcional separada, já que suas estruturas estão integradas em um esquema funcional encontrado em todo o corpo.

Nesses circuitos, têm papel preponderante a influência dos grupos catecolaminérgicos e colinérgicos, que têm projeção difusa e modeladora para o córtex cerebral e muitas regiões subcorticais. Essas projeções moduladoras são importantes para que o organismo, dependendo das circunstâncias, selecione os estímulos salientes e ignore os não salientes, flexibilizando o comportamento para o objetivo mais adequado no momento.

Os diferentes sistemas anatomofuncionais cooperam e competem de modo a influenciar as funções motoras, cognitivas e afetivas. As áreas corticais podem interferir em mais de um dos macrossistemas, os quais, por sua conta, operam de forma mais ou menos independente, sendo o resultado de seu processamento combinado e recombinado, até atingir o resultado final.

Os diferentes circuitos ou macrossistemas estão envolvidos em diferentes funções. A amígdala, por exemplo, pode extrair informações sobre o risco potencial de um evento e produzir respostas que levarão ao medo, à fuga ou à paralisação. O córtex orbitofrontal, por sua vez, pode ser sensível a sinais positivos, que levam à escolha e à aproximação dos estímulos com potencial de fornecerem recompensas. As informações, mesmo de caráter oposto, são integradas, de modo que o comportamento,

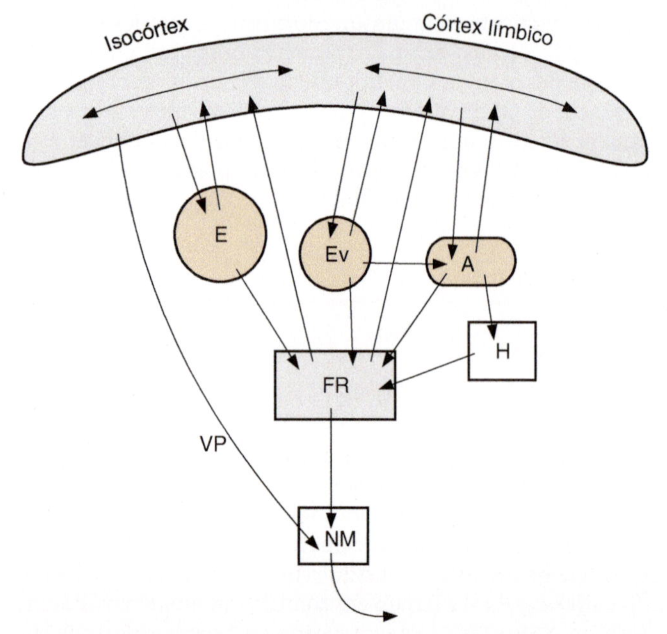

Figura 14.8 Diagrama mostrando as conexões do córtex cerebral com diferentes estruturas subcorticais, em esquema que se repete, sugerindo um padrão para vários sistemas anatomofuncionais. A = amígdala; E = corpo estriado; Ev = corpo estriado ventral; FR = formação reticular; H = hipotálamo; NM = centros motores somáticos e autonômicos na medula espinhal e no tronco encefálico; VP = via piramidal.

as sensações e a cognição resultantes sejam os mais adaptativos, naquele momento, para o organismo.

É digno de nota que, como os estímulos e suas circunstâncias variam ao longo do tempo, também suas consequências devem ser variadas em termos cognitivos, afetivos e comportamentais. Em momentos distintos, pode-se reagir de modo diferente a um odor ou a um som, sentir prazer ou ficar indiferente no encontro com pessoas conhecidas e assim sucessivamente.

A questão da competitividade entre os sistemas poderia, em certas circunstâncias, explicar por que ocorrem muitas escolhas irracionais. No vício em drogas ilícitas, por exemplo, as considerações racionais não são capazes de coibir os impulsos para o consumo da droga, os quais levam a uma gratificação imediata. A natureza competitiva entre os macrossistemas traz algum sentido ao antagonismo entre emoção e razão, encontrado em nossas crenças culturais e em nossa vida diária.

Os processos motivacionais e o circuito de recompensa

As estruturas límbicas estão envolvidas, também, nos processos motivacionais. Sabe-se, por exemplo, que animais com eletrodos implantados no cérebro e podendo se autoestimular com uma corrente elétrica por meio desses eletrodos se estimulam, às vezes com alta frequência ou, ao contrário, evitam, a todo o custo, a estimulação. A mesma experiência, feita com pacientes humanos, veio revelar que existem áreas no cérebro nas quais a estimulação elétrica pode ser agradável, enquanto em outras ela é desagradável (embora, na maior parte dos locais, ela seja indiferente). As áreas de autoestimulação positiva ou negativa se encontram, geralmente, nas estruturas e circuitos límbicos, levando à sugestão de que a ativação das mesmas pode ser importante para os processos motivacionais.

Muitas regiões cerebrais estão envolvidas nessa rede: a região anterior do córtex do giro do cíngulo, o córtex orbitofrontal, o corpo estriado ventral e os neurônios dopaminérgicos do mesencéfalo. Costuma-se apontar o córtex pré-frontal, o núcleo acumbente e a área tegmentar ventral como regiões nodais do circuito (Figura 14.9), mas estudos mais recentes vieram revelar que todo o corpo estriado ventral e também a substância negra estão envolvidos.

Aqui, é importante notar que o estriado ventral recebe aferências do córtex orbitofrontal e do giro do cíngulo, bem como dos núcleos dopaminérgicos mesencefálicos. Essas conexões são recíprocas, pois o estriado ventral retorna projeções ao córtex pré-frontal (pelo núcleo dorsomedial do tálamo) e também aos núcleos de origem das projeções dopaminérgicas (área tegmentar ventral e substância negra compacta) (Figura 14.10).

Outras estruturas, como a amígdala, o hipocampo, a habênula e regiões da formação reticular (incluídos os núcleos serotoninérgicos) exercem influências regulatórias nesse circuito de recompensa.

O comportamento cotidiano, o qual deve ser flexível e adaptativo, requer não apenas a identificação e a avaliação de uma provável gratificação, mas também a capacidade de escolher uma ação adequada e de inibir ações inadequadas, com base na aprendizagem e nas experiências anteriores. Portanto, é necessário haver uma integração entre os circuitos ligados à gratificação com outros envolvidos na cognição e no planejamento motor, como veremos a seguir.

Muitas regiões corticais são ativadas por estímulos que constituem gratificação, mas as mais evidentes são as áreas pré-

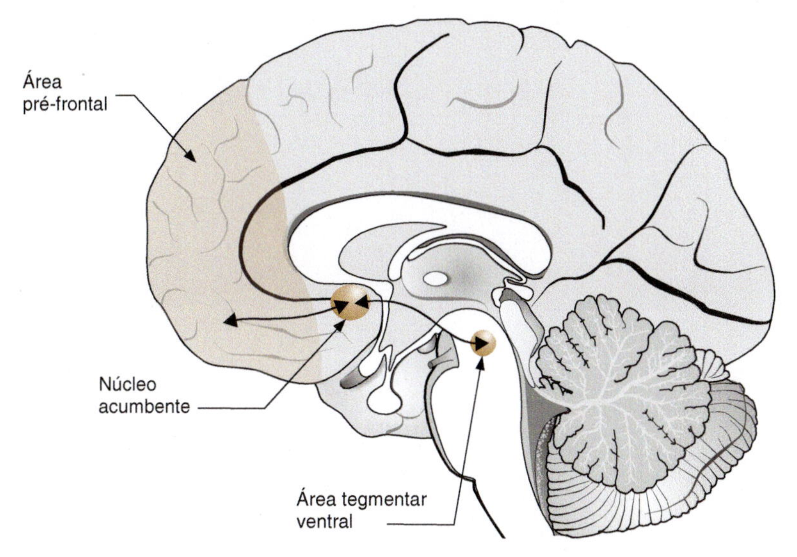

Figura 14.9 Visão esquemática da via de recompensa no encéfalo.

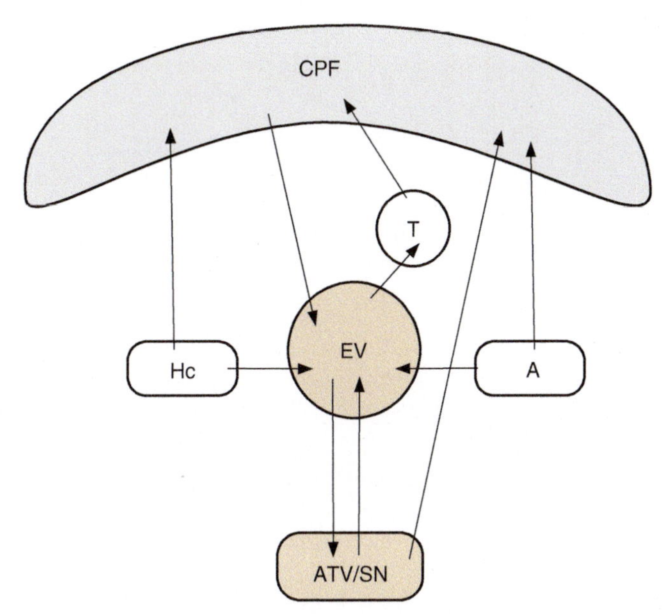

Figura 14.10 Diagrama mostrando as conexões envolvidas no circuito de recompensa. A = amígdala; ATV = área tegmentar ventral; CPF = córtex pré-frontal; EV = estriado ventral (núcleo acumbente); Hc = hipocampo; SN = substância negra; T =tálamo.

frontais, as do cíngulo anterior e as da região orbitofrontal. Nesta última, existem áreas que respondem a recompensas primárias (gosto, sons e visões) e secundárias (ganho monetário, por exemplo), sendo que as primeiras estão localizadas mais posteriormente e as outras mais anteriormente.

O córtex orbitofrontal lateral parece estar envolvido na identificação e na antecipação de reforços, positivos ou negativos, bem como no risco envolvido em obtê-los. Já o córtex do cíngulo parece monitorar e avaliar as situações de conflito e o córtex pré-frontal medial engaja a atenção e a memória operacional necessárias para supervisionar as respostas comportamentais. Essas regiões agem em conjunto e são importantes para comparar opções, definir qual a melhor entre elas e desencadear as ações mais adequadas para obter a opção escolhida.

O estriado ventral, do qual a parte mais evidente é o núcleo acumbente, recebe as informações oriundas das diferentes regiões do córtex pré-frontal (mencionadas anteriormente) e está em situação privilegiada para determinar os canais mais importantes que devem ser privilegiados em um determinado momento. Para essa determinação, contribuem as aferências vindas da amígdala e do hipocampo, combinando os aspectos motivacionais, emocionais e os conhecimentos anteriores ligados a cada circunstância, os quais contribuirão para definir o melhor curso da ação comportamental.

Lembremos que o estriado ventral influencia diretamente neurônios colinérgicos situados na base do cérebro e que se projetam para o córtex cerebral (por essa via, ele pode influenciar diretamente o córtex cerebral, sem passar pelo relé talâmico).

Estudos de neuroimagem têm mostrado que o estriado ventral está ativado no processamento das gratificações ou recompensas, tanto primárias quanto aprendidas.

O uso de substâncias como o álcool e a cocaína e o envolvimento com jogos de azar, promotores da liberação de dopamina, causam a estimulação dessa região.

A previsão ou a antecipação de uma gratificação produz ativação do estriado ventral e a demora ou o tempo a decorrer até que uma recompensa venha a ser obtida influencia sua atividade. Essa região torna-se mais ativa quando a gratificação é imediata, ocorrendo o contrário no caso de gratificações em um futuro distante. Alguns autores sugerem que o estriado ventral, portanto, é capaz de monitorar a diferença entre as recompensas esperadas e as efetivamente obtidas.

Os neurônios dopaminérgicos mesencefálicos, por sua vez, recebem fibras do corpo estriado (tanto dorsal quanto ventral) e também de outras regiões do tronco encefálico. Eles mandam projeções para o corpo estriado, para o córtex cerebral e ainda para outras regiões, como o hipotálamo, a amígdala, o hipocampo e a formação reticular. Pelos neurônios dopaminérgicos, o estriado ventral pode influenciar o estriado dorsal e o próprio córtex cerebral. Além disso, a via que vai do córtex aos neurônios dopaminérgicos (passando pelo estriado) pode fazer com que eles participem ativamente do processamento das recompensas e da modificação das respostas aos estímulos salientes.

O fenômeno do vício em drogas ilícitas tem impulsionado o estudo das estruturas que participam do circuito de recompensa, particularmente o das vias dopaminérgicas, uma vez que as drogas ilícitas causadoras de dependência (p. ex., a cocaína) reconhecidamente provocam a liberação desse neurotransmissor, cujo papel é determinante na manutenção da dependência a essas substâncias.

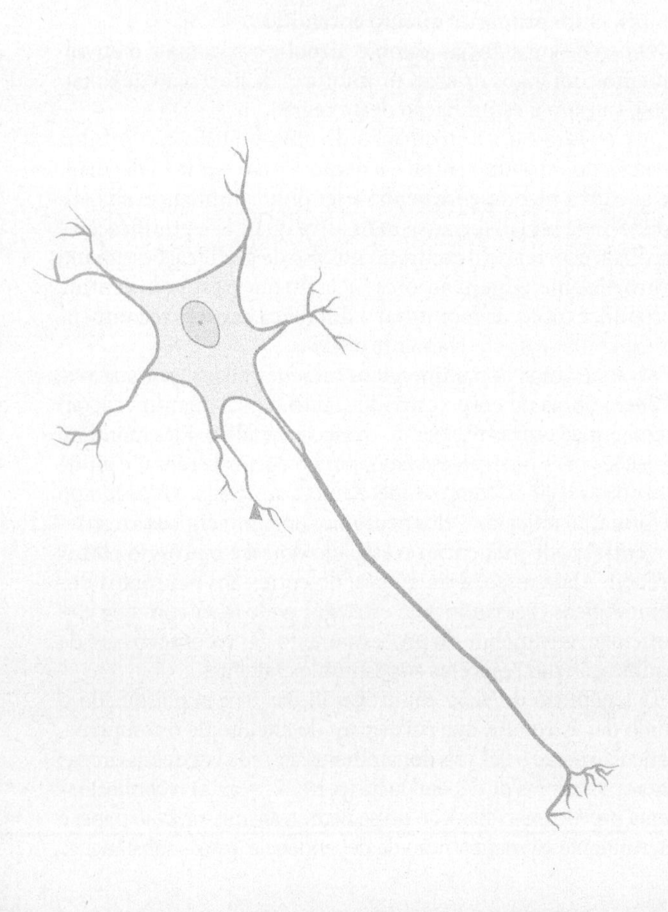

15
Vias Sensoriais

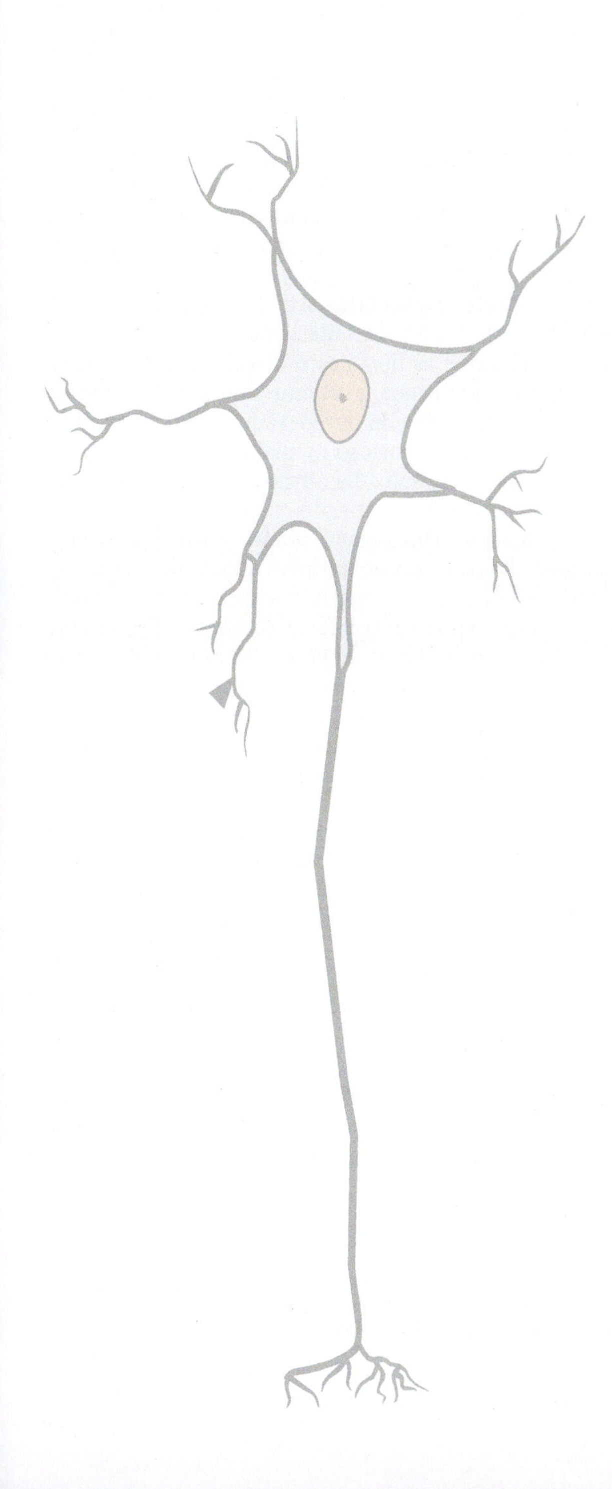

Generalidades

Ao longo dos capítulos anteriores, as vias sensoriais já foram mencionadas e parcialmente descritas, mas iremos agora estudá-las de modo sistemático, buscando facilitar sua compreensão. Lembremos que, inicialmente, as modalidades sensoriais, apesar de sua diversidade, têm muitas características em comum. Todas elas têm, por exemplo, uma terminação nervosa sensorial (um **receptor**) como elemento inicial. O receptor é uma estrutura capaz de captar uma energia específica (a qual pode ser mecânica, eletromagnética, química etc.), transformando-a em energia elétrica, que, por sua vez, será conduzida ao longo dos nervos até o SNC. Cada receptor, sendo sensível a um único tipo de energia, torna-se responsável pela especificidade das diferentes vias sensoriais. Daí, conclui-se que o sistema nervoso só será capaz de detectar energias para as quais o organismo tenha receptores. Diferentes espécies animais têm receptores diferentes, sendo, por isso, portadoras de diferentes capacidades sensoriais.

Todas as modalidades sensoriais têm vias, por meio das quais a informação é conduzida aos centros processadores. As **vias sensoriais**, dentro do SNC, são constituídas por cadeias de neurônios, nas quais se observa um cruzamento de um lado para o outro do organismo, ou seja, o hemisfério cerebral esquerdo irá receber as informações sensoriais originadas no lado direito do corpo e o hemisfério direito recebe as informações geradas na porção contralateral do corpo, ou seja, do lado esquerdo. A existência de sinapses ao longo da via sensorial é um fato importante, pois nesses locais a informação pode ser modificada ou ter o seu fluxo interrompido, devido à ação de outros centros nervosos.

Em uma via sensorial típica, existem três neurônios em cadeia. O primeiro deles é o **neurônio sensorial** e está localizado em um gânglio, portanto fora do SNC; ele recebe as informações específicas, originadas em um receptor. Esse primeiro neurônio transmite a informação sensorial a um **neurônio de segunda ordem**, situado na medula espinhal ou no tronco encefálico. Geralmente, o axônio deste último neurônio cruza a linha mediana e dirige-se em seguida ao tálamo. Ali, mais uma vez, a informação atravessa uma sinapse, sendo passada a um **terceiro neurônio**, cujo prolongamento terminará no córtex cerebral. Note-se que todas as vias sensoriais conscientes passam pelo tálamo antes de atingir o córtex cerebral, com exceção apenas da via olfatória.

Finalmente, uma outra característica comum às modalidades sensoriais conscientes: elas têm uma ou mais **áreas de projeção cortical**, ou seja, as informações sensoriais serão processadas, em última análise, no córtex cerebral, no qual se dará, como já vimos, não só o processo da **sensação**, em que o indivíduo toma consciência daquela informação, como também o processo da **percepção**, o qual envolve a interpretação da informação recebida.

Para cada via sensorial a ser estudada, existirá um quadro específico, no qual poderão ser encontrados os elementos comuns a cada via.

Vias somatossensoriais

As vias para a sensibilidade somática do corpo chegam ao SNC pelos **nervos espinhais** – quando se trata da sensibilidade do tronco e dos membros –, ou por meio do **nervo trigêmeo**, encarregado da sensibilidade da região da cabeça (com exceção da sensibilidade da região do meato auditivo externo, conduzida pelos nervos facial, glossofaríngeo e vago).

Já vimos que a sensibilidade somática comporta diferentes sensações e, dentro do SNC, as vias para a sensibilidade térmica e dolorosa do corpo têm uma organização diferente das vias para o tato, a pressão e a propriocepção. A seguir, abordaremos separadamente essas diferentes vias.

Vias para dor e temperatura do tronco e dos membros

Os receptores para a dor (ou **nociceptores**) e os sensíveis à temperatura (ou **termorreceptores**) são geralmente terminações nervosas livres presentes não só na superfície do corpo, mas também em estruturas profundas, tanto somáticas quanto viscerais (Quadro 15.1 e Figura 15.1). Os neurônios sensoriais, situados nos gânglios espinhais, são pequenos e têm fibras delgadas que podem ser mielinizadas (tipo A) ou amielínicas (tipo C).[1] As fibras A terminarão em contato com neurônios situados nas porções mais superficiais da coluna posterior da medula espinhal (lâminas I, II e III de Rexed), enquanto as fibras C contatam neurônios situados mais profundamente na coluna posterior (lâmina V de Rexed). Estes neurônios de segunda ordem emitem axônios que cruzam o plano mediano e sobem pelo **trato espinotalâmico**, localizado nos funículos lateral e anterior da metade contralateral da medula (Figura 15.1). Note-se: as fibras com origem nos níveis mais altos da medula e que levam, portanto, informações originadas nas porções superiores do corpo, vão se posicionando no trato espinotalâmico em posição medial às fibras vindas dos níveis mais inferiores. Resulta daí uma organização somatotópica das fibras no interior desse trato.

A via espinotalâmica termina no **núcleo ventral posterolateral** e também nos **núcleos posteriores** do tálamo. Os neurônios talâmicos, por sua vez, enviam fibras ao córtex somestésico, situado no **giro pós-central** (áreas 1, 2 e 3 de Brodmann) (Figura 15.1). Algumas fibras talâmicas terminam no córtex somatossensorial II, uma pequena região situada na borda superior do sulco lateral, abaixo do córtex somatossensorial I –, que ocupa, conforme vimos, o giro pós-central. No córtex somatossensorial II, encontra-se uma representação bilateral das diversas partes do corpo.

As informações sobre dor têm uma disposição mais ampla e chegam também ao giro do cíngulo anterior e à ínsula. Pode ser, no entanto, que o córtex cerebral não seja essencial para a sensação da dor, pois pacientes com lesão cortical têm, muitas

Quadro 15.1 Via para dor e temperatura do corpo.

Estrutura	Localização
Neurônio sensorial	Gânglios espinhais
Neurônio de segunda ordem	Coluna posterior da medula
Neurônio talâmico	Núcleo ventral posterolateral
Vias	Trato espinotalâmico (contralateral)
Área cortical	Giro pós-central

[1] As fibras nervosas são classificadas, segundo o calibre, em **A**, **B** ou **C**. As mais espessas são as fibras **A**, divididas em quatro subtipos com diâmetro decrescente: $A\alpha$, $A\beta$, $A\gamma$ e $A\delta$. As fibras **C** são as mais delgadas. Essas últimas, sendo amielínicas, conduzem o impulso nervoso a velocidades mais lentas.

vezes, sua sensibilidade dolorosa preservada, ainda que esta se torne mal localizada.

Misturadas à via espinotalâmica, sobem pela medula e pelo tronco encefálico fibras que terminarão na formação reticular (**fibras espinorreticulares**) e na região dos colículos superiores e da substância cinzenta periaquedutal, localizando-se no mesencéfalo (**fibras espinotectais**) (Figura 15.1).

As fibras espinorreticulares têm origem na coluna posterior da medula (lâmina V), na região em que terminam as fibras sensoriais do tipo C. Os neurônios reticulares dão continuidade a esta via, projetando-se para os núcleos intralaminares do tálamo, os quais, por sua vez, se conectam, difusamente, com o córtex cerebral. Este sistema espinorreticular está envolvido na condução da chamada *dor lenta* ou *dor em queimação*,

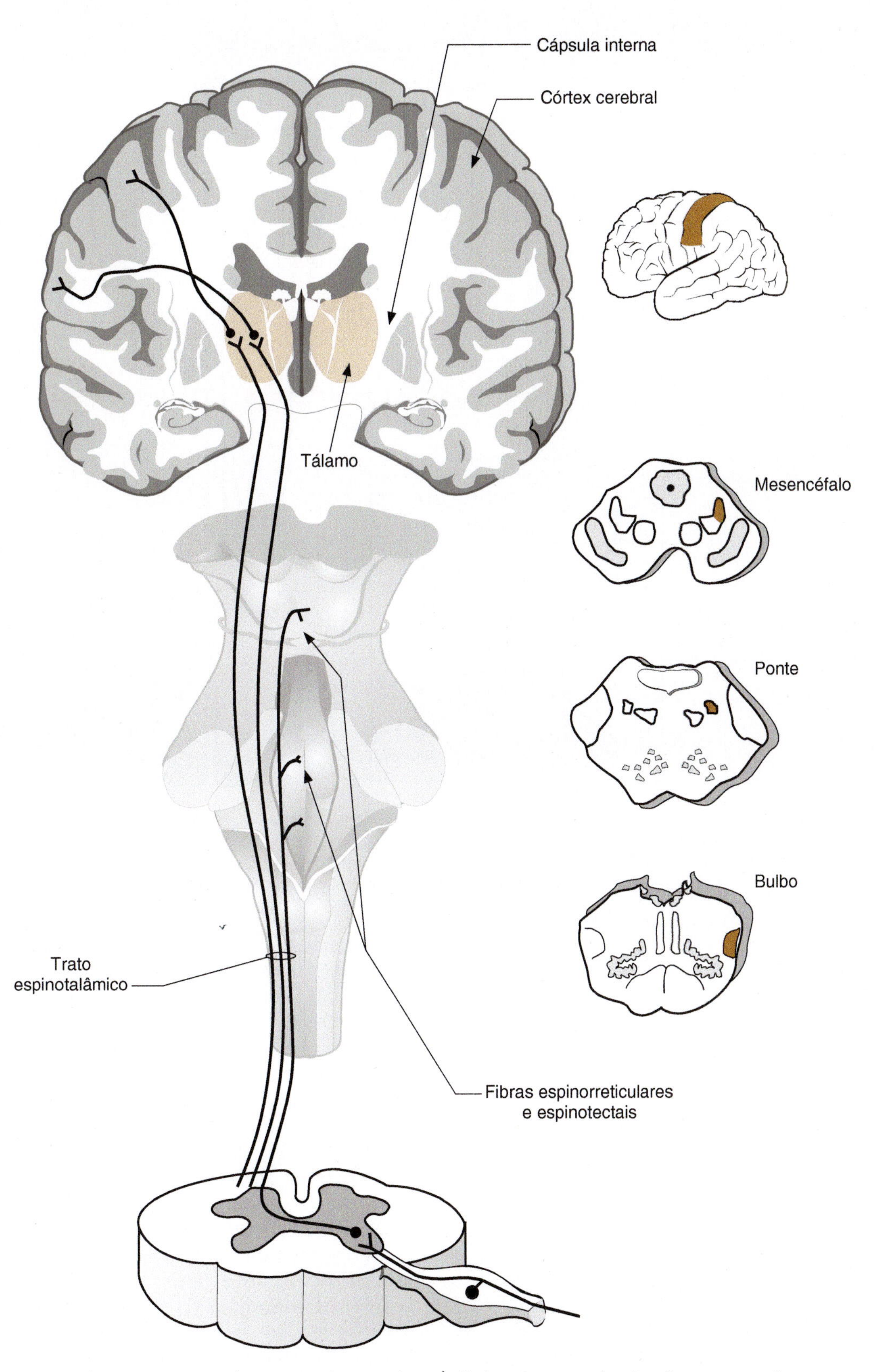

Figura 15.1 As vias para dor e temperatura do tronco e dos membros. À direita, vê-se a sua localização em cortes do tronco encefálico. Anteriormente, à direita, vê-se sua área de projeção cortical.

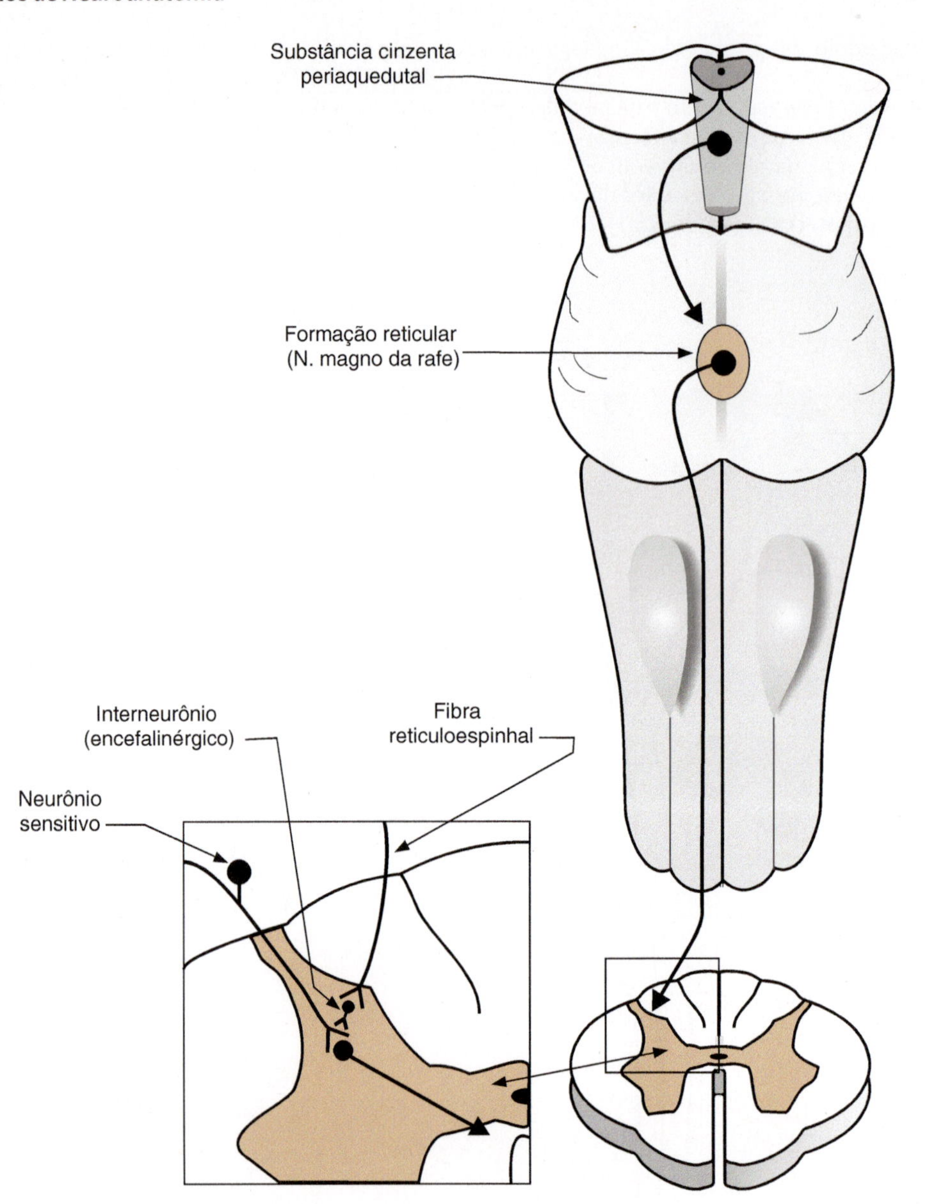

Figura 15.2 Visão esquemática de circuito que pode atuar na analgesia, ou seja, no impedimento da entrada das informações dolorosas. Neurônios situados na substância cinzenta periaquedutal se projetam ao núcleo magno da rafe, cujos neurônios (serotoninérgicos) se ligam a interneurônios medulares. Estes últimos contêm uma encefalina (um opiáceo endógeno) e atuam no neurônio sensorial, impedindo que ele passe a informação ao neurônio de segunda ordem da via indicativa de dor (ver detalhe à esquerda).

enquanto a via espinotalâmica direta parece ser importante para a condução da *dor rápida* ou *dor em pontada*. As fibras espinotectais, por seu turno, fazem parte dos circuitos nervosos envolvidos na analgesia (Figura 15.2).

Vias para o tato, a pressão, a propriocepção e a sensibilidade vibratória do tronco e dos membros

Os receptores para o tato, a pressão e a vibração são terminações nervosas, geralmente encapsuladas, encontradas na pele. Os receptores para a propriocepção estão presentes nas cápsulas das articulações, nos tendões e na musculatura esquelética (Quadro 15.2 e Figura 15.3).

Os neurônios sensoriais, presentes em gânglios espinhais, emitem fibras espessas que penetram na medula e ganham o funículo posterior, no qual se bifurcam em um ramo descendente e em outro ascendente. O ramo descendente é curto, mas o ascendente sobe até o bulbo pelos **fascículos grácil e cuneiforme**, situados do mesmo lado do corpo. As fibras originadas nos níveis mais baixos da medula percorrem o fascículo grácil, enquanto as que penetram a partir dos níveis torácicos mais altos sobem pelo fascículo cuneiforme. As fibras desses fascículos terminam, respectivamente, nos **núcleos grácil e cuneiforme** do bulbo, aí estabelecendo sinapses com neurônios de segunda ordem. Estes neurônios dão origem a fibras que agora cruzam o plano mediano e vão ao **núcleo ventral posterolateral** do tálamo pelo **lemnisco medial**. Os neurônios talâmicos, por sua vez, projetam-se para o córtex somestésico, no **giro pós-central** (áreas 1, 2 e 3 de Brodmann).

A principal via para o tato e a pressão está representada pelos fascículos grácil e cuneiforme, continuados pelo lemnisco medial (mas se sabe que a via espinotalâmica também tem fibras para estes tipos de sensibilidade). Contudo, as informações conduzidas pela primeira via são mais rápidas e precisas, possibilitando melhor discriminação e localização dos estímulos.

Quadro 15.2 Vias para o tato, a propriocepção e a sensibilidade vibratória do corpo.

Estrutura	Localização
Neurônio sensorial	Gânglios espinhais
Neurônio de segunda ordem	Núcleos grácil e cuneiforme
Neurônio talâmico	Núcleo ventral posterolateral
Vias	Fascículos grácil e cuneiforme (ipsilaterais) e lemnisco medial (contralateral)
Área cortical	Giro pós-central

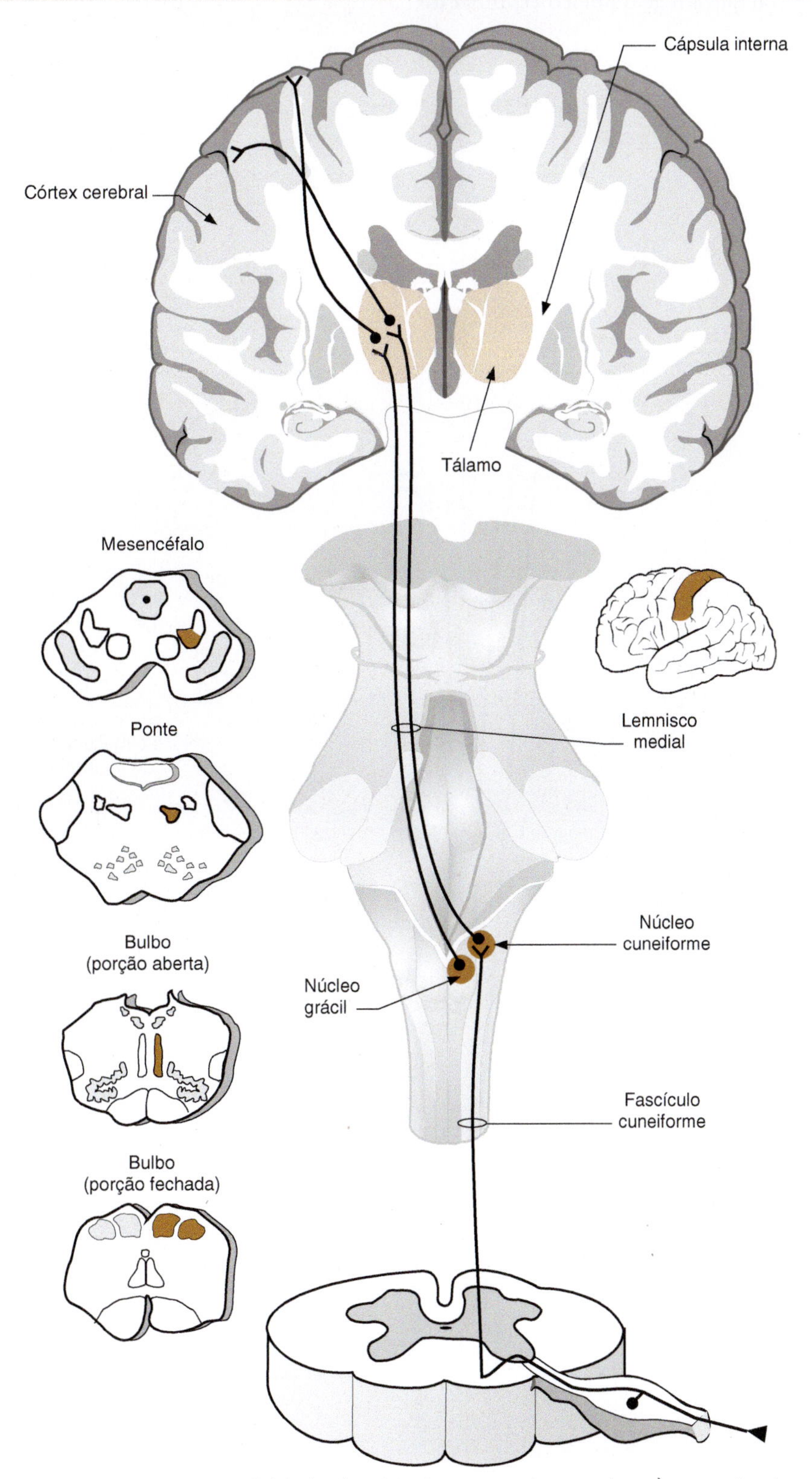

Figura 15.3 As vias para tato, propriocepção e sensibilidade vibratória do tronco e dos membros. À esquerda, vê-se a localização dessas vias em cortes do tronco encefálico. Anteriormente, à direita, vê-se a área da sua projeção cortical.

Vias para a sensibilidade somática da cabeça ou vias trigeminais

Os receptores para **dor e temperatura** existentes na região da cabeça estão ligados a fibras nervosas do nervo trigêmeo (na sua maioria) (Quadro 15.3 e Figura 15.4). Os neurônios sensoriais estão localizados no gânglio trigeminal e emitem um prolongamento central que atinge o **núcleo espinhal do**

Quadro 15.3 Vias para sensibilidade somática da cabeça (vias trigeminais).

Estrutura	Localização
Neurônio sensorial	Gânglio trigeminal
Neurônio de segunda ordem	Núcleos do trigêmeo
Neurônio talâmico	Núcleo ventral posteromedial
Vias	Lemnisco trigeminal (contralateral)
Área cortical	Giro pós-central

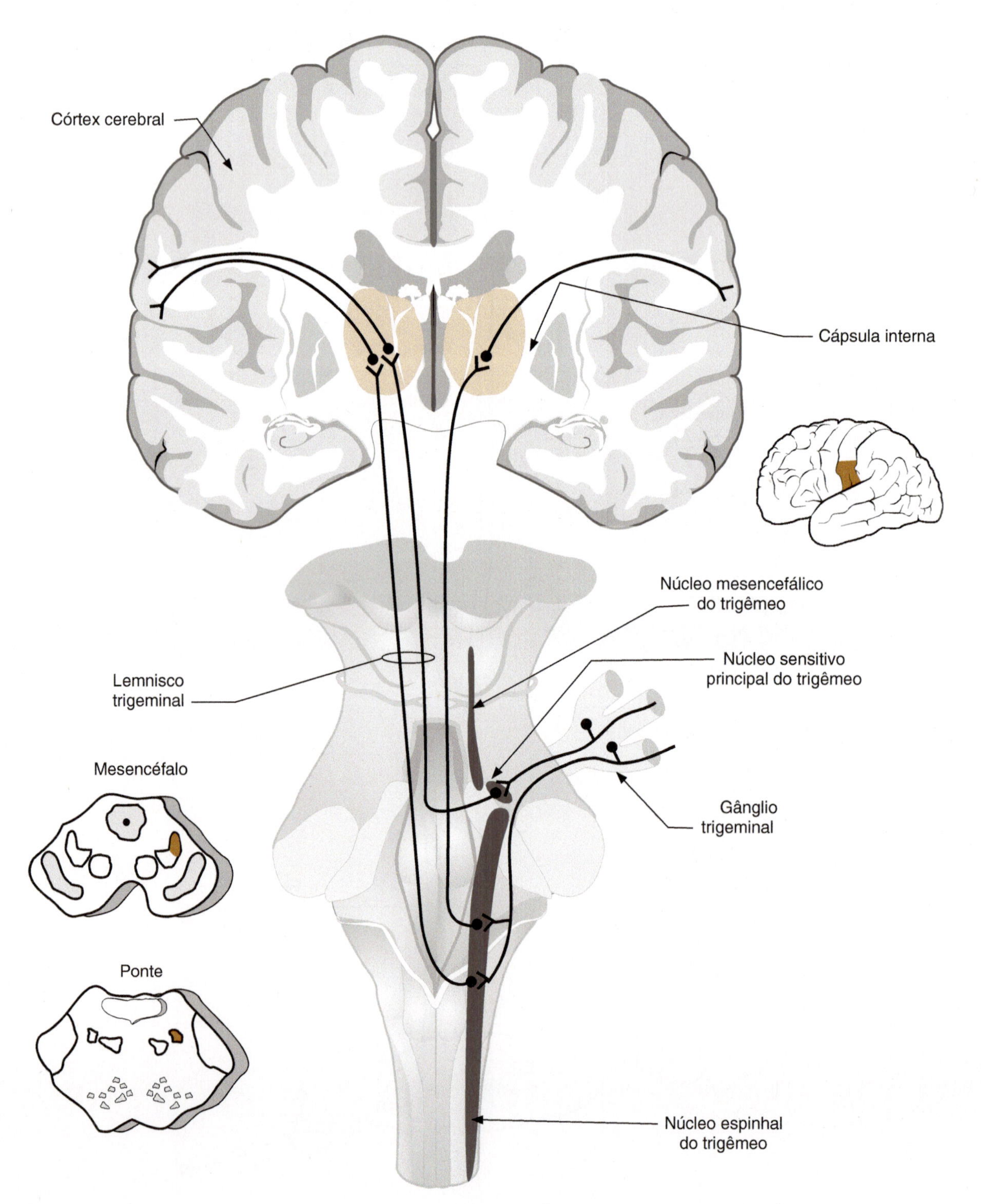

Figura 15.4 As vias para a sensibilidade somática da cabeça (vias trigeminais). À esquerda, vê-se a localização dessas vias em cortes do tronco encefálico. Anteriormente, à direita, vê-se sua área de projeção cortical.

trigêmeo, no qual fazem sinapse com neurônios de segunda ordem.

Os receptores para **tato e pressão** na região da cabeça também se ligam a fibras sensoriais pertencentes a neurônios do gânglio trigeminal. O prolongamento central desses neurônios termina em contato com neurônios de segunda ordem, situados no **núcleo sensorial principal do trigêmeo**.

As fibras relacionadas com a **propriocepção** na região da cabeça têm o próprio neurônio sensorial localizado no interior do SNC, no **núcleo mesencefálico do trigêmeo**. Estes neurônios se ligam à formação reticular, a qual repassa a informação ao tálamo.

Os axônios dos neurônios de segunda ordem situados nos núcleos trigeminais cruzam o plano mediano e sobem, pelo **lemnisco trigeminal**, em direção ao **núcleo ventral posteromedial** do tálamo, no qual terminam. Os neurônios desse núcleo talâmico projetam-se para a porção inferior do **giro pós-central**, em que se encontra a representação somestésica da face.

Via auditiva

Os receptores para a audição (Quadro 15.4 e Figura 15.5) situam-se no chamado **órgão de Corti**, uma estrutura encontrada na cóclea do ouvido interno. A esses receptores estão ligadas as fibras nervosas de neurônios presentes no *gânglio espiral*, cujos axônios penetram no tronco encefálico pelo nervo vestíbulo-coclear e se dirigem para os **núcleos cocleares**, nos quais estabelecem contatos sinápticos com neurônios de segunda ordem. A maioria dos neurônios dos núcleos cocleares emite fibras que cruzam o plano mediano e se infletem cranialmente, dirigindo-se ao colículo inferior pelo **lemnisco lateral**. Muitas fibras, contudo, sobem pelo mesmo lado em que penetraram no SNC. A maior parte das fibras do lemnisco lateral faz sinapse com neurônios do **colículo inferior**,

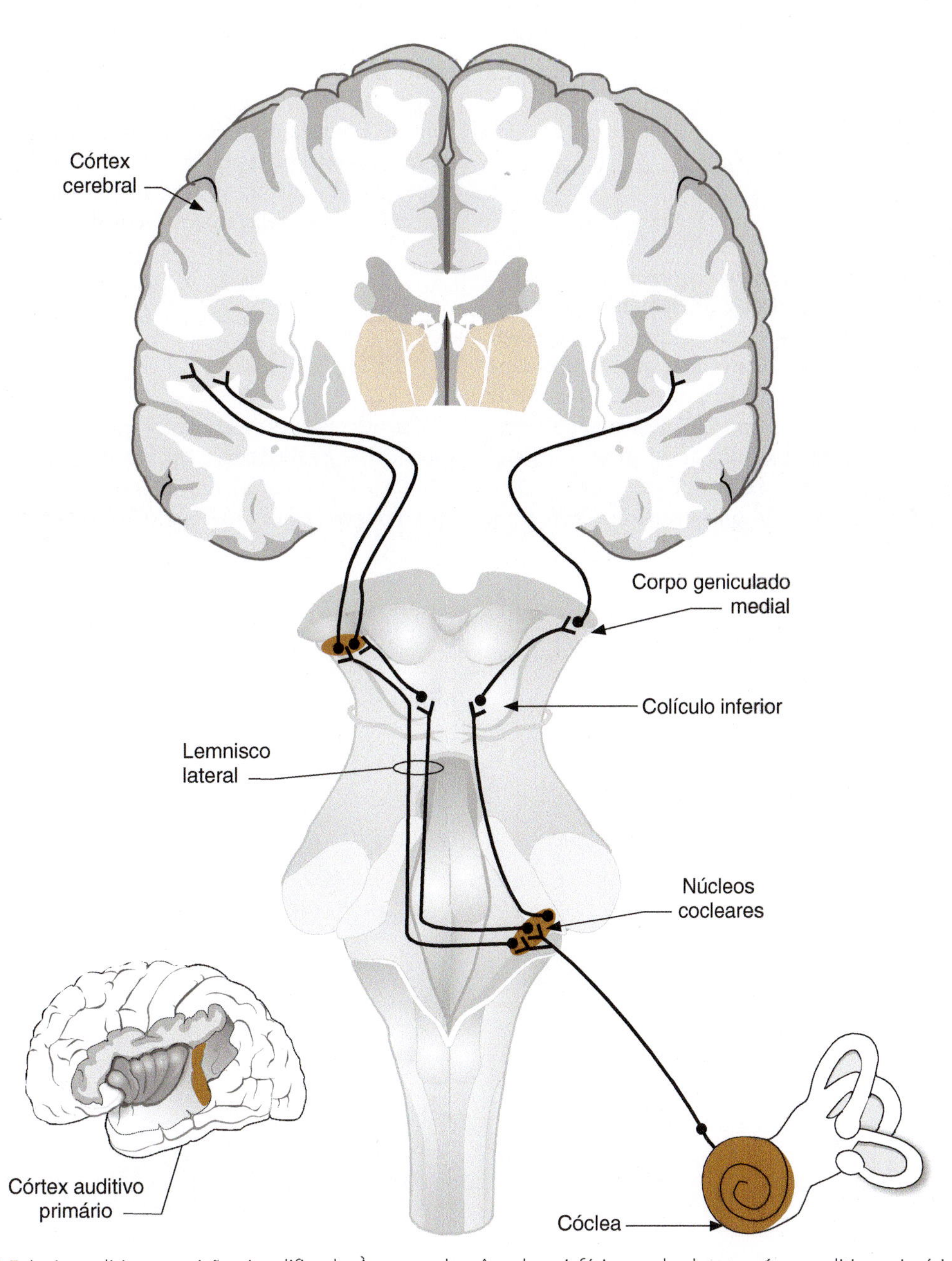

Figura 15.5 A via auditiva em visão simplificada. À esquerda, vê-se hemisfério cerebral com a área auditiva primária exposta.

Quadro 15.4 Via auditiva.

Estrutura	Localização
Neurônio sensorial	Gânglio espiral
Neurônio de segunda ordem	Núcleos cocleares
Neurônio talâmico	Corpo geniculado medial
Vias	Lemnisco lateral (contralateral e ipsilateral)
Área cortical	Giro temporal transverso anterior

Quadro 15.5 Via olfatória.

Estrutura	Localização
Neurônio sensorial	Mucosa olfatória
Neurônio de segunda ordem	Bulbo olfatório
Neurônio talâmico	Não tem
Vias	Trato olfatório (ipsilateral)
Área cortical	Úncus

enquanto outras sobem diretamente até o **corpo geniculado medial**, que, como sabemos, é uma estrutura do tálamo. Os axônios originados no colículo inferior também terminarão no corpo geniculado medial, no qual têm origem projeções para o córtex auditivo primário, situado, basicamente, no **giro temporal transverso anterior** (áreas 41 e 42 de Brodmann).

Existem várias estações intermediárias entre os núcleos cocleares e os colículos inferiores, nas quais podem ocorrer sinapses na via auditiva. Um desses centros é representado pelos núcleos olivares superiores, situados na ponte, sendo importantes no fenômeno da localização do som no espaço.

Via olfatória

A via olfatória é diferente, em alguns aspectos, do padrão encontrado nas demais vias sensoriais. Inicialmente, os receptores olfatórios são representados pelos próprios neurônios sensoriais, presentes na mucosa olfatória, a qual ocupa uma pequena superfície (cerca de cinco mm^2) da parte superior da cavidade nasal (Quadro 15.5 e Figura 15.6). Os neurônios sensoriais olfatórios dão origem a axônios agrupados em filetes nervosos, constituindo o **nervo olfatório**. Esses filetes nervosos atravessam a lâmina crivosa do osso etmoide e penetram no **bulbo olfatório**, no interior do qual estabelecem sinapses com os neurônios de segunda ordem (as chamadas células mitrais). Os axônios das células mitrais percorrem o trato olfatório e terminam diretamente no córtex cerebral olfatório, situado na região do **úncus**. Portanto, a via olfatória, de forma diferente das demais vias sensoriais, não tem um relé talâmico. Outro fato marcante: não ocorre cruzamento das fibras, portanto o córtex olfatório recebe aquelas que tiveram origem do mesmo lado da cabeça.

O córtex olfatório envia projeções diretas para várias partes do cérebro, particularmente as estruturas límbicas como a amígdala, a ínsula e a área pré-frontal, além do corpo estriado ventral. Embora a espécie humana seja considerada microsmática, ou seja, com pouca capacidade olfatória, a olfação tem importância em muitos aspectos de sua fisiologia, como, por exemplo, no comportamento sexual.

Via gustativa

Os receptores gustativos são encontrados nos **corpúsculos gustativos**, presentes nas papilas linguais (Quadro 15.6 e Figura 15.7). Três nervos têm fibras gustativas: o **nervo facial** está ligado aos receptores dos dois terços

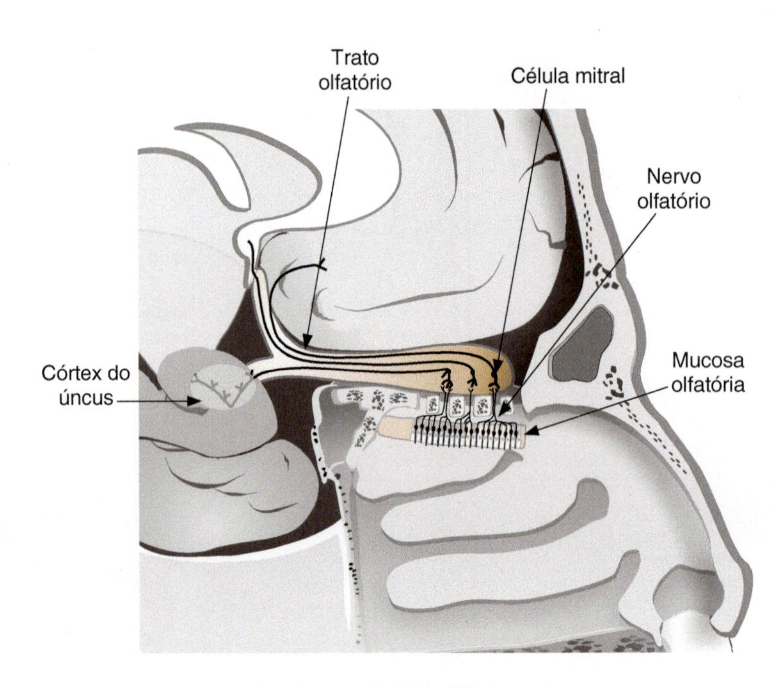

Figura 15.6 Via olfatória.

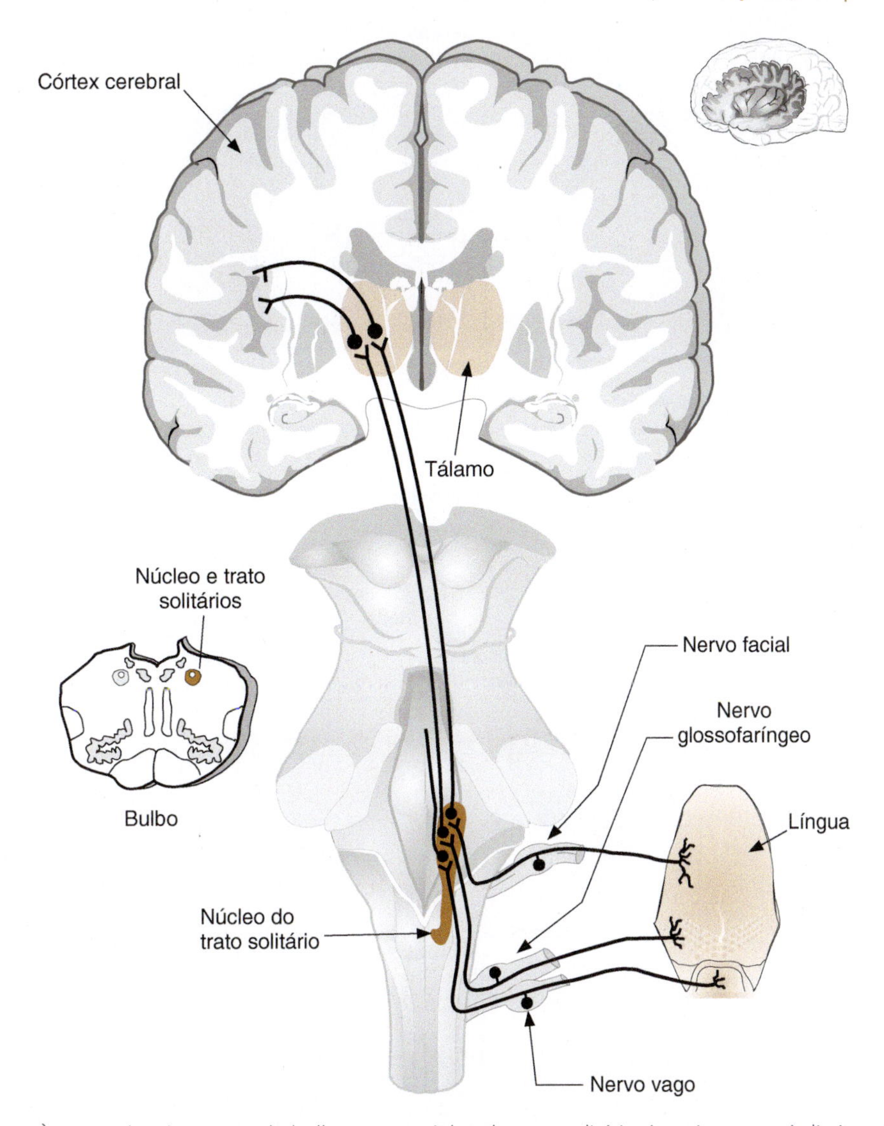

Figura 15.7 Via gustativa. À esquerda, vê-se corte do bulbo com o núcleo do trato solitário. Anteriormente, à direita, vê-se a área gustativa no córtex cerebral.

Quadro 15.6 Via gustativa.

Estrutura	Localização
Neurônio sensorial	Gânglios dos nervos facial, glossofaríngeo e vago
Neurônio de segunda ordem	Núcleo do trato solitário
Neurônio talâmico	Núcleo ventral posteromedial
Vias	Fibras solitariotalâmicas (bilaterais)
Área cortical	Porção intermédia da ínsula

anteriores da língua; o **nervo glossofaríngeo**, aos receptores do um terço posterior e o **nervo vago**, aos receptores da epiglote. Os neurônios sensoriais situam-se em gânglios desses nervos cranianos e os seus axônios penetram no tronco encefálico, terminando em contato com neurônios presentes na porção rostral do **núcleo do trato solitário**. Deste núcleo, saem fibras que se dirigem (bilateralmente) ao tálamo, mais precisamente ao **núcleo ventral posteromedial**. Os neurônios talâmicos se projetam para a área cortical da gustação, localizada na porção intermédia da ínsula. Essa região é adjacente à porção responsável pela sensibilidade somática da língua, no giro pós-central.

Via óptica

Os receptores para a visão são neurônios modificados, denominados **cones** e **bastonetes**, presentes no interior da retina (Quadro 15.7 e Figuras 15.8 a 15.10). Estes receptores estão ligados aos **neurônios bipolares**, por sua vez vinculados aos **neurônios ganglionares** (Figura 15.8), todos presentes na retina, que é, na verdade, um prolongamento do SNC no interior do globo ocular. As células ganglionares dão origem a fibras nervosas que formarão os nervos ópticos, ligados entre si pelo **quiasma óptico**. Neste local, ocorre o cruzamento de

Quadro 15.7 Via óptica.

Estrutura	Localização
Neurônio sensorial	Retina
Neurônio de segunda ordem	Retina
Neurônio talâmico	Corpo geniculado lateral
Vias	Trato óptico (parcialmente cruzado)
Área cortical	Bordas do sulco calcarino

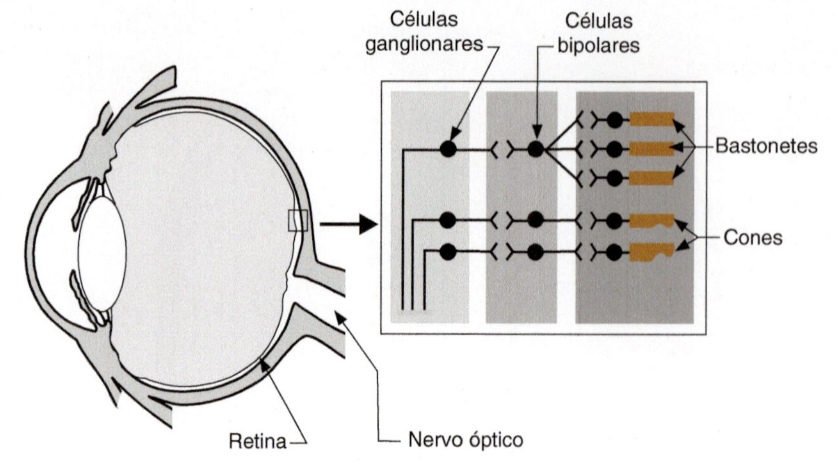

Figura 15.8 Diagrama mostrando os neurônios que iniciam a via óptica no interior da retina.

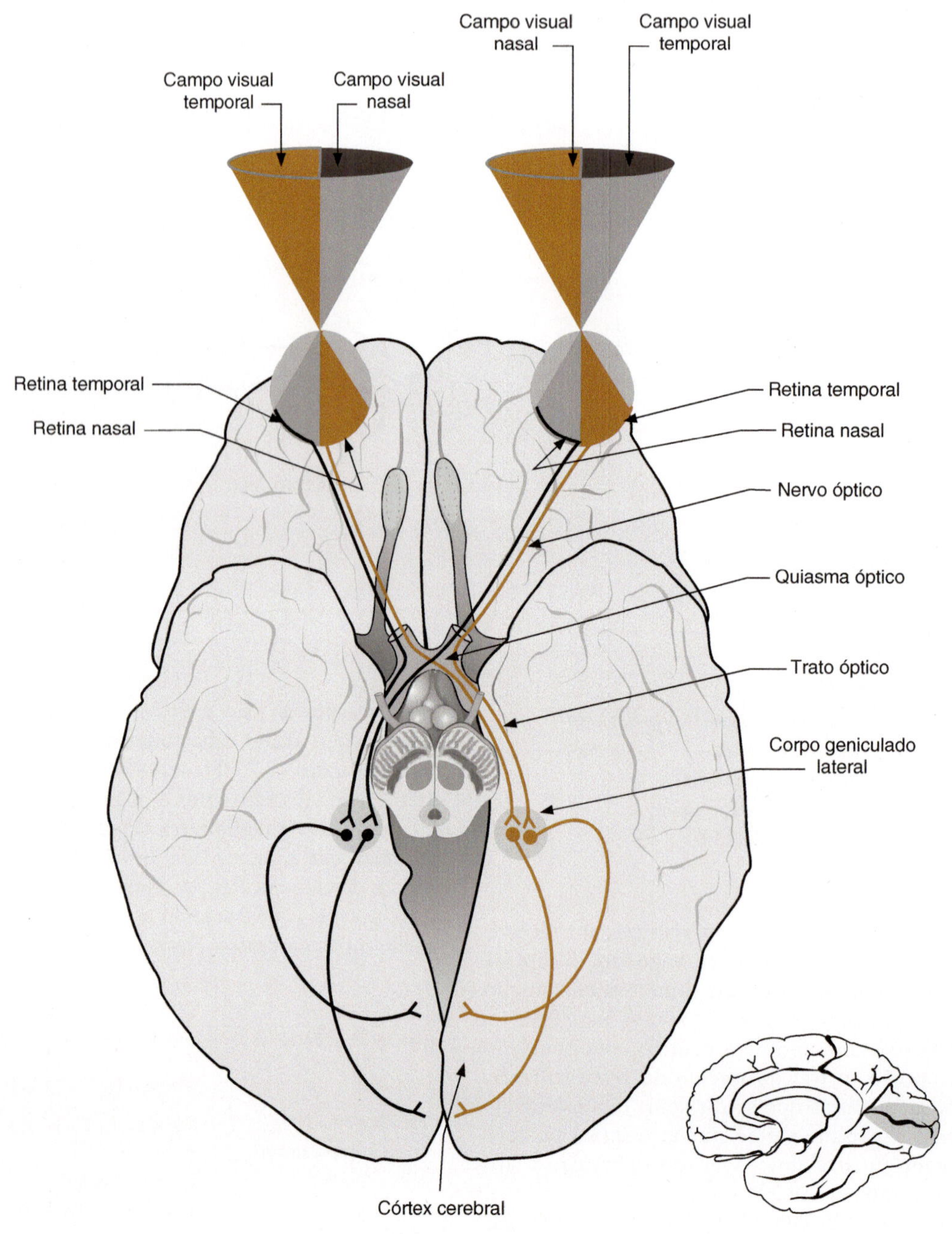

Figura 15.9 Via óptica em visão simplificada. Note o cruzamento parcial das fibras no quiasma óptico e sua consequência na representação dos campos visuais no córtex visual. Adiante, à direita, vê-se a área visual primária do córtex cerebral.

cerca de metade das fibras daqueles nervos. Depois da passagem pelo quiasma óptico, a via visual tem continuidade pelos **tratos ópticos**, cujas fibras terminam no **corpo geniculado lateral**, que, como sabemos, pertence ao tálamo. Os neurônios do corpo geniculado lateral emitem axônios que, por meio do trato genículo-calcarino, atingem o córtex visual primário, situado nas **bordas do sulco calcarino** (área 17 de Brodmann) no lobo occipital (Figura 15.9).

No quiasma óptico, cruzam-se apenas as fibras originadas nas metades mediais das retinas (retinas nasais). As fibras originadas nas metades laterais das retinas (retinas temporais) continuam o seu trajeto do mesmo lado, isto é, ipsilateralmente. Por causa desta disposição das fibras nervosas na via óptica, os estímulos originados no hemicampo visual esquerdo de cada olho chegarão ao córtex visual direito, enquanto aqueles vindos do hemicampo visual direito terminarão no hemisfério esquerdo (Figura 15.9).

Portanto, a via óptica é semelhante às demais vias sensoriais, nas quais os estímulos originados em um lado do corpo sensibilizam, em geral, o córtex cerebral do lado oposto. O cruzamento parcial das fibras no nível do quiasma tem também importância na clínica médica, pois lesões em diferentes pontos da via óptica têm como consequência deficiências visuais muito diversas (Figura 15.10).

Um detalhe importante das vias ópticas: em todo o seu trajeto, é mantida uma organização espacial bastante precisa. As fibras originadas em determinado ponto da retina estimularão pontos específicos do corpo geniculado lateral e do córtex visual. Neste último (como referido no Capítulo 13), existe uma retinotopia evidente, pois as porções mais centrais da retina são representadas, por exemplo, nas porções mais posteriores do córtex, enquanto as porções mais periféricas são representadas mais anteriormente.

Para finalizar: algumas fibras da via óptica têm destino diferente do que foi mencionado anteriormente. Existem fibras que, partindo da região do quiasma óptico, penetram no hipotálamo, formando o trato retino-hipotalâmico, importante para o controle dos ritmos biológicos. Por outro lado, existem fibras que, partindo do trato óptico, se dirigem, por exemplo, para o colículo superior e a área pré-tectal, participando de reflexos como o fotomotor, em que ocorre a diminuição do diâmetro pupilar em resposta a uma estimulação luminosa.

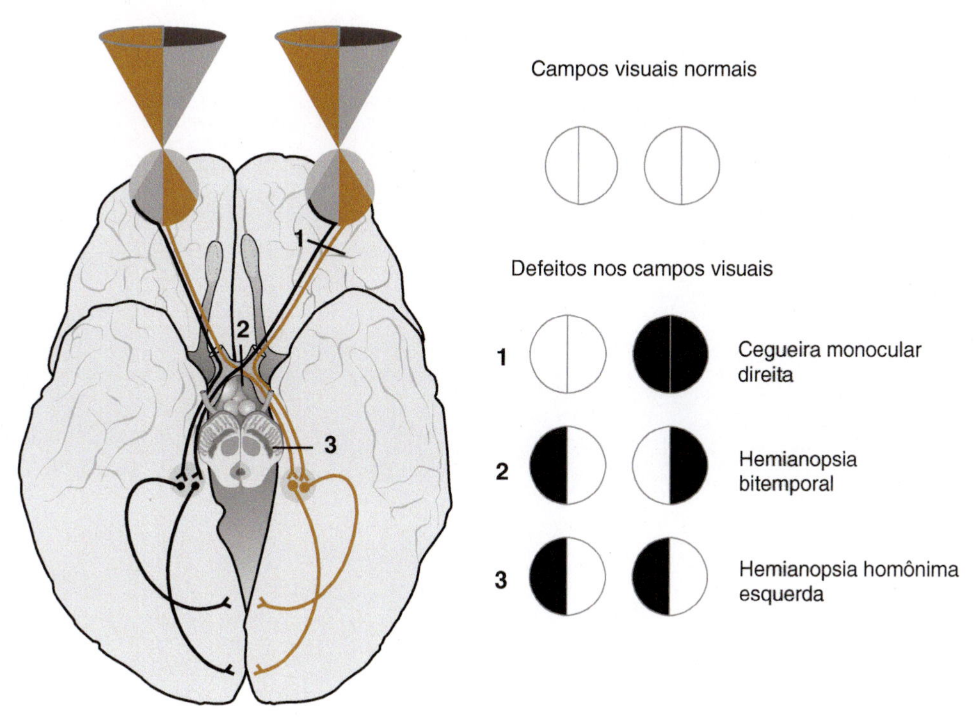

Figura 15.10 Lesões em diferentes pontos da via óptica causam sintomas específicos. Os defeitos resultantes de lesões nessa via são mostrados no esquema à direita, no qual aparecem em preto as regiões dos campos visuais em que foi perdida a visão.

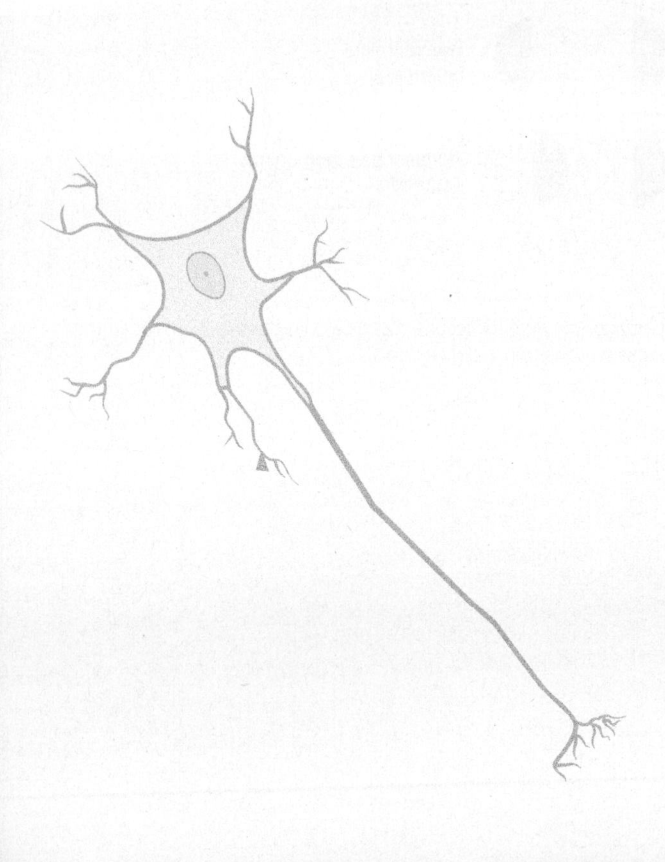

16

Vias Motoras

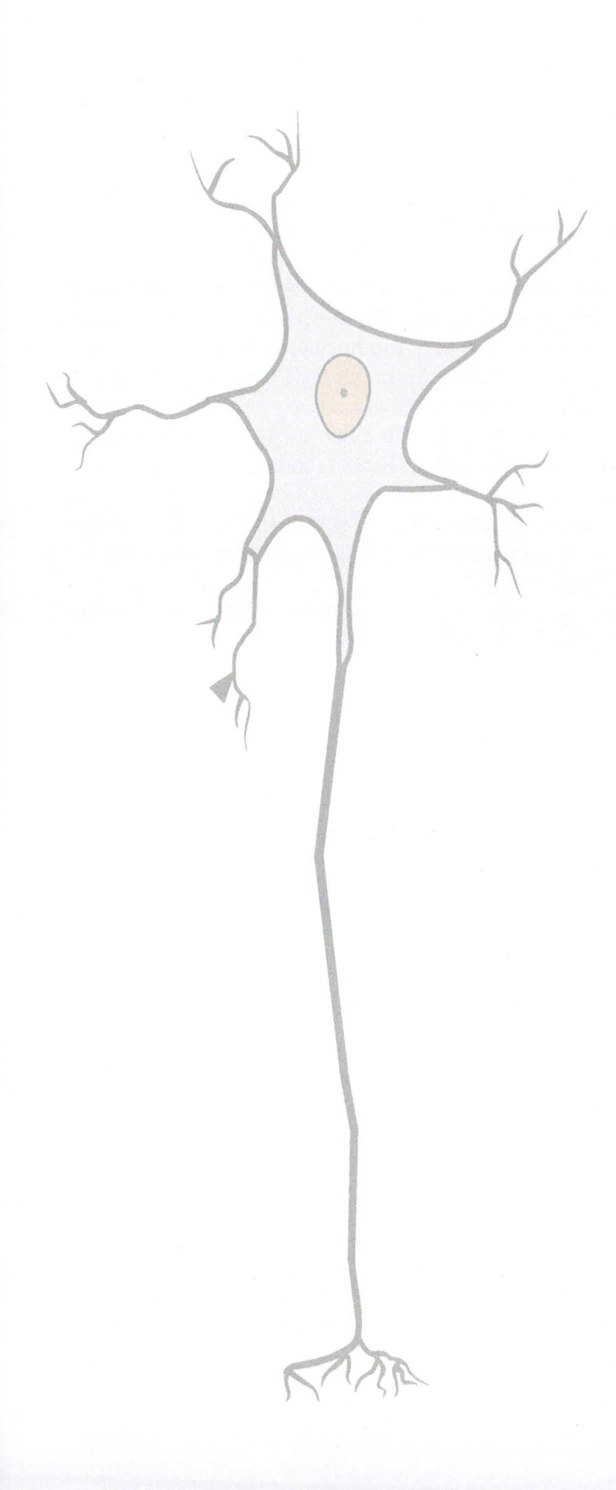

Introdução

Conforme visto nos capítulos anteriores, existem vias motoras somáticas e viscerais. As vias viscerais foram abordadas no Capítulo 5 e examinaremos aqui, de maneira sistemática, as vias motoras somáticas, com vistas à sua melhor compreensão. A motricidade somática resulta do funcionamento integrado de diferentes regiões do SNC. Contudo, essas regiões, em última análise, exercem sua influência pelo neurônio motor, aquele que inervará o músculo esquelético. Este neurônio, o **motoneurônio**, é, devido a isso, também chamado de *via motora final comum*. Este neurônio, por sua vez, recebe muitas influências de outros neurônios situados em estruturas mais rostrais do SNC, o que acarreta uma segunda denominação, a de **neurônio motor inferior** (NMI), para diferenciá-lo dos neurônios supraespinhais que o controlam, os **neurônios motores superiores** (NMS). Os motoneurônios são encontrados em duas regiões do SNC: a coluna anterior da medula espinhal e alguns núcleos de nervos cranianos inervadores da musculatura somática.

Na medula espinhal (Capítulo 6), os motoneurônios se dispõem em dois grupos: um ventromedial e outro dorsolateral. O primeiro grupo inerva basicamente os músculos axiais ou do tronco, enquanto o segundo inerva a musculatura apendicular ou dos membros (Figuras 6.3 e 16.1).

Os motoneurônios espinhais recebem múltiplas influências, sendo que uma das mais importantes é representada pela inervação proveniente de **interneurônios** curtos, presentes na própria medula espinhal. A maioria dos centros nervosos controladores dos motoneurônios exerce sua influência por intermédio desses interneurônios. Observe-se: na medula espinhal, existe uma organização topográfica, em que os interneurônios que se conectam com os motoneurônios do grupo dorsolateral estão situados mais lateralmente, enquanto os interneurônios conectados com os motoneurônios do grupo ventromedial se dispõem mais medialmente (Figura 16.1). Os motoneurônios espinhais e, principalmente, os interneurônios a eles ligados recebem projeções vindas do córtex cerebral e de áreas do tronco encefálico, como veremos a seguir.

Vias supraespinhais

Vias descendentes do tronco encefálico

Pelo menos três regiões do tronco encefálico dão origem a vias descendentes importantes, que irão influenciar os motoneurônios: o núcleo rubro, os núcleos vestibulares e a formação reticular. A influência dessas regiões se faz, basicamente, sobre interneurônios, os quais, por sua vez, inervarão os motoneurônios.

O **núcleo rubro** dá origem ao **trato rubroespinhal**; este desce pelo funículo lateral e terminará em contato com interneurônios localizados mais lateralmente na medula. Isto equivale a dizer que o trato rubroespinhal controla os motoneurônios do grupo dorsolateral e, portanto, tem influência na musculatura apendicular ou dos membros (Figuras 6.6 e 16.1).

O trato rubroespinhal é bastante importante na maioria dos mamíferos, mas existe alguma controvérsia sobre sua importância na espécie humana. Em humanos, há evidências de que ele desaparece já na porção cervical da medula espinhal.

Os **núcleos vestibulares,** por sua vez**,** dão origem ao **trato vestibuloespinhal**, enquanto a **formação reticular** dá origem ao **trato reticuloespinhal**. Estes feixes descem pelo funículo anterior da medula espinhal e se projetam aos interneurônios situados mais medialmente, ou seja, influenciarão principalmente os motoneurônios que inervam a musculatura axial (Figuras 6.6 e 16.1).

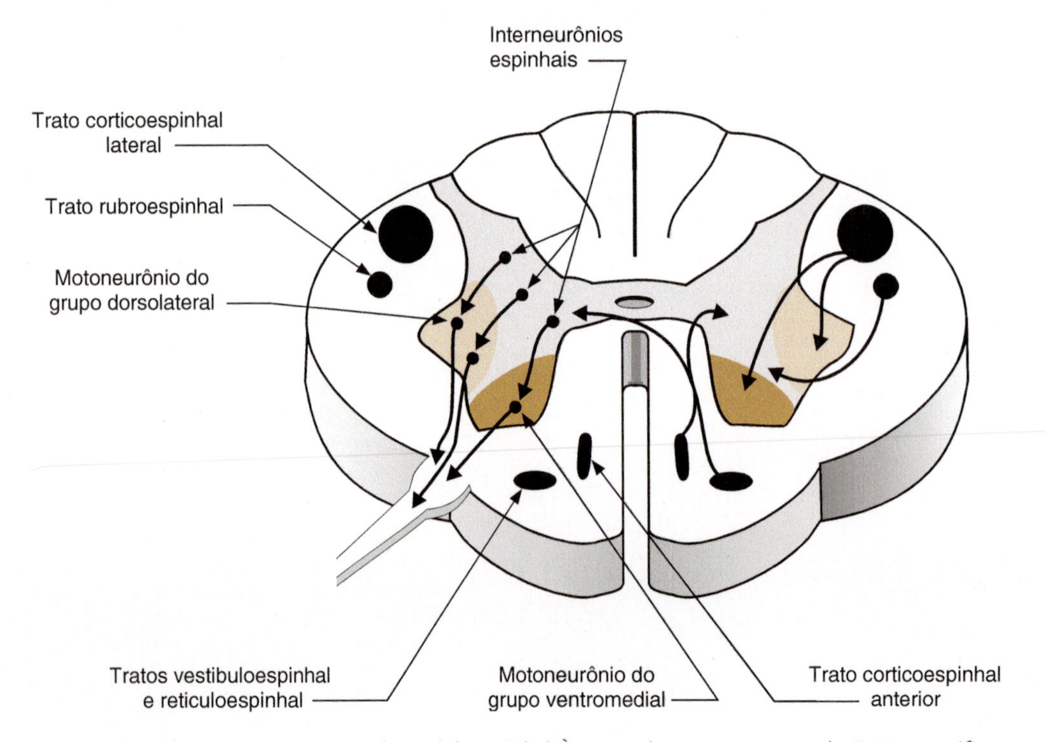

Figura 16.1 Visão esquemática das estruturas motoras da medula espinhal. À esquerda, mostram-se as relações topográficas entre os interneurônios espinhais e os motoneurônios. À direita, as projeções dos principais tratos descendentes para os motoneurônios da medula espinhal.

Em se tratando das vias descendentes do tronco encefálico, costuma-se dividi-las em dois sistemas: um lateral, representado pelo trato rubroespinhal, e um medial, representado pelos tratos vestibuloespinhal e reticuloespinhal. O primeiro, como já vimos, é importante no controle da musculatura dos membros, enquanto o segundo o é para o controle da musculatura axial ou do tronco.

Vias corticofugais

O **córtex cerebral** pode controlar os processos motores tanto de maneira direta quanto indireta. O córtex cerebral dá origem a duas vias muito importantes para o controle da motricidade somática, representadas por dois tratos já descritos: os **tratos corticoespinhal** e **corticonuclear** (ou **corticobulbar**). Estes tratos têm origem na área motora do córtex (área 4 de Brodmann), localizada no giro pré-central, mas, para ele, contribuem regiões corticais imediatamente anteriores (área 6 de Brodmann).

O córtex somestésico (áreas l, 2 e 3 de Brodmann) também contribui para a formação dessas vias cortigofugais. As fibras oriundas da área somestésica, no entanto, terminam na coluna posterior da medula espinhal (Figura 16.2) e parecem estar envolvidas nos processos de controle da entrada da informação sensorial e na modulação de reflexos.

O **trato corticoespinhal**, no seu trajeto descendente, passa pela cápsula interna, pela base do mesencéfalo e da ponte e, finalmente, pela **pirâmide do bulbo**, na qual a maioria das suas fibras cruza para o outro lado na decussação das pirâmides, descendo a partir daí com o nome de **trato corticoespinhal lateral** pelo funículo lateral da medula contralateral (Figuras 6.5 e 16.2). As fibras que não se cruzam nas pirâmides descem no funículo anterior da metade ipsilateral da medula com o nome de **trato corticoespinhal anterior** (Figuras 6.5 e 16.3). Ambos terminarão em contato com motoneurônios e interneurônios medulares.

Note-se que o trato corticoespinhal lateral influenciará os motoneurônios do grupo dorsolateral, portanto a musculatura apendicular ou dos membros. Por outro lado, o trato corticoespinhal anterior influenciará os motoneurônios do grupo ventromedial, ou seja, controlará a musculatura axial (Figuras 16.2 e 16.3). O trato corticoespinhal, uma vez que passa pelas pirâmides bulbares, costuma ser chamado de **via piramidal**.

O **trato corticonuclear** tem origem nas áreas corticais que se ocupam do controle da musculatura da cabeça e, após um trajeto semelhante ao do trato corticoespinhal, terminará em contato com motoneurônios localizados em núcleos de nervos cranianos motores no tronco encefálico (Figura 7.3). O trato corticonuclear não passa pelas pirâmides, já que termina em níveis superiores a ela. No entanto, por ter um papel análogo ao do trato corticoespinhal, o trato corticonuclear também é considerado como uma "via piramidal". O trato corticonuclear comanda a musculatura da cabeça, ligando-se aos neurônios motores dos núcleos dos nervos trigêmeo, facial, glossofaríngeo, vago, acessório e hipoglosso. O comando cortical para o movimento voluntário dos olhos pelos nervos oculomotor, troclear e abducente faz-se de maneira indireta, por meio dos centros localizados na formação reticular (Capítulo 8).

Além dessas vias diretas, o córtex cerebral também envia fibras às regiões do tronco encefálico envolvidas no controle motor. Assim, existem fibras que do córtex se dirigem ao núcleo rubro, como também existem fibras que terminarão na formação reticular ou nos núcleos vestibulares (Figuras 16.2 e 16.3). Fica evidente, portanto, que o córtex cerebral pode exercer tanto influência direta quanto indireta sobre os neurônios motores inferiores.

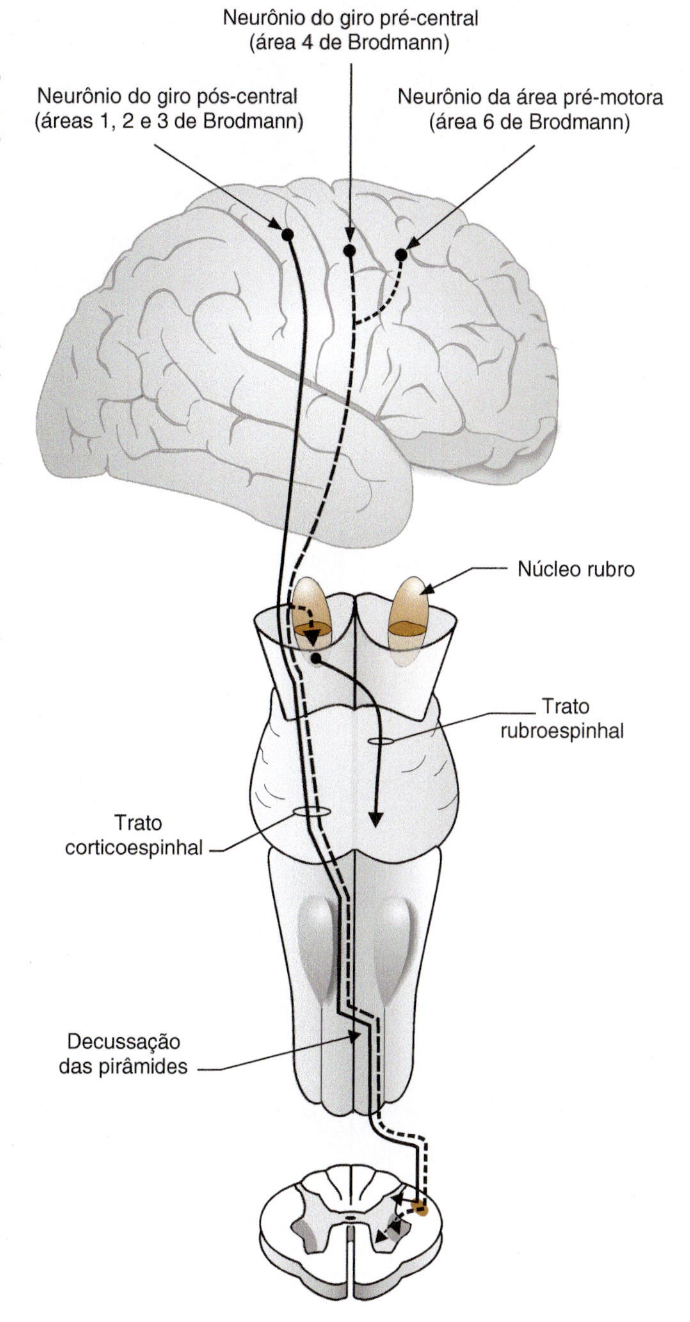

Figura 16.2 Vias motoras corticofugais. Veem-se o trato corticoespinhal lateral e a projeção cortical para o núcleo rubro, formador do trato rubroespinhal.

Na verdade, a motricidade somática parece organizar-se de modo hierárquico, com centros superiores, mais complexos, controlando centros situados mais inferiormente. Assim, os motoneurônios se organizam em grupos, controlados por *centros geradores de padrões motores*, os quais, por sua vez, são controlados por *centros controladores de padrões* e assim sucessivamente. Desta maneira, movimentos integrados complexos, como, por exemplo, os envolvidos na marcha do indivíduo, podem ser executados em sequência, de modo natural e perfeito.

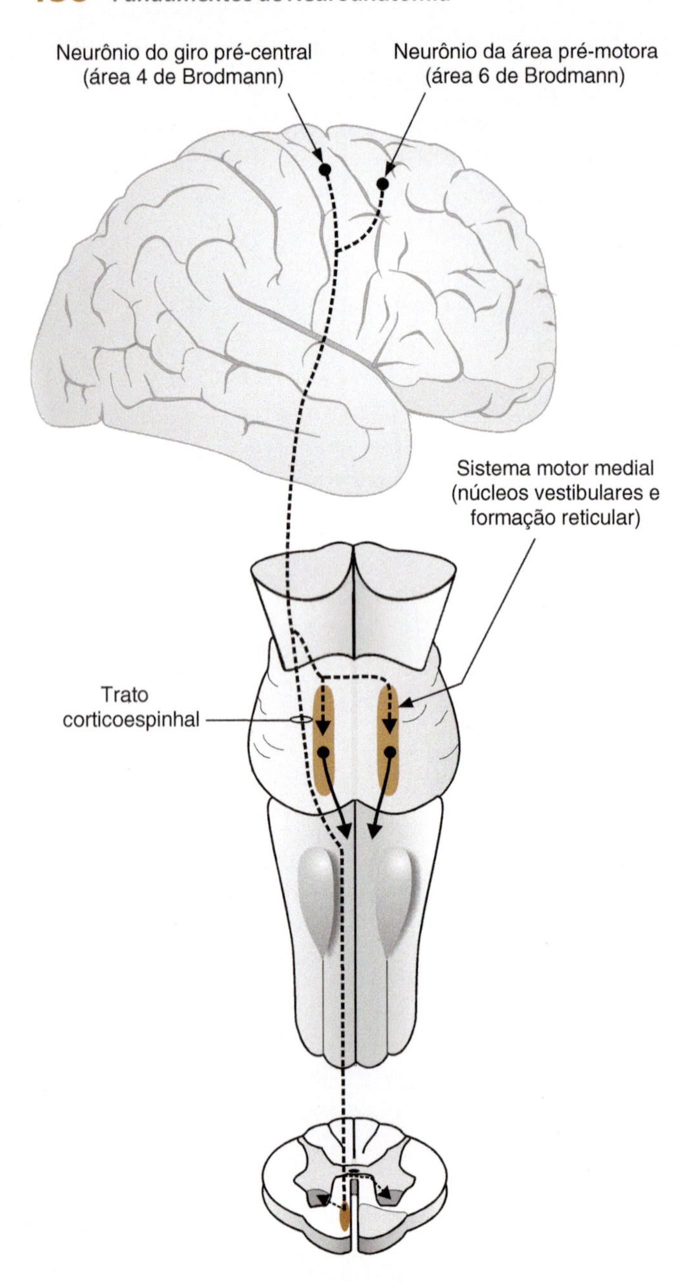

Figura 16.3 Vias motoras corticofugais. Veem-se o trato corticoespinhal anterior e a projeção cortical para os núcleos vestibulares e a formação reticular (sistema motor medial do tronco). Essas regiões originarão os tratos vestibuloespinhal e reticuloespinhal, respectivamente.

Funções do cerebelo e do corpo estriado na motricidade

Duas regiões importantes para o controle da motricidade são o cerebelo e o corpo estriado (Capítulos 9 e 12, respectivamente). Como vimos, lesões localizadas nessas estruturas podem provocar alterações do tônus muscular e o aparecimento de movimentos anormais.

O **cerebelo** pode influenciar indiretamente os motoneurônios por meio de suas conexões com as áreas do tronco encefálico que dão origem às vias descendentes para a medula. Por outro lado, o cerebelo interage com o córtex motor por uma via que passa pela ponte e pelo tálamo, por meio da qual ele parece realizar um modo de computação importante para o aprendizado motor e a integração das ações motoras.

O **corpo estriado** exerce função na motricidade por circuitos reverberantes com o córtex cerebral, que incluem uma sinapse no tálamo (Figura 12.3). Ele contribui para a modulação da atividade do próprio córtex motor, facilitando alguns programas motores e inibindo aqueles desnecessários ou interferentes no programa principal.

Em relação ao controle da motricidade, até pouco tempo atrás acreditava-se na existência de dois sistemas motores: o *piramidal* e o *extrapiramidal*, este último representado, basicamente, pelo corpo estriado e suas conexões. O sistema piramidal seria responsável pelas ações voluntárias, enquanto o extrapiramidal pela coordenação motora. Hoje, porém, sabemos que existe uma unidade no controle neural da motricidade: o corpo estriado atua em harmonia com o córtex motor, dessa interação dependendo o planejamento e a execução de todos os movimentos.

Considerações funcionais

Por meio de experimentos feitos em macacos da espécie *Rhesus*, nos quais foram lesados isoladamente os tratos motores descendentes até a medula, foi possível descobrir o papel funcional desempenhado por cada uma dessas vias. Sabe-se, então, que o sistema medial do tronco encefálico (tratos vestibuloespinhal e reticuloespinhal) tem papel preponderante nos movimentos do corpo, e nos movimentos conjuntos de tronco e membros. O sistema lateral do tronco encefálico (trato rubroespinhal) é importante, principalmente, para os movimentos isolados dos membros. O sistema corticoespinhal, por sua vez, tem papel controlador e amplificador sobre os sistemas anteriores, possibilitando a execução de movimentos fracionados, "delicados", das extremidades distais dos membros.

A via corticoespinhal parece ter obtido cada vez mais importância ao longo da filogênese. Animais com sistema nervoso mais primitivo como, por exemplo o gambá (um marsupial), têm trato corticoespinhal pequeno, o qual não percorre toda a medula e termina, basicamente, na coluna dorsal. Os carnívoros, por exemplo o gato, já têm um trato corticoespinhal mais desenvolvido, inervando os interneurônios ao longo de toda a medula. Por fim, entre os primatas, particularmente nos chimpanzés e na espécie humana, o trato corticoespinhal atinge um grande desenvolvimento e ganha acesso direto aos motoneurônios, em vez de se dirigir apenas aos interneurônios.

As diferenças anatômicas acima descritas têm como consequência a capacidade cada vez maior de executar movimentos isolados das extremidades, encontrada em ordem crescente nessas diferentes espécies. A capacidade de executar movimentos isolados dos dedos, por exemplo, só aparece entre os primatas.

Outro fato digno de nota é que as conexões entre os neurônios corticais e os neurônios medulares não estão prontas ao nascimento, completando-se, como foi demonstrado em macacos, nos primeiros meses da vida pós-natal. Este é, provavelmente, também o caso da espécie humana e explica por que a criança vai adquirindo, pouco a pouco, um controle mais preciso de seus movimentos, particularmente os da musculatura distal.

Disfunções

As lesões das vias motoras podem provocar duas síndromes distintas: a **síndrome do neurônio motor superior** e a **síndrome do neurônio motor inferior**. Na primeira, decorrente, por exemplo, de um acidente vascular cerebral (AVC), observa-se paralisia (nesse caso a musculatura torna-se espástica), um aumento da amplitude dos reflexos (hiper-reflexia) e a existência de um reflexo plantar extensor (o *sinal de Babinski*): ou seja, os dedos do pé se estendem em resposta a um estímulo aplicado na pele plantar. Na segunda, decorrente, por exemplo, da poliomielite (na qual o motoneurônio é destruído), há uma paralisia flácida, ausência de reflexos e extrema atrofia muscular.

Para finalizar, um último tópico: ainda é comum, nos livros de clínica médica, a denominação *síndrome piramidal* para designar a sintomatologia decorrente de uma interrupção das vias motoras no nível da cápsula interna, como ocorre nos acidentes vasculares cerebrais ou encefálicos. Sabemos, contudo, tratar-se de denominação incorreta, porque nesses casos estão lesadas não só as fibras da via piramidal (tratos corticoespinhal e corticonuclear), como também as fibras que do córtex se dirigem para outras regiões importantes para o controle motor (fibras corticoestriadas, corticopontinas, corticorreticulares etc.). Na verdade, uma secção isolada do trato corticoespinhal (por exemplo, no nível das pirâmides) acarreta somente incapacidade de movimentação dos dedos, sem o aparecimento concomitante de paralisia espástica. Esta terminologia equivocada é, no entanto, utilizada em contraposição às chamadas *síndromes extrapiramidais*, uma denominação que é utilizada para a sintomatologia decorrente de lesões no corpo estriado e suas conexões, como ocorre na doença de Parkinson, coreia etc.

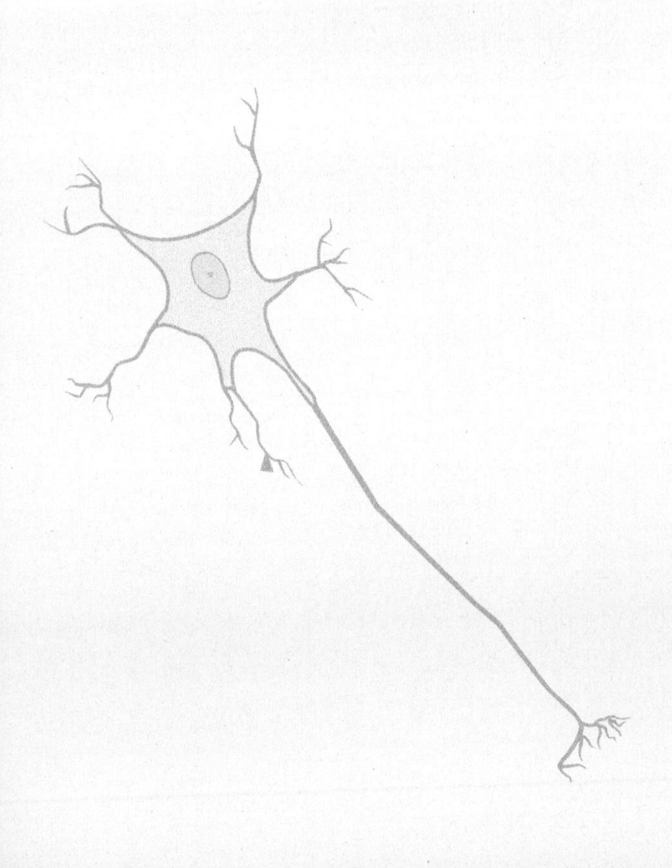

Leitura Sugerida

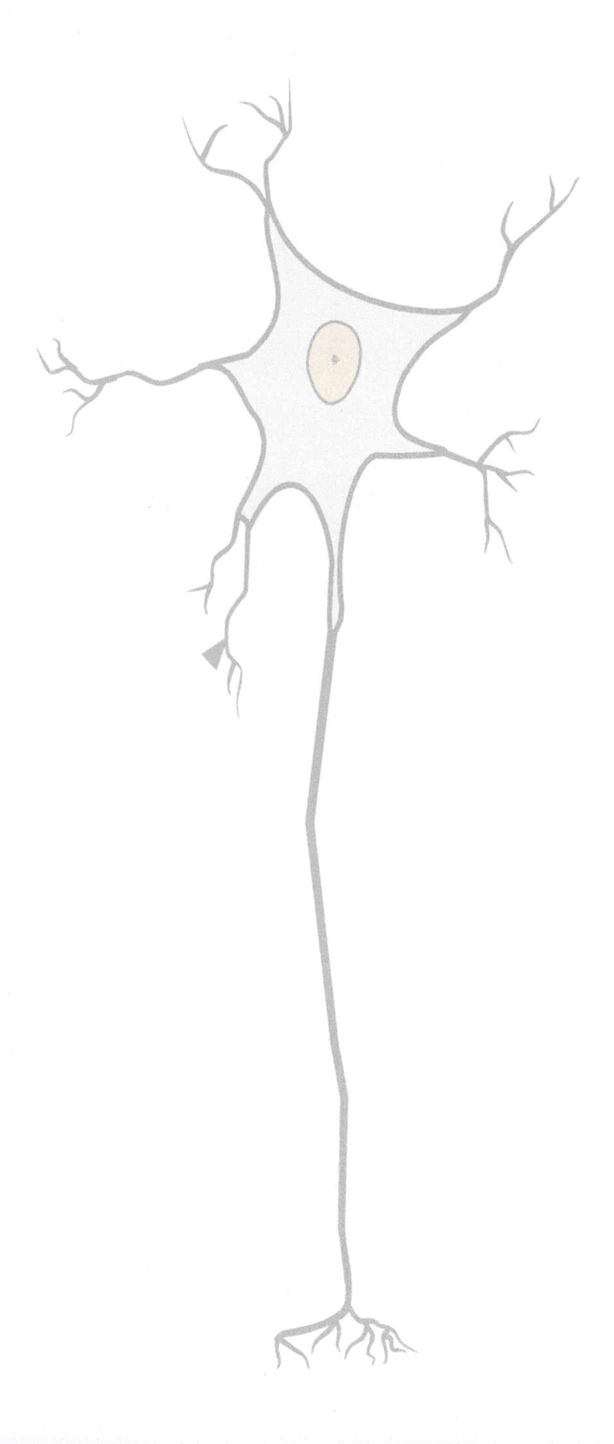

BEAR, M. F.; CONNORS, B. W.; PARADISO, M. A. *Neurociências – Desvendando o sistema nervoso.* 3ª ed. Porto Alegre, Artmed, 2008.

HEIMER L.; VAN HOESEN G. W.; TRIMBLE M.; ZAHM D. S. *Anatomy of Neuropsychiatry: The New Anatomy of the Basal Forebrain and Its Implications for Neuropsychiatric Illness.* New York, Academic Press, 2007.

JUNQUEIRA, L. C.; CARNEIRO, J. *Histologia Básica*, 11ª Ed. Rio de Janeiro. Guanabara Koogan, 2008.

LENT, R. *Cem Bilhões de Neurônios?.* Rio de Janeiro, Ed. Atheneu, 2010.

MAI, J. K.; PAXINOS, G. (Eds.). *The Human Nervous System.* 3rd. Ed. San Diego, Academic Press, 2011.

MESULAM, M. M. *Principles of Behavioral and Cognitive Neurology.* 2nd. New York, Oxford University Press, 2000.

NESTLER, E.; HYMAN, S.; MALENKA, R. *Molecular Neuropharmacology: A Foundation for Clinical Neuroscience,* 2nd. Ed. New York, McGraw-Hill, 2008.

SWANSON, L. W. *Brain Architecture, Understanding the Basic Plan,* 2nd. New York, Oxford University Press, 2011.

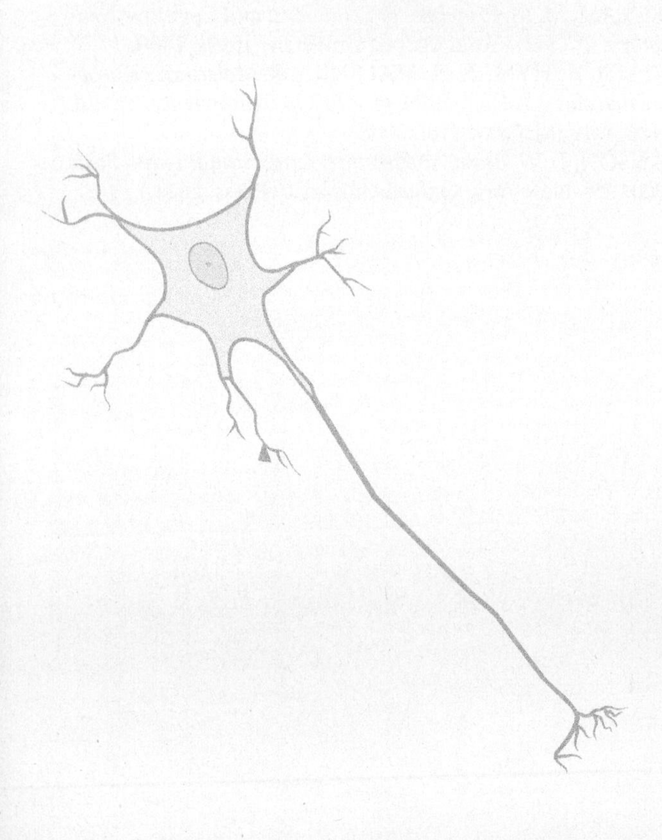

Índice Alfabético

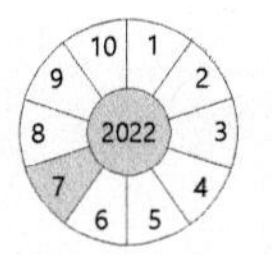